本书精彩案例欣赏

◎ B1.4 亮调

◎ B1.6 冷色调

◎ B2.7 如何把控皮肤的通透感

◎ B2.8　调出黑白人像的 HDR 效果

◎ B3.2　调出黄色暖色调

◎ B3.1　风光片调色

◎ B3.3　调出棕色色调

◎ B4.1　调出电影色调

◎ B4.2　调出非主流色调

◎ B3.6　夜景调色

◎ B5.1　调出欧美风格色调

◎ B5.7　Insta 高级灰旅拍人像色调

◎ B5.8　INS 风简约轻奢高级灰色调

◎ B5.12　经典电影胶片色调

◎ B5.10 VSCO Cam 人像色调

◎ B6.1 仿胶片色思路解析

◎ B6.3 仿网红电影色思路解析

◎ B5.16　森系人像 VSCO 色调

◎ C1 课　实战海滨调色

◎ C3 课　实战儿童照调色

Lightroom Classic 原创高级实战教程

姜同辉　编著

清华大学出版社
北　京

内容简介

本书讲授 Lightroom Classic 的高级实用性技法，分为基础篇、精通篇和高手篇。在基础篇中，主要介绍了 Lightroom Classic 软件的界面、基本功能、图片处理、工具、效果实现、滤镜和调色等内容；在精通篇中通过案例对前述知识进行实战应用，分为色调调法、人像调色、风景调色、电影调色、不同风格切换及调色思路解析；在高手篇中讲解了 5 个商业化的调色综合案例。本书提供一系列精彩的实战案例视频教程，通过基础篇的理论学习，可让读者轻松学会软件的基本使用技能，结合案例便可灵活掌握软件的高级用法。本书适合从事数码摄影、广告摄影、平面设计、照片处理等行业的各层次读者阅读。

图书在版编目（CIP）数据

Lightroom Classic 原创高级实战教程 / 姜同辉编著. —北京：清华大学出版社，2021.5
ISBN 978-7-302-57737-9

Ⅰ. ①L… Ⅱ. ①姜… Ⅲ. ①图像处理软件—教材 Ⅳ. ①TP391.413

中国版本图书馆 CIP 数据核字（2021）第 050143 号

责任编辑：贾小红
封面设计：秦 丽
版式设计：文森时代
责任校对：马军令
责任印制：丛怀宇

出版发行：清华大学出版社
网 址：http://www.tup.com.cn，http://www.wqbook.com
地 址：北京清华大学学研大厦 A 座 邮 编：100084
社 总 机：010-62770175 邮 购：010-62786544
投稿与读者服务：010-62776969，c-service@tup.tsinghua.edu.cn
质量反馈：010-62772015，zhiliang@tup.tsinghua.edu.cn
印 装 者：三河市铭诚印务有限公司
经 销：全国新华书店
开 本：184mm×240mm 印 张：16.75 插 页：4 字 数：317 千字
版 次：2021 年 6 月第 1 版 印 次：2021 年 6 月第 1 次印刷
定 价：89.00 元

产品编号：090642-01

创作背景

Lightroom Classic是当今数码拍摄工作流程中用于图像处理不可缺少的软件，也是一款重要的后期RAW图像调色软件，它主要面向数码摄影、影楼修图设计师等专业人士和高端摄影机构，尽管Photoshop成了图像处理的主流软件，但Lightroom Classic却是一款真正为摄影师服务的软件。

Lightroom Classic支持各种RAW图像，可以让我们花费最少的时间整理和调整照片，其界面干净整洁，可以快速浏览和修改照片，Lightroom Classic的主要功能为数码相片的浏览、编辑、整理、调色、转档等。

进入数码时代后，人像摄影、风光摄影不可缺少的环节就是后期修饰图像，数码影像彻底改变了以往传统的暗房工艺模式，本书会告诉你怎样去调整图像。

目前，人像摄影行业的摄影师对人像摄影图像的处理基本依赖于Lightroom Classic调色，由于市面上缺乏专业的Lightroom Classic书籍，使很多作品的处理缺少专业性指导。

很高兴我们能在书中相识，本书给大家讲的都是实用技巧，一针见血地教大家如何正确地调色，分享最贴近实战的技法。学习本书时，不要去纠结调整数值大小的问题，牢记调整的方法和思路就可以了。吸收消化和总结本书的精华，你离成功就不远了。

写作初衷

对于专业摄影后期图像的处理来说，大家普遍认为照片需要用Photoshop来处理，尤其对于摄影后期的初学者，更是很迷茫。其实，不要太依赖Photoshop去处理RAW图像，一定要先学好Lightroom Classic，因为它才是摄影师专用的调色神器，学好Lightroom Classic软件，Photoshop的Camera RAW滤镜就变得简单了。这本Lightroom Classic实战教程，具有重要的实践操作技术，它通用于不同软件版本的Lightroom Classic的学习和使用。

本书作者总结十余年来的实战经验和教学成果并分享给大家，授人以鱼不如授人以渔，本书内容详尽，实战性强，适合所有摄影师、摄影爱好者以及影楼、工作室从业人员参考学习。

本书同时也是系统学习和提高专业技能技法的最佳教程，对人像摄影、风光摄影、商品摄影、体育摄影、菜肴摄影、服装摄影的从业者打牢专业技能基础和调修技能，具有重要的指导作用。为了使人像以及风景摄影作品的水平更上一层楼，希望学习本书的朋友能够努力学习，不断提高艺术素养和专业技能，勇攀高峰。

因作者的能力和水平有限，本书的技法分享很难做到十全十美，书中难免存在不妥之处，还请广大读者批评指正，同时也欢迎读者朋友提出宝贵的意见。

学习本书请注意，调整任何图像都必须先定黑白场，因为它是照片的灵魂，书中会详细地讲解，祝您学习愉快！

关于本书及配套课程

本书讲解 Lightroom Classic 软件的操作流程，阅读本书，读者将从零基础认识 Lightroom Classic 的神奇调修技法，透彻了解 Lightroom Classic 的基础运用和高级调色渲染。本书内容以理论加操作实战进行组织，并分享了核心的调色技巧，只要学习了本书及配套课程，就可以轻松上手，调出大师级的作品。

本书提供一系列精彩的实战案例视频教程，理论与实践相结合，各个章节的内容都非常实用，通过基础篇的理论学习，可让读者轻松学会软件的基本使用技能，结合案例便可灵活掌握软件的高级用法。在图像拍摄完成后，需要处理的一些核心问题以及前期与后期的关系，在本书中都会详细讲解。

市面上很多的书籍和课程，都会教大家记住调整图像需要多少数值，这是一个很严重的误区，因为我们在拍摄图像时，用光都不一样，场景更不会相同，所处地区不一样，光照也不会一样，图像之间的差异是很大的。本书中不会给大家讲调整图像需要调多少数值，我们需要根据不同的图像灵活地运用技法，千万不要陷入误区中。

本书及配套课程全方位弥补了同类教程的缺陷，彻底地将实用知识点、核心理论和实战技法讲透，毫无保留地分享给广大读者。本书适合爱好 Lightroom Classic 的初学者和想进阶的朋友，也可作为专业摄影工作室、摄影后期培训班、摄影培训机构的教学参考书。

本书由作者全程负责技术指导，书中的课程也可联系老师获取。

关于作者

姜同辉，从事摄影后期制作 13 年，淘宝教育资深后期培训讲师，网易云课堂资深后期培训讲师，翼虎网认证后期培训讲师，影楼样片调修培训讲师，高端商业人像修图培训讲师。同时为时尚人像摄影师、黑光网时尚达人及创艺教育修图培训机构创始人。

作者还编著有《Photoshop 精通到高级全能技法》《高端影楼样片修图调色全能技法》《高端商业人像修图调色全能技法》《Affinity Photo 摄影后期调色软件基础实战教程》《飞思 Capture One 原创实战教程》等视频教程，课程发布于淘宝教育、网易云课堂等平台，其课程技法全面，实战性强，深受学员喜爱。

姜同辉

2021 年 5 月

目录 Catalogue

基础篇　软件操作　夯实基础

SMILE:)

B 精通篇 调色实战 案例讲解

SMILE:)

高手篇　综合案例　创意欣赏

基础篇

软件操作
夯实基础

A1 课

Lightroom Classic 界面的认识

提示

在认识和设置 Lightroom Classic 首选项时，一定要注意 Windows 操作系统和 Mac 操作系统的位置区别，Windows 操作系统的首选项在“编辑”菜单中，Mac 操作系统的首选项在 Lightroom Classic 菜单中，两个系统的功能和设置都是一样的，接下来进行详细讲解。

A1.1 首选项设置

首先来看 Windows 操作系统端和 Mac 操作系统的首选项对比图，如图 A1-1 所示。

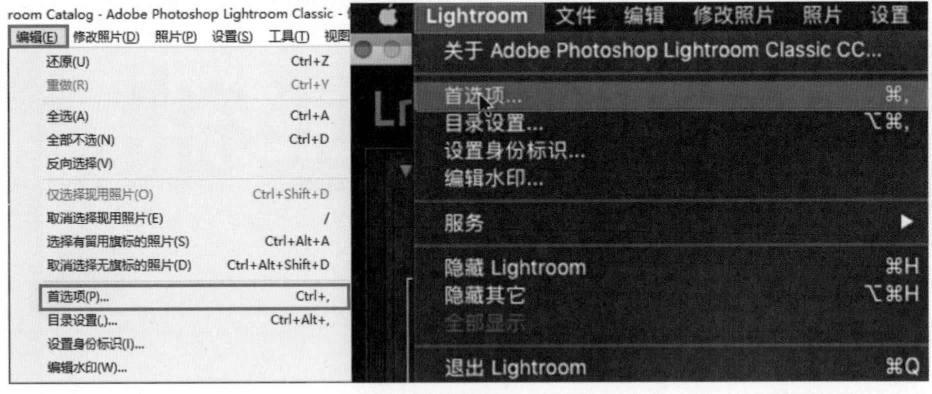

◎ 图 A1-1

双击桌面图标打开 Lightroom Classic 软件，在“编辑”菜单中选择“首选项”命令，弹出“首选项”对话框，如图 A1-2 所示。

首选项

常规 预设 外部编辑 文件处理 界面 性能 Lightroom 同步 显示 网络

语言: 中文（简体）

设置: ☑启动时显示欢迎屏幕

☑自动检查更新

默认目录

启动时使用此目录: 载入最近打开的目录

导入选项

☑检测到存储卡时显示导入对话框

☑在导入期间选择“当前/上次导入”收藏夹

☐命名文件夹时忽略相机生成的文件夹名

☐将 Raw 文件旁的 JPEG 文件视为单独的照片

☐在空闲状态时使用标准预览替换嵌入式预览

结束声音

完成照片导入后播放: 无声

联机传输完成后播放: 无声 配置系统声音...

完成照片导出后播放: 无声

系统声音方案可控制对于每个事件类型播放哪一种声音。

提示

复位所有警告对话框

重新启动 Lightroom Classic 确定 取消

◎ 图 A1-2

“首选项”对话框中共有 9 个选项卡，分别为“常规”“预设”“外部编辑”“文件处理”“界面”“性能”“Lightroom 同步”“显示”“网络”。

在“首选项”对话框中，“Lightroom 同步”“显示”“网络”这 3 个选项卡基本用不到，在此不做讲解。Lightroom Classic 首选项建议采用默认的设置，也可根据个人喜好，自行更改为属于自己的独特风格设置。

常规：可以设置自己喜欢的语言，更改导入照片、联机传输和导出照片的提示音，也可以重新启动 Lightroom Classic，其他设置不建议更改，如图 A1-3 所示。

预设：“预设”选项卡中共有两个选项区域，上方为“全图”，下方则是“指定相机列表”。

◎ 图 A1-3

如果在上方区域不选中将默认设置应用于特定相机型号，那么下方区域是不活动的，因为软件默认你所有的相机都采用同一种配置，配置下拉列表框中的选项有 3 种：“Adobe 默认设置”“相机设置”“预设”。“Adobe 默认设置”是软件的固有设置，如果选择这个选项，则 Lightroom Classic 将默认 Adobe 的渲染。“相机设置”和“Adobe 默认设置”的唯一区别在于选择“相机设置”选项后，Lightroom Classic 将读取相机记录的配置文件，从而将配置文件设置为相机的配置文件。

在“全图”选项区域里设置“相机设置”，那么你导入的所有 RAW 照片，无论是用什么相机拍摄的，都将渲染相机使用的配置文件，且对所有相机有效。

在此选项区域中，当选择“应用于特定相机型号”这一选项，就可以添加相机列表了，可为每台相机设置不同的导入 RAW 默认值。

根据需要，你可以选中调整照片设置的储存预设，执行“还原导出预设”“还原关键字集预设”“还原文件名模板”“还原文本模板”“还原图库过滤器预设”“还原色标预设”“还原自动布局预设”“还原文本样式预设”或“还原局部调整预设”，如图 A1-4 所示。

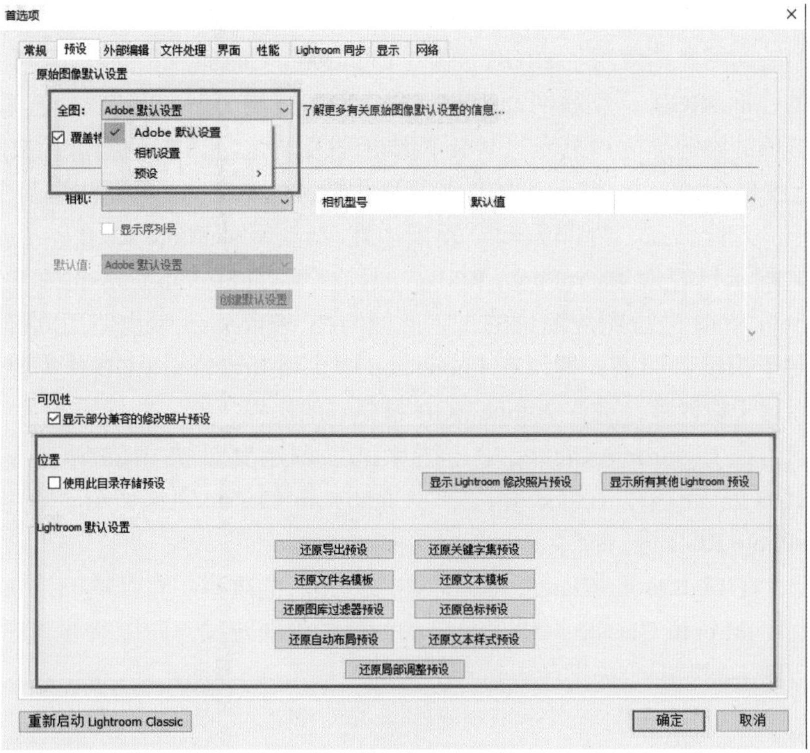

◎ 图 A1-4

外部编辑：在此选项卡中，文件格式设为 TIFF，色彩空间改为 ProPhoto RGB，位深度改为“16 位 / 分量”，分辨率为 240，压缩选择 ZIP。这些设置是为了充分地保留图像的完整性和足够的色彩空间，让图像更加出彩。Lightroom Classic 的外部编辑，使用的是 ProPhoto RGB 作为颜色的工作空间，对于 RAW 格式文件，Lightroom Classic 会在修改照片时采用 ProPhoto RGB 进行预览和渲染；而对于导入的 sRGB 的 JPEG 文件，Lightroom Classic 会将 sRGB 转换为 ProPhoto RGB 进行渲染。

下面将对 ProPhoto RGB、Adobe RGB 和 sRGB 分别加以介绍。

ProPhoto RGB：在修改照片选项中，Lightroom Classic 默认使用 ProPhoto RGB 进行照片的渲染和处理。ProPhoto RGB 包含了数码相机所记录和捕捉图像的所有颜色信息。

Adobe RGB：在图库、打印、地图和画册选项中，Lightroom Classic 默认使用 Adobe RGB 进行照片的渲染，Adobe RGB 的色域虽然小于 ProPhoto RGB，但是依然包含了最广泛的色彩信息，尤其在青色、蓝色等色彩区域的还原程度会远远好于 sRGB。

sRGB：Lightroom Classic 同样使用 sRGB 进行照片渲染，几乎所有与网络或者发布相关的图像都使用了 sRGB 渲染，Lightroom Classic 对“在互联网上分享”是友好的，而 sRGB 是互联网通用的色彩空间。应用情况包括 Web 选项和幻灯片放映选项渲染的预览、上传的 Web 网络相册及转化为 PDF 的幻灯片放映等。

以上就是 Lightroom Classic 的色彩管理和默认色彩空间，需要注意两个问题:

第一，为什么在“外部编辑”设置中建议选择 ProPhoto RGB？ Lightroom Classic 会提示最好使用 ProPhoto RGB，原因在于 Lightroom Classic 本身就是使用 ProPhoto RGB 进行照片渲染的，因此倾向在 Photoshop 中也使用同样的色彩空间。对于摄影师而言，建议在 Photoshop 中也将 ProPhoto RGB 作为默认色彩空间，而对于设计师，或许 Adobe RGB 是更好的选择。

第二，在 Lightroom Classic 中，图库选项调用文件夹中的预览，并且以 Adobe RGB 进行渲染；在修改照片中，Lightroom Classic 直接调用原始照片，并且以 ProPhoto RGB 进行渲染。

综上，在 Lightroom Classic 中，你在修改照片的过程中看到的照片永远是最准确的，Lightroom Classic 提供了全自动的色彩管理方案，所以只要用户校正了显示器，就不需要担心关于色彩管理的问题，如图 A1-5 所示。

首选项
常规 预设 外部编辑 文件处理 界面 性能 Lightroom 同步 显示 网络
在 Adobe Photoshop 2020 中编辑
文件格式: TIFF
色彩空间: ProPhoto RGB
位深度: 16 位/分量
分辨率: 240
压缩: ZIP
为了在 Lightroom 中保留最佳的色彩细节，推荐您选择 16 位 ProPhoto RGB 色彩空间。
其它外部编辑器
预设: 自定
应用程序: <未指定>
选择 清除
文件格式: TIFF
色彩空间: ProPhoto RGB
位深度: 8 位/分量
分辨率: 240
压缩: LZW
8 位文件较小，与各种程序和增效工具的兼容性更好，但与 16 位数据相比，不能很好地保留细微的色调细节。在 ProPhoto RGB 等宽色域色彩空间中尤为如此。
堆叠原始图像
☑堆叠原始图像
外部编辑文件命名: IMG_0002-编辑.psd
模板: 自定设置
自定文本:
起始编号:
重新启动 Lightroom Classic
确定 取消

◎ 图 A1-5

文件处理：此选项卡中，在“文件扩展名”下拉列表框中选择 dng 选项，在“JPEG 预览”下拉列表框中选择“全尺寸”选项，选中“嵌入原始 Raw 文件”复选框。该设置是让图像尺寸更大，在读取文件时默认原始数据，丢弃异常数据信息，如图 A1-6 所示。

◎ 图 A1-6

界面：在此选项卡中，需要设置的就 3 项，即“背景光”“背景”“微调”选项组。在“微调”选项组中选中“鼠标单击位置作为缩放中心”复选框，选中“使用系统首选项平滑字体”复选框，这样设置是为了辅助我们完成图像处理和文字编辑，如图 A1-7 所示。

性能：此选项卡主要针对软件的运行清理和选项卡的优化，使软件运行更顺畅。用过一段时间后，我们可以清理一下软件的垃圾缓存，优化一下软件使用的性能，给软件洗个澡，让你的工作事半功倍，如图 A1-8 所示。

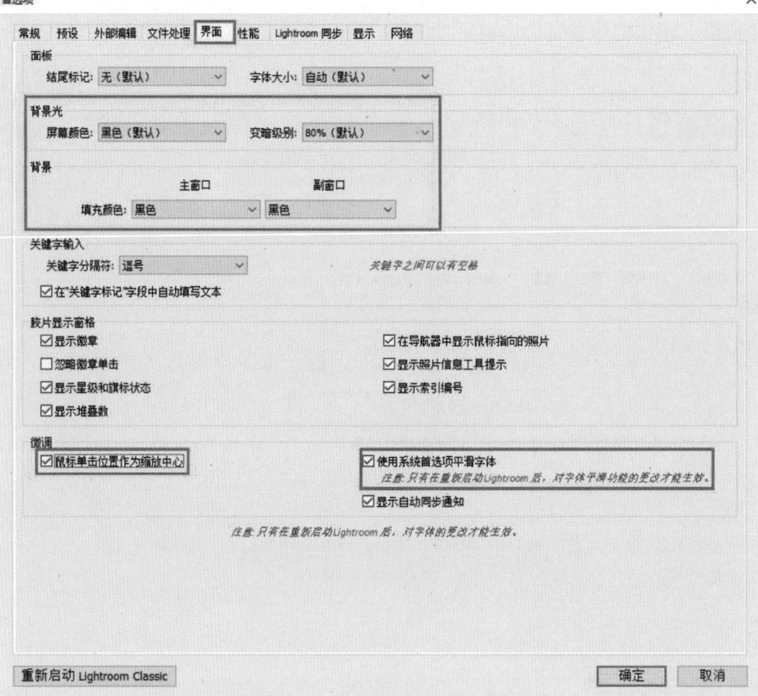

首选项
常规 预设 外部编辑 文件处理 界面 性能 Lightroom 同步 显示 网络
面板
结尾标记: 无（默认）
字体大小: 自动（默认）
背景光
屏幕颜色: 黑色（默认）
变暗级别: 80%（默认）
背景
主窗口
副窗口
填充颜色: 黑色
黑色
关键字输入
关键字分隔符: 逗号
关键字之间可以有空格
在"关键字标记"字段中自动填写文本
胶片显示窗格
显示徽章
忽略徽章单击
显示星级和旗标状态
显示堆叠数
在导航器中显示鼠标指向的照片
显示照片信息工具提示
显示索引编号
微调
鼠标单击位置作为缩放中心
使用系统首选项平滑字体
注意: 只有在重新启动Lightroom 后，对字体平滑功能的更改才能生效。
显示自动同步通知
注意: 只有在重新启动Lightroom 后，对字体的更改才能生效。
重新启动 Lightroom Classic
确定
取消

◎ 图 A1-7

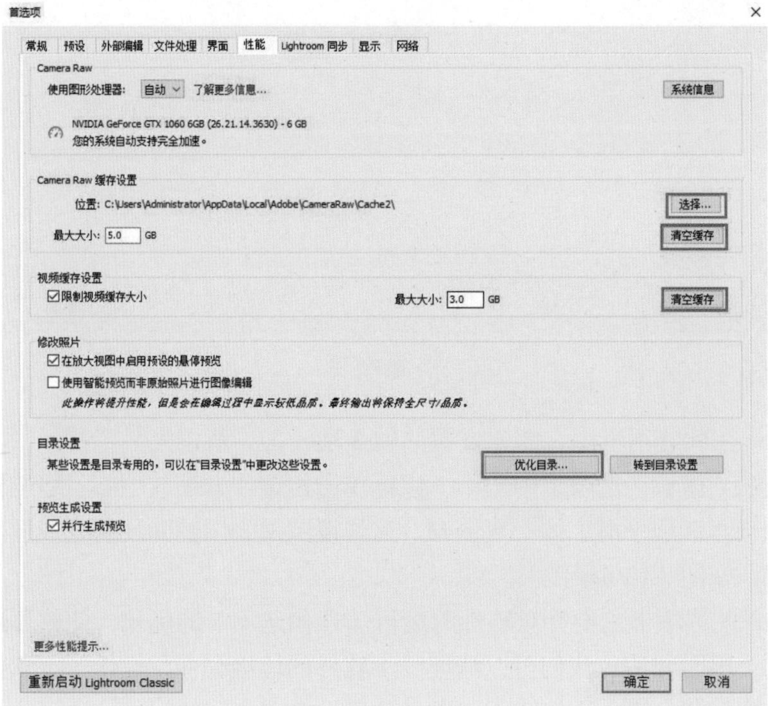

首选项
常规 预设 外部编辑 文件处理 界面 性能 Lightroom 同步 显示 网络
Camera Raw
使用图形处理器: 自动
了解更多信息...
系统信息
NVIDIA GeForce GTX 1060 6GB (26.21.14.3630) - 6 GB
您的系统自动支持完全加速。
Camera Raw 缓存设置
位置: C:\Users\Administrator\AppData\Local\Adobe\CameraRaw\Cache2\
选择...
最大大小: 5.0 GB
清空缓存
视频缓存设置
限制视频缓存大小
最大大小: 3.0 GB
清空缓存
修改照片
在放大视图中启用预设的悬停预览
使用智能预览而非原始照片进行图像编辑
此操作将提升性能，但是会在编辑过程中显示较低品质。最终输出将保持全尺寸/品质。
目录设置
某些设置是目录专用的，可以在"目录设置"中更改这些设置。
优化目录...
转到目录设置
预览生成设置
并行生成预览
更多性能提示...
重新启动 Lightroom Classic
确定
取消

◎ 图 A1-8

总结

Lightroom Classic 的首选项基本讲完了，需要用户设置的地方并不多，掌握起来也不复杂，但这是后续一切工作的基础。合理的设置和灵活的掌握很重要，不要忽略每一个知识点，优化和设置好软件，才能开心顺畅地工作。

A1.2 照片导入

Lightroom Classic 的照片导入有 3 种方法，第一种是在“选择图库”窗口中，单击左下角的“导入目录”按钮，如图 A1-9 所示。

◎ 图 A1-9

第二种是在“文件”菜单下选择“导入照片和视频”命令，或按 Shift+Ctrl+I 组合键，如图 A1-10 所示。

第三种就是先选择好图库板块，再将照片直接拖动到软件的工作区即可。

下面讲解对话框选项，如图 A1-11 所示，为我们需要选择的照片存放的路径。

打开存放照片的文件，我们可以根据个人需要进行导入全部或单张照片的操作，如图 A1-12 所示。

Lightroom Catalog - Adobe Photoshop Lightroom Classic -
文件(F) 编辑(E) 图库(L) 照片(P) 元数据(M) 视图(V) 窗口(
新建目录(N)...
打开目录(O)... Ctrl+O
打开最近使用的目录(R) >
优化目录(Y)...
导入照片和视频(I)... Ctrl+Shift+I
从另一个目录导入(C)...
导入 Photoshop Elements 目录...
联机拍摄 >
自动导入(A) >
导入修改照片配置文件和预设...

◎ 图 A1-10

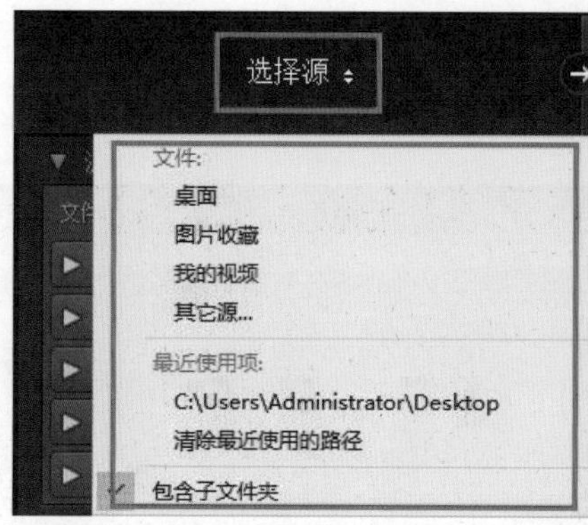

◎ 图 A1-11

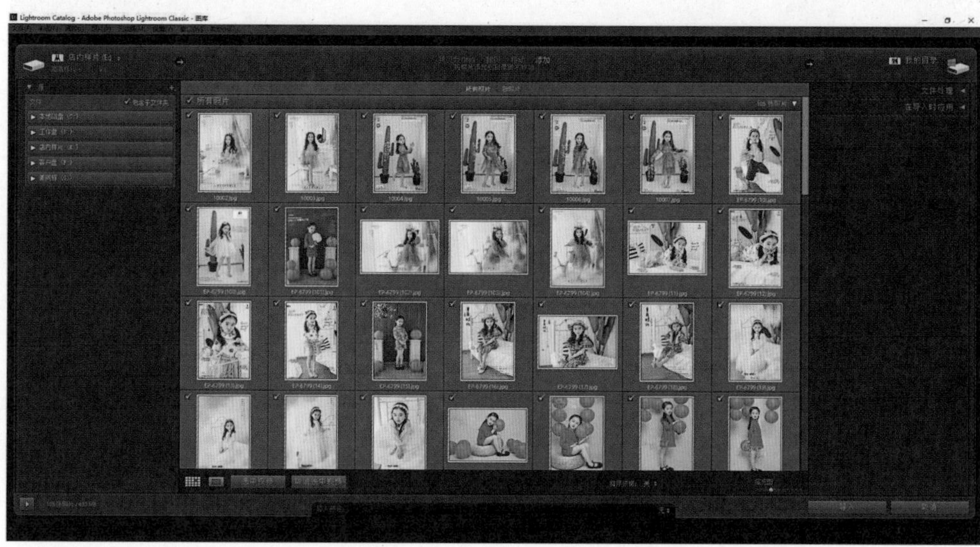

◎ 图 A1-12

高清样片 照片存放路径

◎ 图 A1-12（续）

想必很多人都碰到过这样的情况，就是在导入照片后，关闭软件，下次再导入同样的照片时总是显示为灰色，无法选中照片来进行照片导入的操作，这是为什么呢？原因就在于 Lightroom Classic 已经记录了导入文件的信息，并备份到了 Lightroom Classic 的数据库中。也就是说，这张照片的信息已经存在于 Lightroom Classic 中了，如果你要重新导入的话，可以选择“图库模块”→“选项卡选项”命令，选中“所有照片”复选框，选中要删除的照片，右击，在弹出的快捷菜单中选择“移去照片”命令，在弹出的“确认”对话框中单击“移去”按钮（千万不要单击“从磁盘删除”按钮，这样会彻底在存放路径中将照片删除掉的，我们只需要删除 Lightroom Classic 里的照片信息记录，而不是删除电脑上的照片，这一点一定要谨记）。操作完毕后，关闭软件再打开，就可以导入照片了，如图 A1-13 所示。

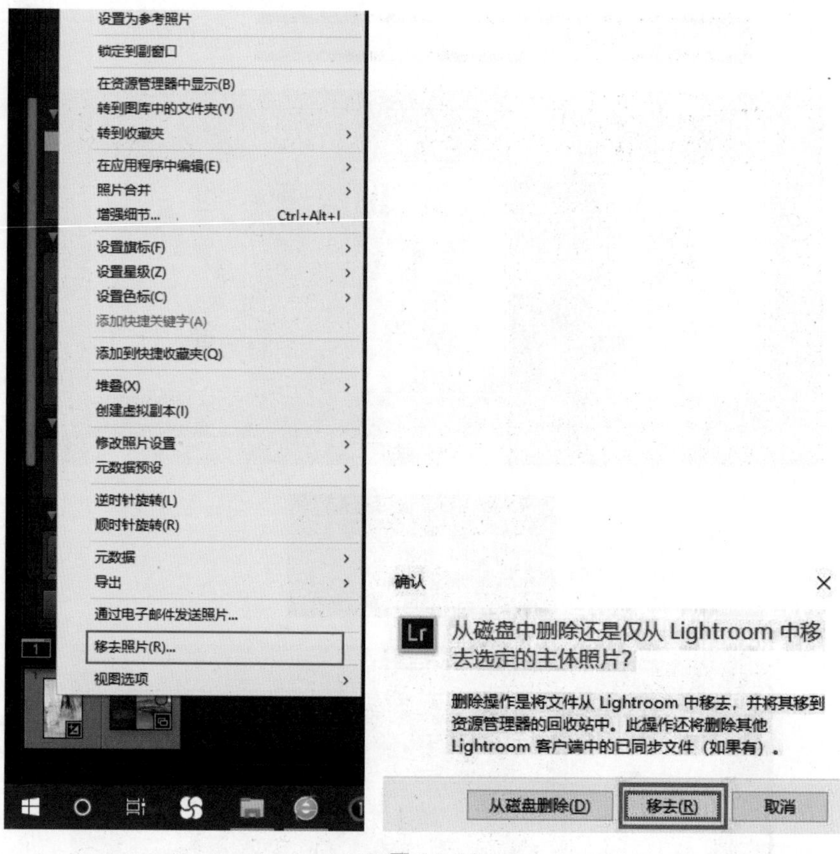

◎ 图 A1-13

总结

Lightroom Classic 照片的导入我们基本讲完了，需要用户掌握的就是导入时快捷键的运用及照片重复导入的操作和运用。

A1.3 预设

我们先导入一张照片，选择“修改照片”选项，在左侧就可以看到“预设”面板，单击“预设”右侧的“+”按钮，在弹出的菜单中可以选择“创建预设”“导入预设”“管理预设”命令，还有软件自带的预设，如图 A1-14 所示。

◎ 图 A1-14

Lightroom Classic 自带的预设可以帮助我们在调整照片时应用一些效果，但笔者不推荐用自带的预设，这一点可根据用户的需要，自行决定用与不用。

创建预设：必须在调整照片后进行创建，保存命名预设的名称。进入“图库”，找到我们存放照片的文件夹，导入一张图像，选择“修改照片”命令，中间区域为工作区，左侧为“预设”面板，右侧为修改照片调整命令面板。我们改变一下色温和曝光度，对图像进行调整，创建第一个属于自己的调色预设，如图 A1-15 所示。

◎ 图 A1-15

调整完毕后，单击“预设”右侧的“+”按钮，在弹出的菜单中选择“创建预设”

命令，如图 A1-16 所示。

◎ 图 A1-16

分别命名预设的名称和预设分组，单击“创建”按钮，在“预设”面板就可以看到外景的预设组了，方便用户的运用，如图 A1-17 所示。

◎ 图 A1-17

导入预设：在讲“导入预设”之前，先介绍怎么保存调色预设以便日后使用。在“预设”面板中选择我们前面保存的预设，右击，在弹出的快捷菜单中选择“导出”命令，保存到自己的电脑就可以了，如图 A1-18 所示。“导入预设”就是选择用户自己保存的调色预设。或者是收集的、购买的 Lightroom Classic 预设，把它们导入 Lightroom Classic 中，单击“预设”右侧的“+”按钮，在弹出的菜单中选择“导入预设”命令，将预设导入即可。

“导入预设”之后，将会在“预设”面板自动生成一个“用户预设”文件包，这就是我们导入的新预设，如图 A1-19 所示。

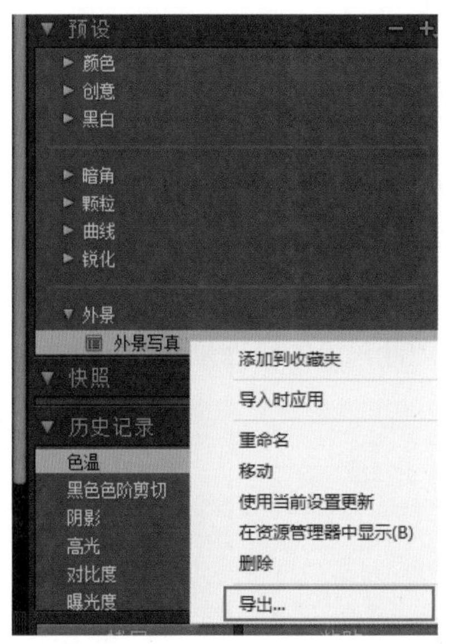

◎ 图 A1-18

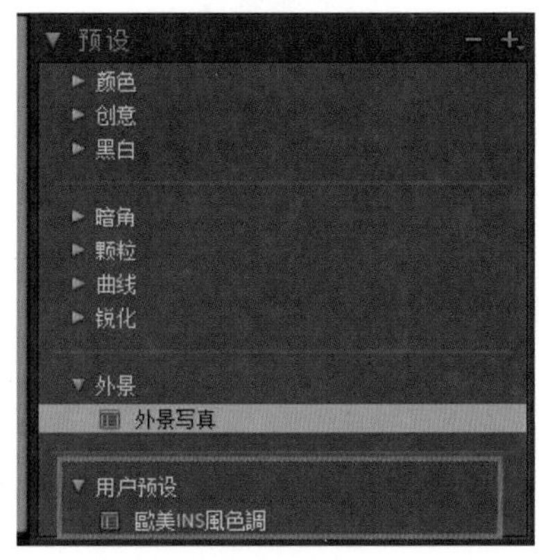

◎ 图 A1-19

管理预设：其实就是管理预设的显示和隐藏，选中复选框就可以显示对应的预设，取消选中复选框就隐藏了预设，如图 A1-20 所示。

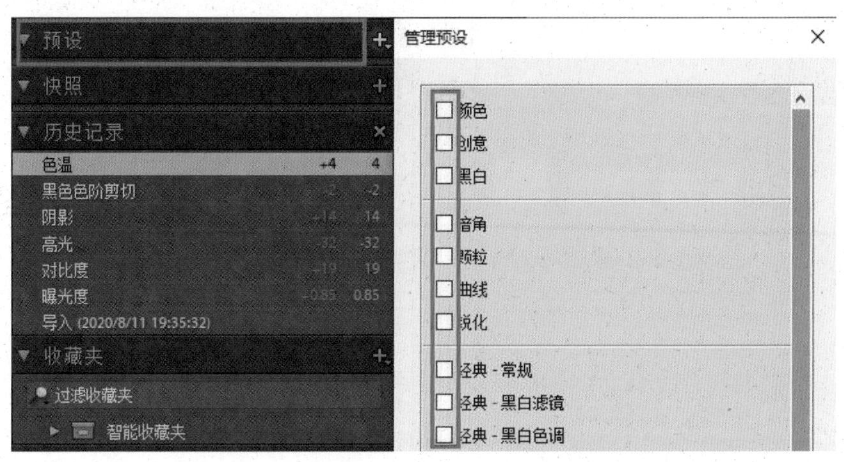

◎ 图 A1-20

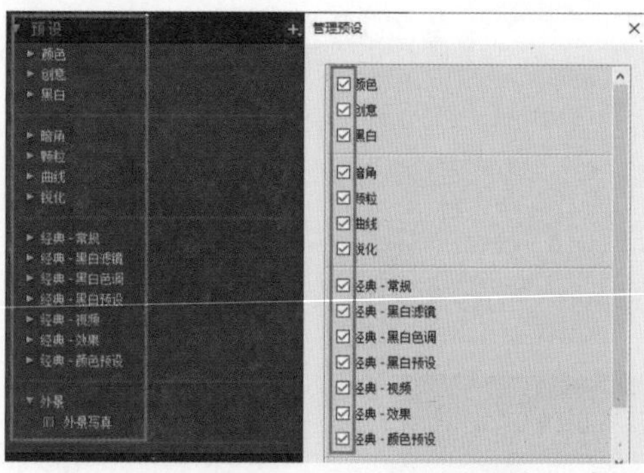

◎ 图 A1-20（续）

总结

Lightroom Classic 的预设至关重要，好的预设能够很好地帮助我们在调整照片时提高工作效率，加快调整照片的速度，因此预设的管理是必须要掌握的。

A1.4 批处理

Lightroom Classic 的同步命令特别方便，可使对某张照片的美化修改应用于其他照片，进行同步批量处理。Lightroom Classic 的批处理很简单，下面来看操作。打开软件，选择“图像文件包”命令，将图像全部导入，如图 A1-21 所示。

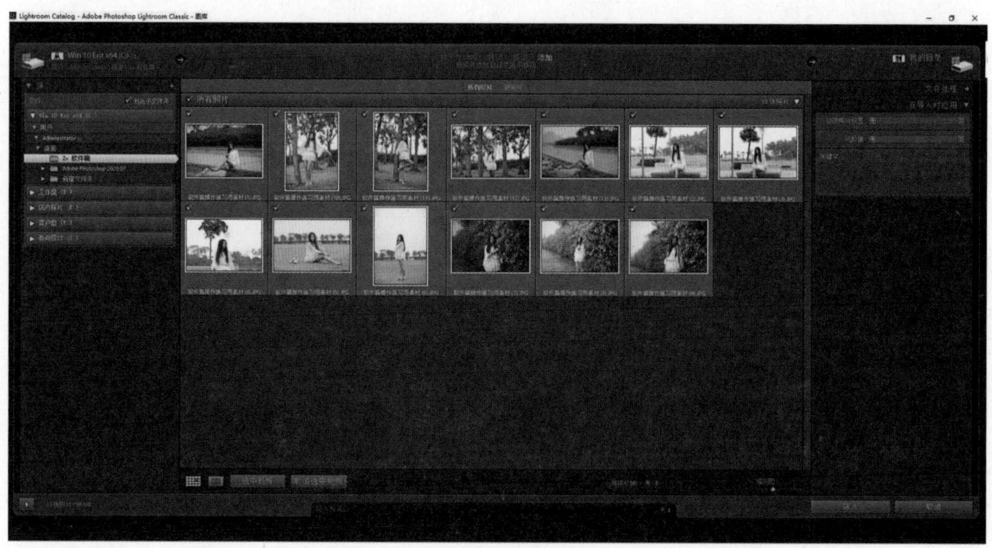

◎ 图 A1-21

导入照片后，选择“修改照片”选项，首先对一张照片进行修改处理，按住Shift 键选择需要同时批处理的照片，或者按 Ctrl+A 快捷键全选需要同步批处理的照片，单击“同步”按钮即可，如图 A1-22 和图 A1-23 所示。

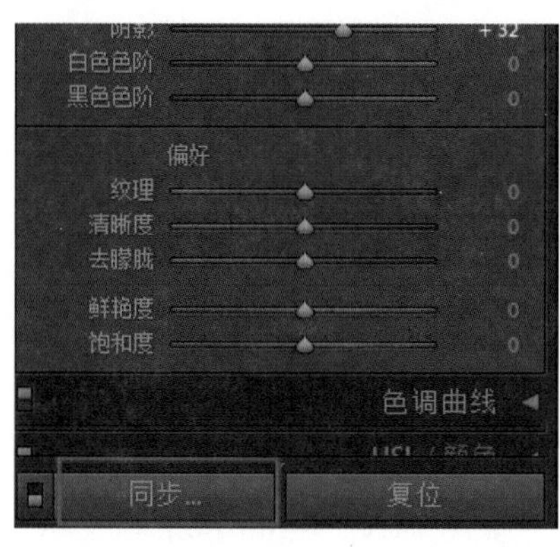

◎ 图 A1-22

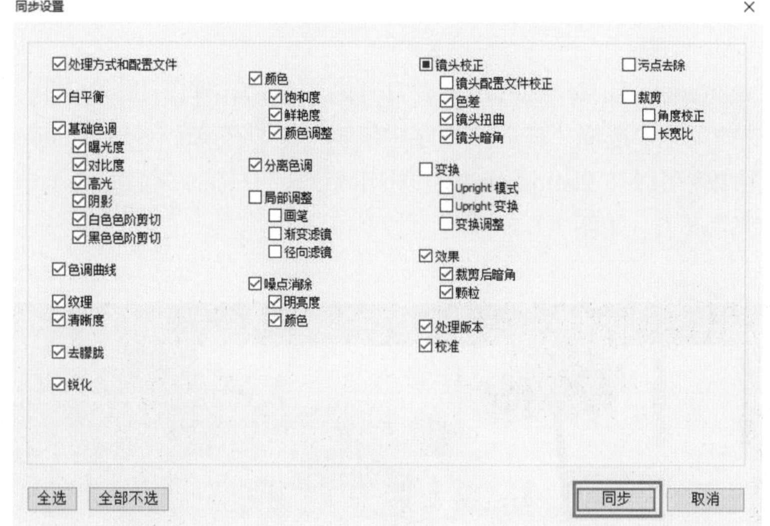

◎ 图 A1-23

批量同步成功的照片是这样显示的，图标为▣，如图 A1-24 所示。

◎ 图 A1-24

总结

灵活掌握批量调整的技巧。

A1.5 从 Lightroom Classic 导出至 Photoshop

Lightroom Classic 与 Photoshop 有着紧密的联系，它们是专门为摄影师，尤其是数码摄影师开发的，集导入、管理、处理和输出照片于一身，并且涵盖整个数码摄影工作流程的强大工具。Lightroom Classic 处理的图片与 Photoshop 软件完全相通，互相支持。Lightroom Classic 可以很方便地将图像直接导出至 Photoshop，从而进行图像处理，但不能从 Photoshop 软件中直接将图像导入 Lightroom Classic 中。

打开 Lightroom Classic 软件，选择要打开的图片，单击打开图片，在图片上右击，在弹出的快捷菜单中选择“在应用程序中编辑”→“在 Adobe Photoshop 中编辑”命令，该图像就可以在 Photoshop 中修图和调色，完成后，在 Photoshop 中保存处理的图像就可以了，如图 A1-25 所示。

◎ 图 A1-25

A1.6 导出照片

在 Lightroom Classic 软件中，将图像调整完毕后，我们需要批量地将图像导出，从而完成所有的调整工作。

首先随便选择一张图像，按 Ctrl+A 快捷键全选图像，然后右击，在弹出的快捷菜单中选择“导出”→“导出”命令即可，如图 A1-26 所示。

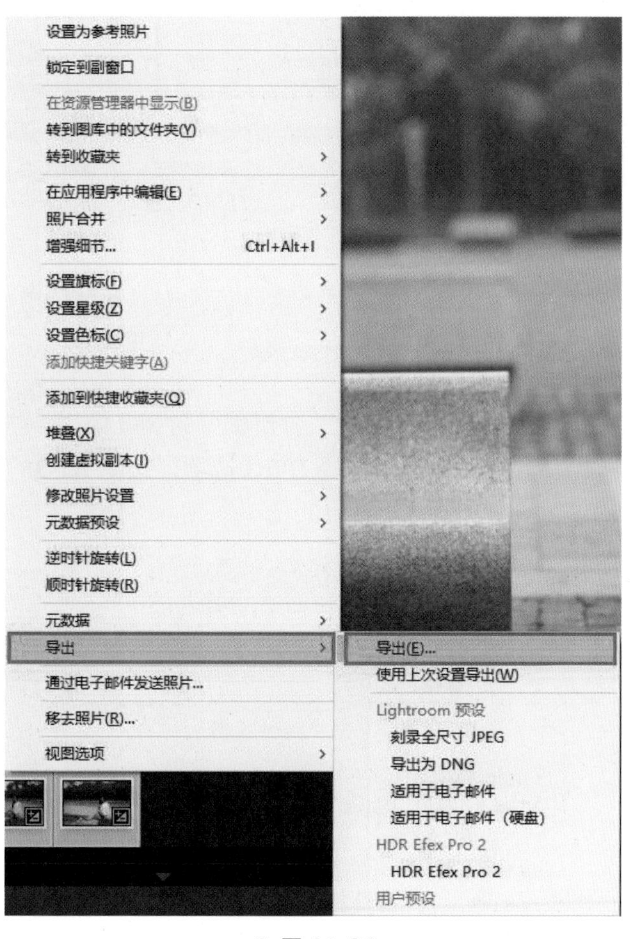

◎ 图 A1-26

在“导出”对话框中设置一下导出的各项参数即可，设置不要太过复杂，只需要设置以下关键的选项就可以了。

首先是设置导出到储存照片的位置，以个人的储存位置为准，在设置位置时

一定要改为自己常用的存储路径，避免导出后找不到图像存到哪里，如图 A1-27 所示。

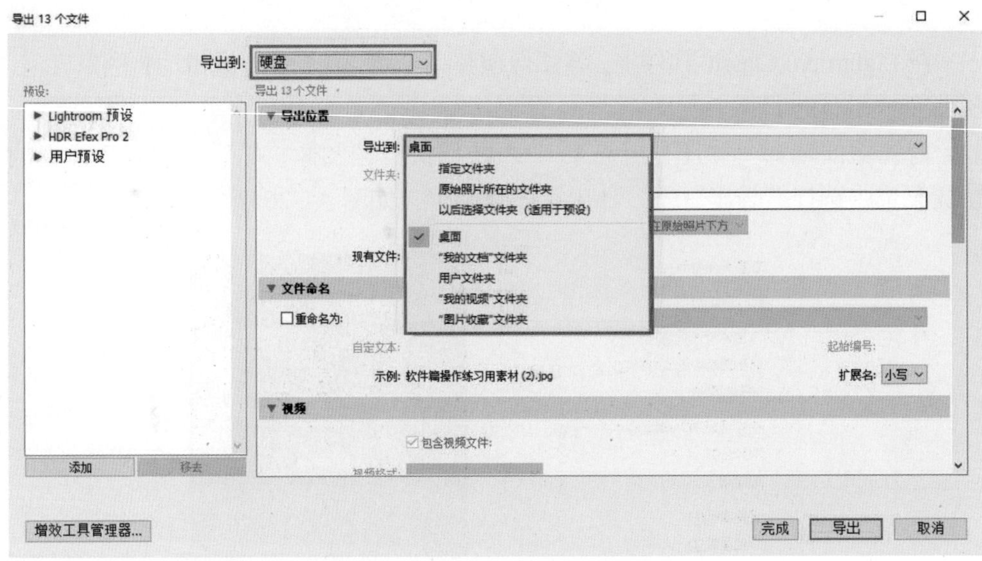

◎ 图 A1-27

然后设置文件大小和分辨率，设置“分辨率”为 280 像素/英寸，“品质”为 100，在“图像格式”下拉列表框中选择 JPEG 选项，如图 A1-28 所示。

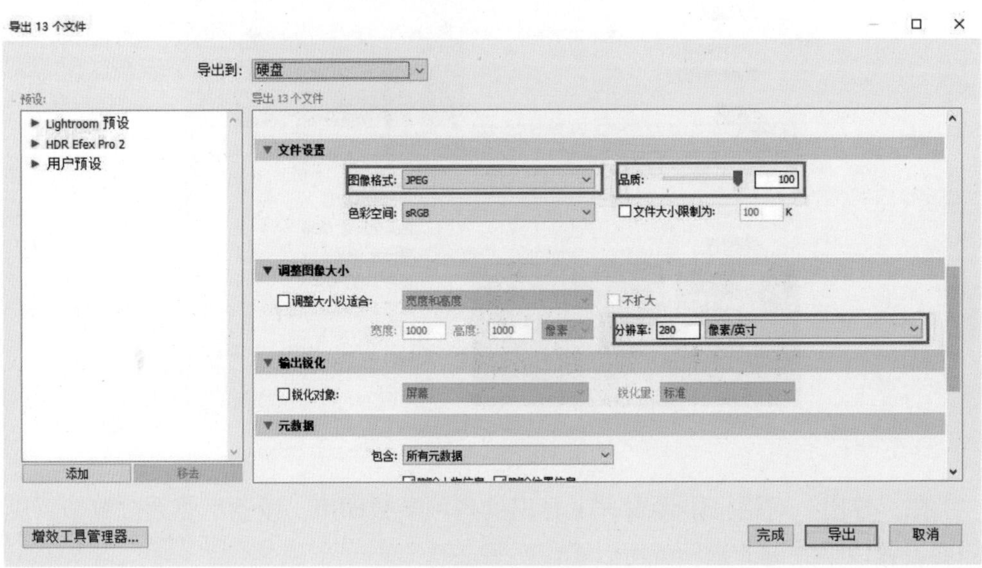

◎ 图 A1-28

A2 课 Lightroom Classic 的基本功能

A2.1 画册功能

Lightroom Classic 不但可以调整和修饰照片，它还具有画册排版功能，虽说不是特别专业，但一些简单的设计还是能够满足摄影师的需求的，用户可以通过这些功能实现画册的排版设计效果，还可以将画册导出为 PDF 格式储存。

打开 Lightroom Classic 软件，在菜单栏中选择“画册”功能，在编辑区中我们可以看到整个布局，双击任意一张照片，可以放大版面，再双击则缩小，在照片上右击可以快速调整布局，删除照片或添加版面，它的功能主要分布在右侧面板，如图 A2-1 所示。

◎ 图 A2-1

先介绍中间的编辑区。在编辑区用户可以针对每个版面上的照片，单击进行上下左右及大小的调整，如图 A2-2 所示。

◎ 图 A2-2

在单张图片上单击，还可以对单张的照片进行版面的修改，如图 A2-3 所示。

◎ 图 A2-3

画册设置：在画册面板，用户可以根据自己的需要调整画册的样式、大小尺寸、封面版式、纸张类型、折扣价等。虽说这里不能直接生成画册的成品，但它也是不错的功能，可供我们轻松调整画册设置，如图 A2-4 所示。

自动布局：根据个人喜好，设置相册的版面留白，如图 A2-5 所示。

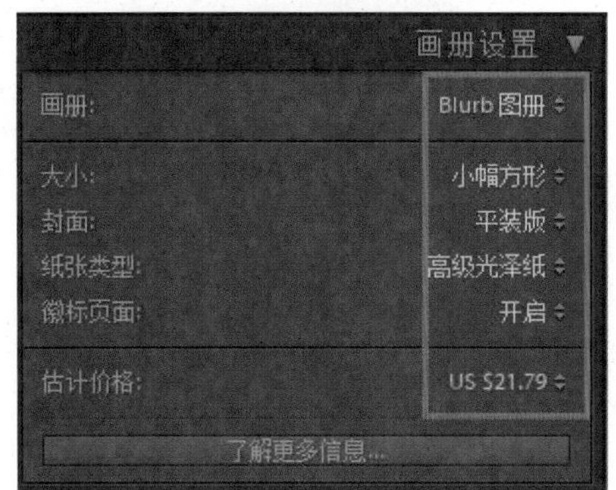

◎ 图 A2-4

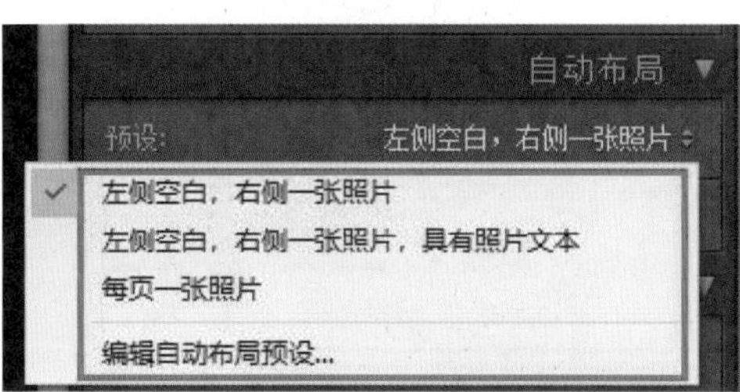

◎ 图 A2-5

参考线：可供用户修改页面出血、文本安全区、照片单元格等，防止在出成品时裁切到人物破坏设计，有了这些线和出血区域，可确保在放置照片时不会出线，如图 A2-6 所示。

◎ 图 A2-6

单元格：它的作用主要是调整图像在版面上，即图像四周的边缘距离。默认为上下左右一起调整，也可以单独进行边缘线调整，如图 A2-7 所示。

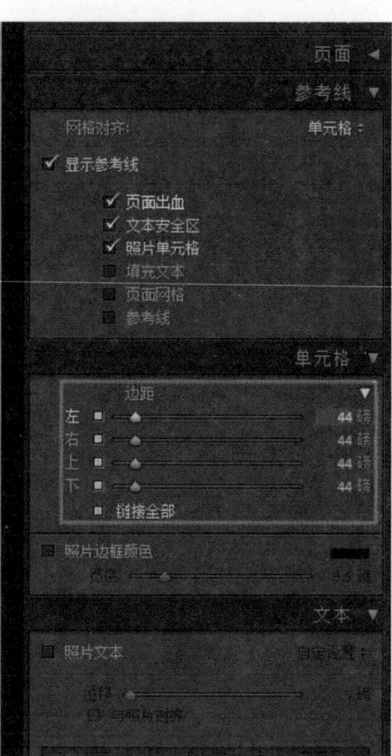

◎ 图 A2-7

只需要取消选中“单元格”选项区域上下左右的复选框，使其变为灰色，即可进行单独边缘线的调整，如图 A2-8 所示。

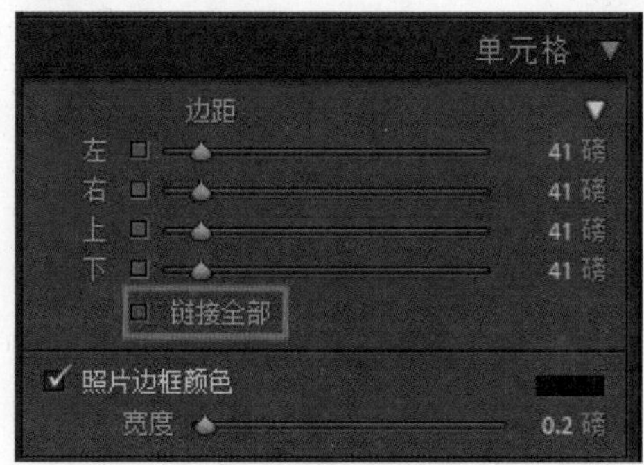

◎ 图 A2-8

用户还可以更改照片边缘框的颜色，选中“照片边框颜色”复选框即可，使用拾色器改变颜色，进行调整，如图 A2-9 所示。

文本：选中“照片文本”复选框，在照片下方的文本框中输入文字，“位移”可以调整文字的上下位置，“位移”下方的 3 个按钮，可以调整照片文本位置位于照片的上面、正上方或下面，如图 A2-10 所示。

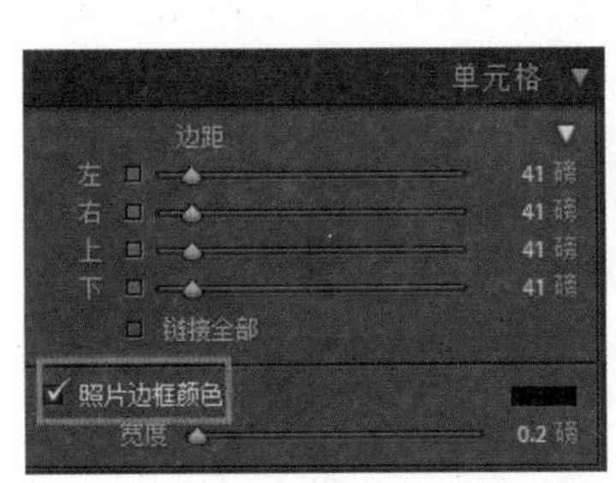

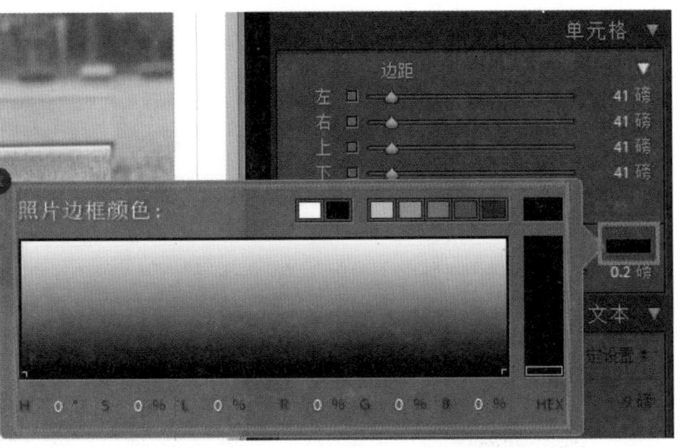

◎ 图 A2-9

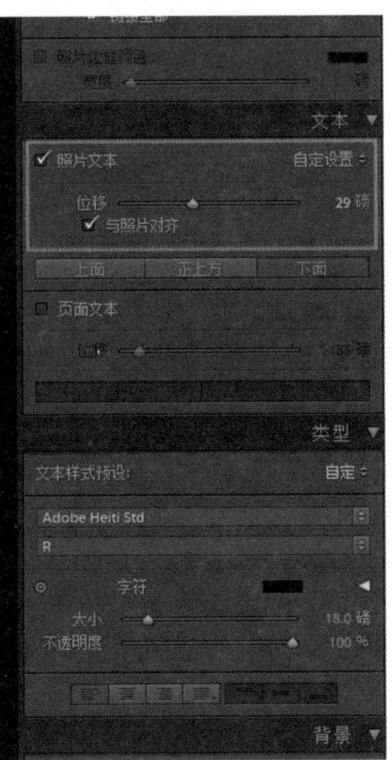

◎ 图 A2-10

选中“页面文本”复选框，在文本框中输入文字备注，“位移”可以调整文本位置，文本功能主要是为照片添加文字效果和备注，如图 A2-11 所示。

◎ 图 A2-11

类型：必须在选中文本的状态下才能生效和使用，它是用来给文字添加效果的，如图 A2-12 所示。

◎ 图 A2-12

画册的显示缩览图有 3 种模式，大小也可以调整，如图 A2-13 所示。

◎ 图 A2-13

背景：可以制作版面背景效果，拖动照片到“背景”选项区域的编辑区，释放鼠标即可，如图 A2-14 所示。

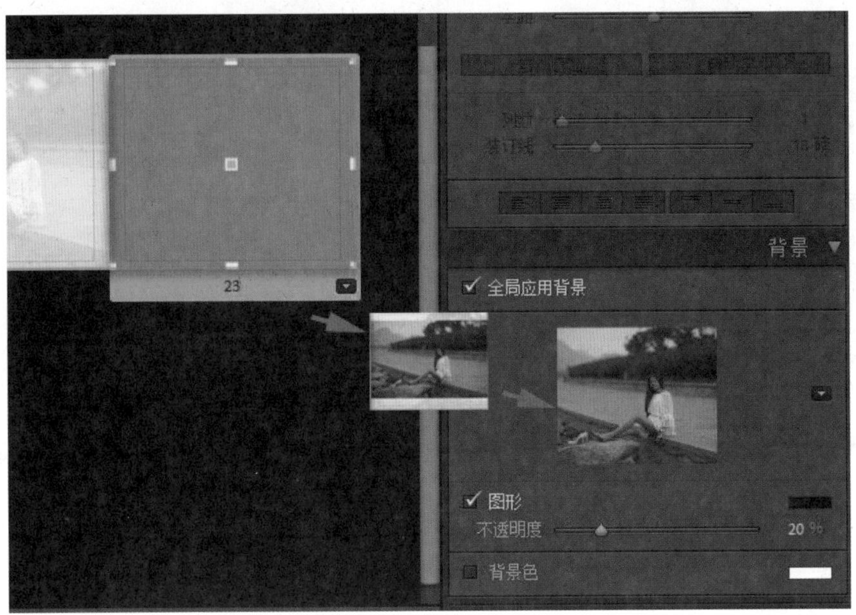

◎ 图 A2-14

图像放好后，我们可以对所有的版面背景进行调整，如图 A2-15 所示。

◎ 图 A2-15

也可以将背景色融入进去，如图 A2-16 所示。

◎ 图 A2-16

提示

版面图像快速切换位置：可以直接将照片拖动到空白版面，实现换位置操作。

直接拖动鼠标，快速切换图像位置，如图 A2-17 所示。

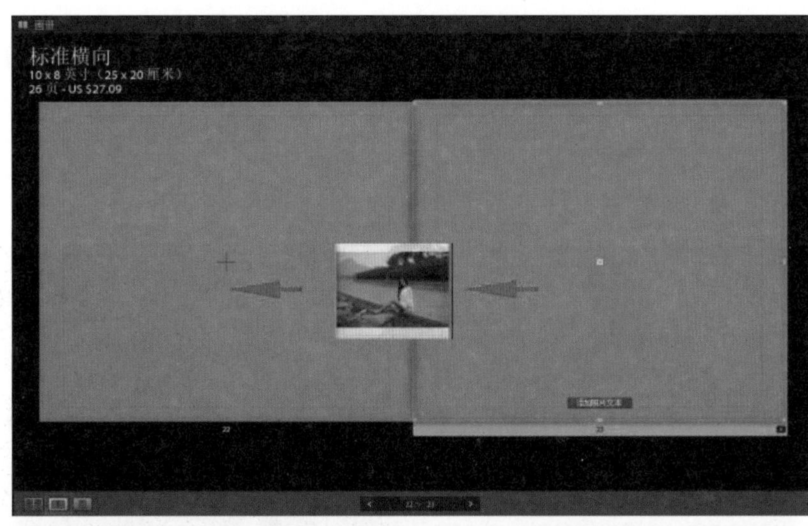

◎ 图 A2-17

A2.2　幻灯片放映功能

使用幻灯片放映模板可以快速定义演示的外观和行为。模板指定了幻灯片是否具有边框、投影、文本、标题、每张照片的颜色以及图像。Lightroom Classic 随附多个模板，用户可以从“模板浏览器”中选择。将鼠标移至“幻灯片放映”

模块的“模板浏览器”中的模板名称上，会在左侧面板的顶部显示模板预览，如图 A2-18 所示。

使用“幻灯片放映”模块右侧面板中的各个控件，或通过移动“幻灯片编辑器”视图中的各种元素，可以自定义“幻灯片放映”模板中的设置，如图 A2-19 所示。用户可以将自己的修改存储为自定义模板，该模板会显示在“模板浏览器”的下拉列表框中。

◎ 图 A2-18

◎ 图 A2-19

“模板浏览器”中自带模板定义如下。

题注和星级：使照片居中在灰色背景上，显示星级和题注元数据。

裁剪以填充：全屏显示照片。可能裁剪部分图像（特别是垂直的图像）以适应屏幕的长宽比。

简单：使照片居中在灰色背景上，显示星级、文件名和用户的身份标识。

Exif 元数据：使照片居中在黑色背景上，显示星级、EXIF 信息和用户的身份标识。

宽屏：显示每张照片的完整画面，增加黑条以适应屏幕的长宽比。

要预览模板，请将鼠标放到“模板浏览器”中的模板名称上面。模板预览会显示应用了当前模板的幻灯片，要选择模板，请在“模板浏览器”中单击模板名称，如图 A2-20 所示。

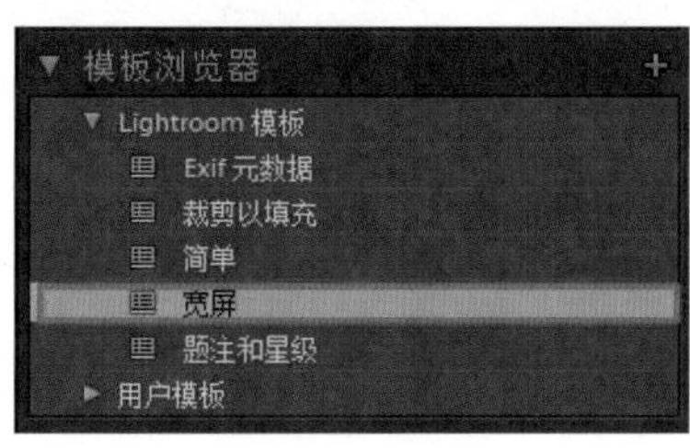

◎ 图 A2-20

在默认情况下，“幻灯片放映”模板（选中“缩放以填充整个框”复选框）会缩放照片填满幻灯片图像单元格，你可以设置选项，以便使所有照片完全填满图像单元格的空间。选中该复选框时，可能会裁剪部分图像（特别是垂直的图像）以满足图像单元格的长宽比，如图 A2-21 所示。

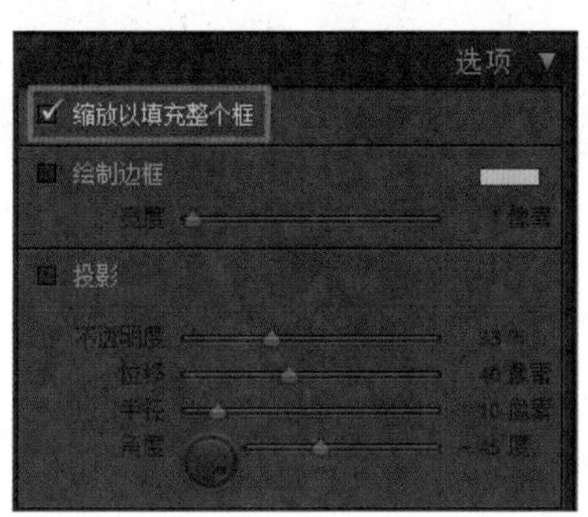

◎ 图 A2-21

要想使幻灯片放映中的照片与背景有鲜明对比，可以给每张照片添加边框或投影。用户的调整会显示在“幻灯片编辑器”视图中，要添加边框，请选中“绘制边框”复选框。单击右侧的颜色框，弹出“颜色”窗口，可指定边框的颜色。

要调整边框宽度，请拖动“宽度”滑块，或在滑块右侧的文本框中输入像素值。要添加投影，请选中“投影”复选框并使用控件以对其进行调整，“不透明度”用于设置阴影的明度或暗度，“位移”用于设置阴影与图像的距离，“半径”用

于设置阴影边缘的硬度或柔软度，“角度”用于设置投影的方向。转动旋钮或移动滑块以调整阴影的角度，如图 A2-22 所示。

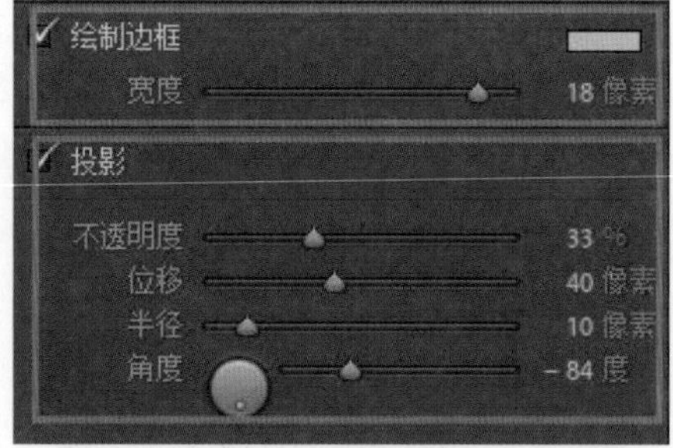

◎ 图 A2-22

“幻灯片放映”模块的“布局”选项区域中的控件可以设置幻灯片模板中的图像单元格的边距，取消选中“链接全部”复选框即可以进行单元格边距的调整，如图 A2-23 所示。

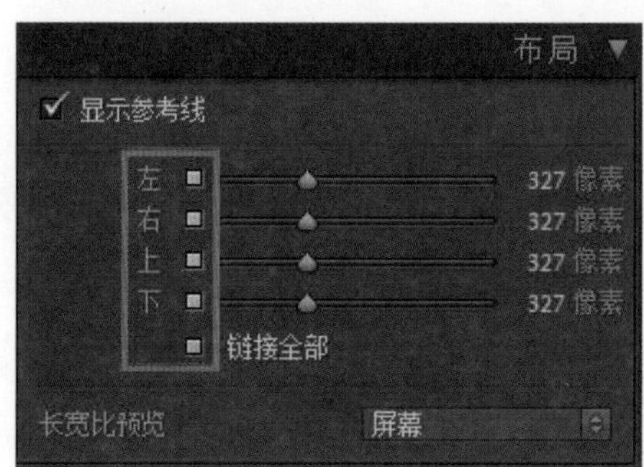

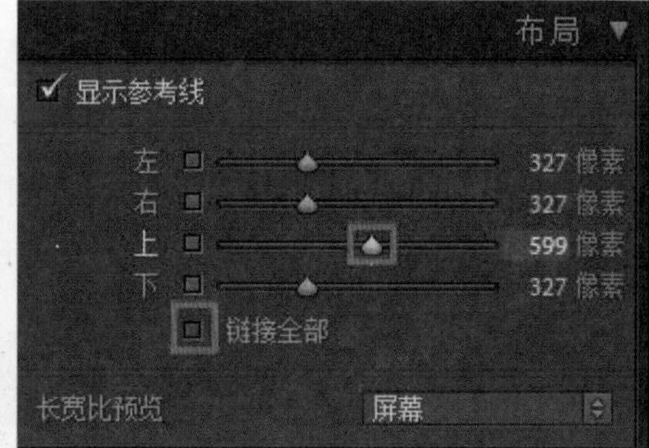

◎ 图 A2-23

更改和添加文字，可以拖动图像移动文字的位置，如图 A2-24 所示。

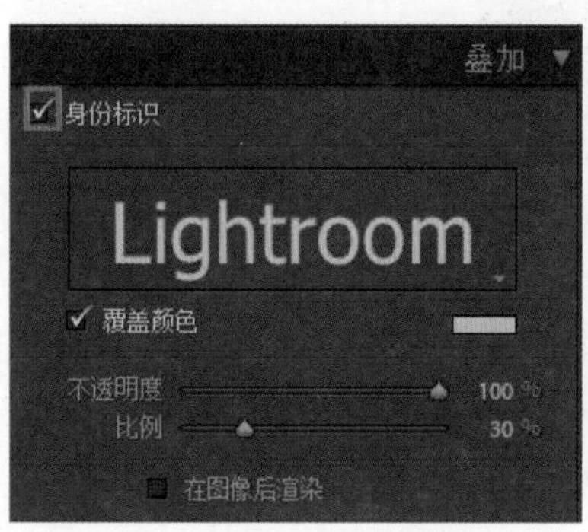

◎ 图 A2-24

更改文字颜色和添加水印，如图 A2-25 所示。

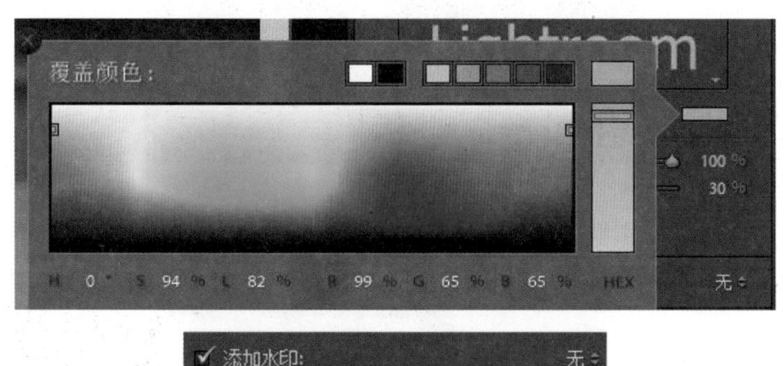

◎ 图 A2-25

在“幻灯片放映”模块的“背景”选项区域中，选中“渐变色”复选框，单击右侧的颜色框，并从弹出的“颜色”窗口中选择一种颜色。指定颜色的外观，设置渐变色叠加的不透明度，将背景色或背景图像渐变过渡的方向设置为渐变色。转动“角度”标度盘，移动滑块，或以“度”为单位输入具体数值，如图 A2-26 所示。

在 Lightroom Classic 主菜单中，选择幻灯片放映“逆时针旋转”或“顺时针旋转”命令，如图 A2-27 所示。

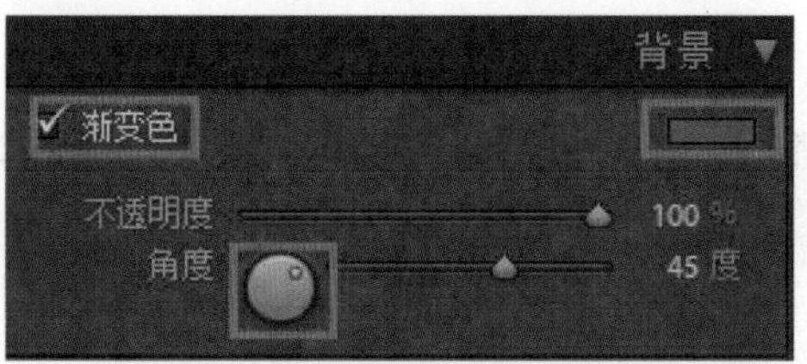

◎ 图 A2-26

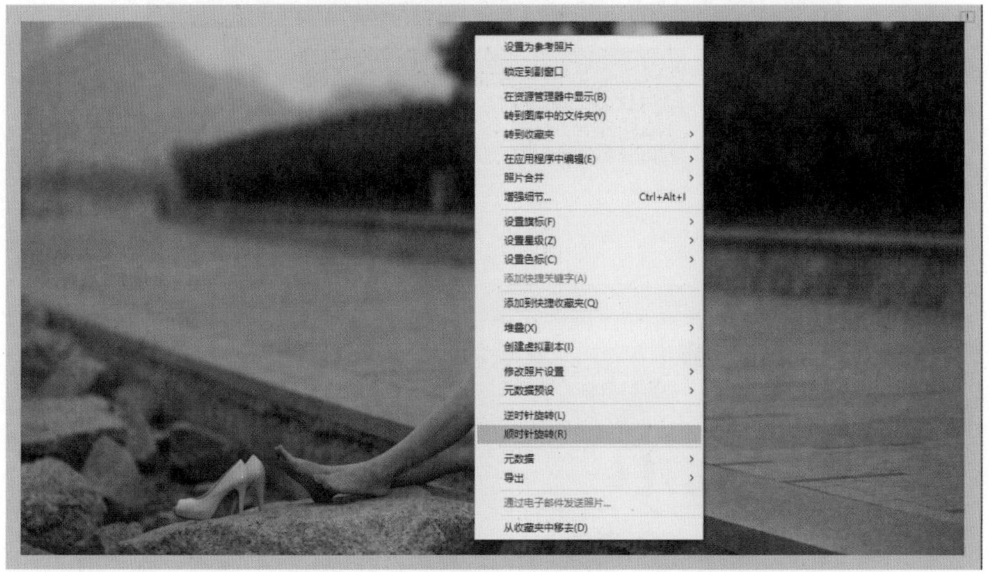

◎ 图 A2-27

导出幻灯片，如图 A2-28 所示。

◎ 图 A2-28

A2.3　打印功能

在 Lightroom Classic 的打印模块中，用户在左侧面板可以选择模板尺寸使用，制作好的模板可以连接打印机从而打印照片，如图 A2-29 所示。

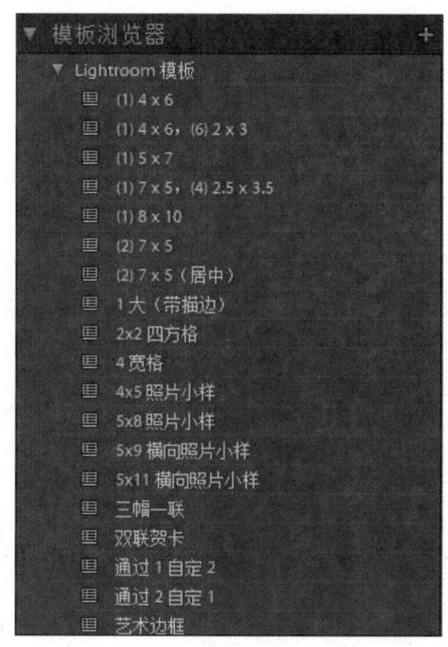

◎ 图 A2-29

在打印选项中，用户也可以自定义版面，选择“自定图片包”选项对照片进行布局设计，如图 A2-30 所示。

◎ 图 A2-30

打印模块包括以下面板：预览显示模板的布局，在“模板浏览器”中的模板名上移动鼠标时，“预览”面板中将显示该模板的页面布局，可在“模板浏览器”中选择或预览用于打印照片的布局。模板按文件夹进行组织，这些文件夹包括 Lightroom Classic 预设和用户自定义的模板，如图 A2-31 所示。

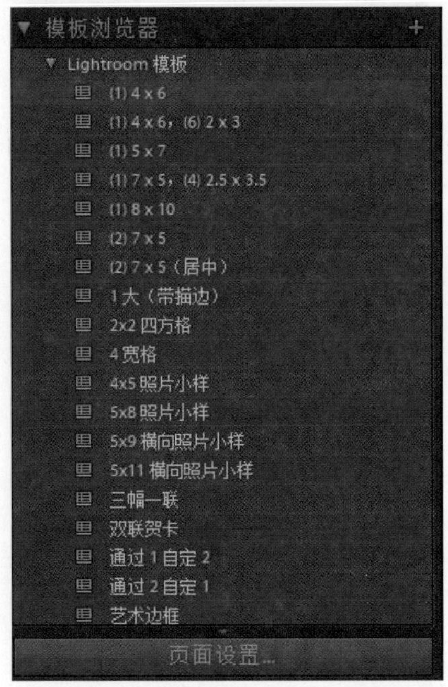

◎ 图 A2-31

打印模块带有用于打开“打印设置”对话框（Windows）或“页面设置”对话框（Mac OS）的按钮（以便设置打印方向和纸张尺寸），以及用于打开“打印设置”对话框（Windows）或“打印”对话框（Mac OS）的按钮（以便选择打印机并指定打印机驱动程序设置），如图 A2-32 所示。

◎ 图 A2-32

在打印模块中，单击窗口左下角的“页面设置”按钮，弹出“打印设置”对话框（Windows）或“页面设置”对话框（Mac OS），在“名称”（Windows）或“格式”（Mac OS）下拉列表框中选择打印机，如图 A2-33 所示。

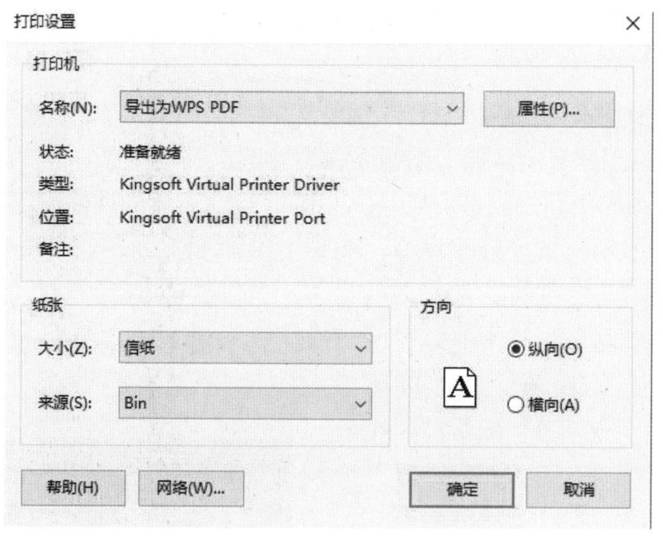

◎ 图 A2-33

注意

Mac OS 如果要将“页面设置”设置为“应用于计算机使用的所有打印机”，请从“格式”下拉列表框中选择“任何打印机”选项。

虽然可以在打印机的“高级选项”对话框（Windows）或“页面设置”对话框（Mac OS）中设置“比例”值，但最好将其设置为 100%。在这些打印机对话框中更改比例时，将对用户在 Lightroom Classic 中设置的任何比例应用另一项比例调整操作，这样照片可能不会按预期的尺寸打印。

在 Windows 操作系统的“打印设置”对话框中，从“名称”下拉列表框中选择打印机，单击“属性”按钮，然后单击“高级”按钮，以在“高级选项”对话框中指定打印机设置。

在 Mac OS 系统的“打印”对话框中选择打印机，然后指定打印机设置。在“预设”的弹出式菜单中选择要设置的选项。

A2.4 Web 网页功能

通过 Lightroom Classic 中的 Web 模块，用户可以创建 Web 照片画廊，它实

际上是一个展示摄影作品的网站。在 Web 画廊中，缩览图版本的图像可链接到位于同一页面或其他页面的大版本照片。在 Lightroom Classic 中，Web 模块左侧的面板包括模板列表及模板页面布局预览。

中心窗格是图像显示区域，图像发生变化时会自动更新。借助中心窗格，用户还可以在画廊的页面之间进行导航。右侧面板上所含的控件可用于指定照片在模板布局中的显示方式、修改模板、向网页中添加文本、在浏览器中预览 Web 画廊以及将画廊上载到 Web 服务器的设置。选择 Web 画廊类型，HTML 画廊生成显示缩览图的网页，其中的缩览图可链接到显示大版本照片的页面。Airtight 画廊即为 HTML 画廊，如图 A2-34 所示。模板浏览器如图 A2-35 所示。

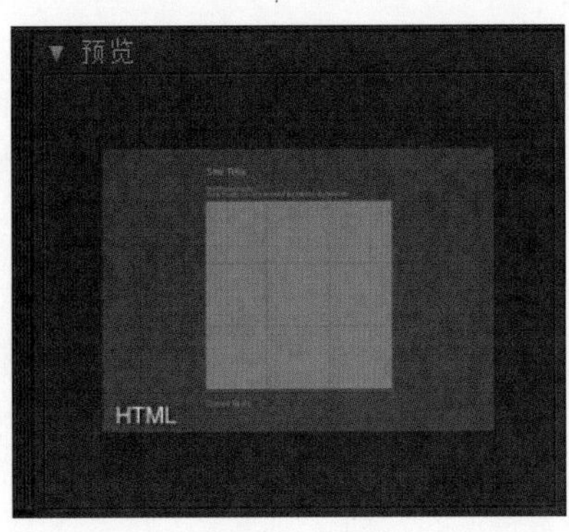

◎ 图 A2-34

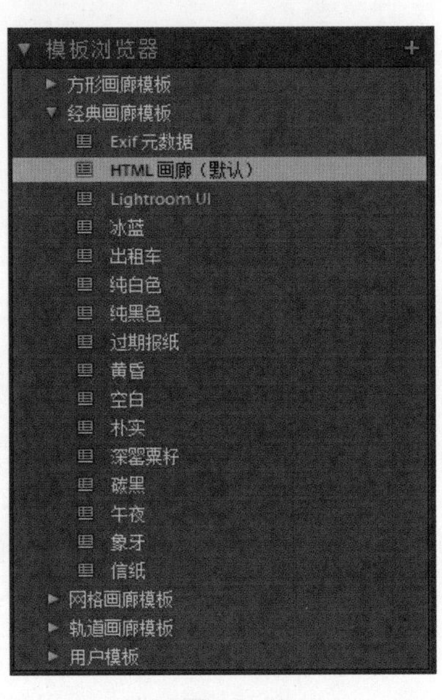

◎ 图 A2-35

预览按钮如图 A2-36 所示。

◎ 图 A2-36

导航按钮如图 A2-37 所示。自定布局和指定输出选项面板，如图 A2-38 所示。

画廊设置完成后，可以将文件导出到特定位置，也可以将画廊上载到 Web 服务器。在“上载设置”面板中，在“FTP 服务器”中选择“Web 服务器”，或者选择“编辑设置”，如图 A2-39 所示，以便在“配置 FTP 文件传输”对话框中指定设置。如果需要，请咨询 ISP 以获取 FTP 设置的帮助信息。

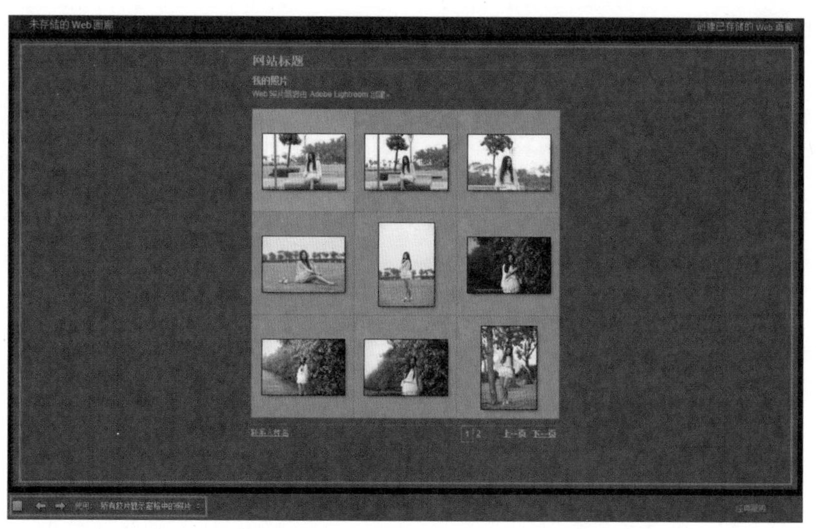

◎ 图 A2-37

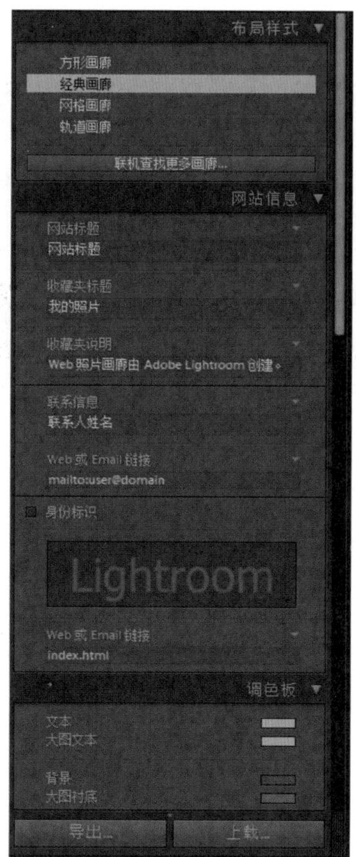

◎ 图 A2-38

◎ 图 A2-39

A3 课

Lightroom Classic 的图片处理

A3.1 图库管理

在 Lightroom Classic 里可以使用图库管理照片，它就像一个照片数据库，储存了用户的照片索引、修改照片设置、关键字、评级等元数据，如图 A3-1 所示。

◎ 图 A3-1

在没有将照片导入 Lightroom Classic 之前，图库是不存在的。所以，用户必须将照片导入选项卡，并且使用图库来管理照片。Lightroom Classic 可以为所有导入的照片建立索引，帮助用户使用关键字、星标、色标、旗标筛选出需要的照片；也可以通过收藏夹以不同的逻辑组织照片；还可以使用虚拟副本管理不同的照片处理版本、进行照片打印前管理，所有这一切都基于 Lightroom Classic 的图库管理。

A3.2 预览和文件处理选项

Lightroom Classic 的选项卡包含一个选项卡文件和一个预览文件夹，在预览文件夹中存储的是 Lightroom Classic 的预览文件，也就是在缩览图窗口看到的文件。Lightroom Classic 会根据用户的设置为每一张照片建立一个预览，格式的预览不但能够使照片的颜色更加准确，同时能够加快 Lightroom Classic 的处理速度，如图 A3-2 所示。

打开“导入”对话框，按 Shift+Ctrl+I 组合键，苹果电脑是按 Shift+Cmd+I 组合键，在“文件处理”选项区域里，将“构建预览”下拉列表框设置为“标准”。这里的 4 个选项，其实是让用户在文件大小和预览品质之间进行选择，如图 A3-3 所示。

◎ 图 A3-2

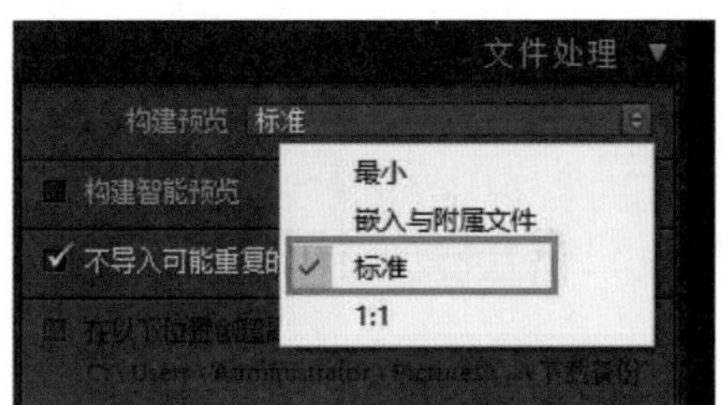

◎ 图 A3-3

同一张照片，在不同的程序中打开，可能会出现色彩不同的情况，这取决于用户所使用的色彩空间以及是否对自己的设备进行过校准。

Lightroom Classic 需要使用某种方法对照片进行渲染，在用户使用 RAW 文件的情况下，要决定 Lightroom Classic 使用的色彩空间，“最小”和“嵌入与附属文件”这两个选项都使用 sRGB 颜色空间进行文件预览，如图 A3-4 所示。

当选择“标准”或 1∶1 时，Lightroom Classic 使用的是 ProPhoto 颜色空间进行文件预览，如图 A3-5 所示。

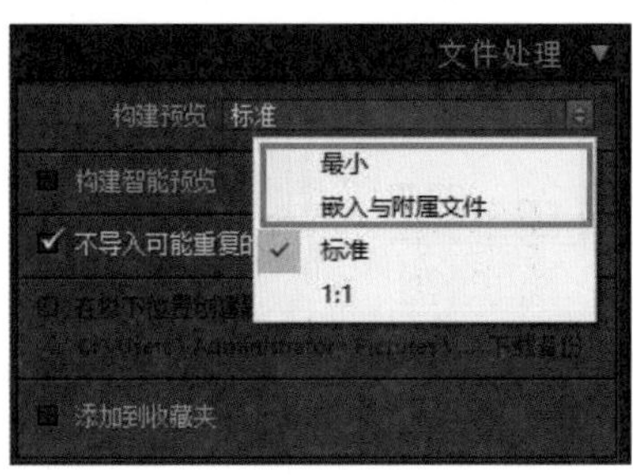

◎ 图 A3-4

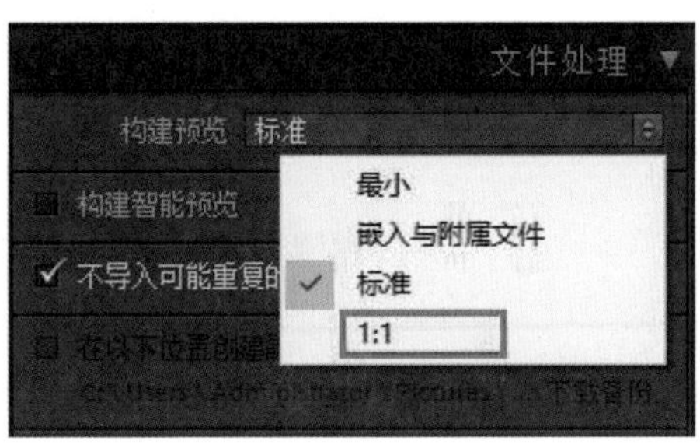

◎ 图 A3-5

sRGB 和 ProPhoto 是两种不同的色彩空间，其中 sRGB 所能表现的色彩范围相对较小，而 ProPhoto 可以表现更大的色彩空间。相机所能拍摄的色彩空间，要大于 sRGB 色彩空间的范围，所以对处理照片来讲，使用 ProPhoto 是更好的

选择。ProPhoto RGB 也是 Lightroom Classic 默认的色彩空间，问题在于，如果使用 ProPhoto RGB 将增加预览文件的大小，降低 Lightroom Classic 的处理速度。如果电脑配置不够高，Lightroom Classic 的运行速度就会非常慢，如果需要浏览大量相似的照片，可以选择“最小”或者“嵌入与附属文件”。电脑配置好的话，笔者建议选择“标准”。选择 1：1，Lightroom Classic 将为每个文件生成实际大小的文件预览，这会使渲染速度变得非常慢，并且令用户的预览文件夹变得非常庞大。

A3.3 RAW 和 JPEG 文件格式的区别

本节讲解 RAW 和 JPEG 文件格式的概念，以理论讲解为主。图像按文件格式划分，包括 JPEG 文件、TIFF 文件、RAW 文件等，在数码摄影中这是最基础的知识。

JPEG 是最常见的图像文件格式，互联网上的大多数照片，以及用户拍摄转档出来的照片均为此格式。尽管 JPEG 文件是一种非常通用的图像文件，但是作为摄影师，笔者强烈建议在拍摄时最好使用 RAW 格式，如图 A3-6 所示。

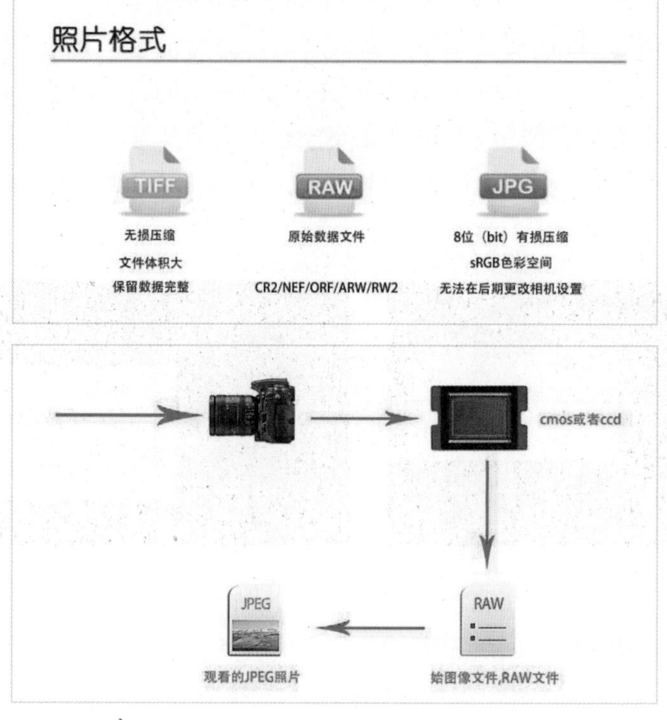

◎ 图 A3-6

JPEG 是一种巴比特压缩文件格式，在压缩为 JPEG 文件的过程中，丢掉了大量相机拍摄的原始信息。JPEG 是一种严重有损的压缩格式，每次保存 JPEG 文件时，都会损失部分画质。其次，JPEG 使用的色彩空间是 sRGB，这是一种比相机所能捕捉的范围更小的影像，JPEG 文件后期处理的余地也比较小，许多设置被嵌入 JPEG 中而无法进行修改。与 JPEG 格式相比，TIFF 格式是无损压缩的文件格式，无论保存 TIFF 文件多少次，画质都不会受到明显的影响，TIFF 文件的体积很大，这种文件通常被用于后期制作的过程中，作为所保存的文件格式。

RAW 文件是相机记录的原始数据文件，准确来讲，RAW 文件不是一个图像文件，因为用户无法直接打开 RAW 文件，打开 RAW 文件必须使用文件解码器，或者用 Lightroom Classic。RAW 文件的格式并不统一，不同的相机制造商会使用不同的格式后缀，比如佳能使用 CR2，尼康使用 NEF，欧琳巴斯使用 ORF，索尼使用 ARW，松下使用 RW2 等。Adobe 公司定义了一种数码负片格式，使用 DNG 作为文件后缀，希望可以把 RAW 格式统一起来，这就是为什么用户能够在“导入”对话框中看到“拷贝为 DNG”这个选项的原因，如图 A3-7 所示。

◎ 图 A3-7

在“导入”对话框的最上方有 4 个选项，前文讲过“移动”“拷贝”“添加”，但是没有讲“拷贝为 DNG”，其含义是把所有的 RAW 文件转化为 Adobe 的 DNG 文件。

对于摄影来说，RAW 无疑是目前可以使用的最好的文件格式，尤其对使

用 Lightroom Classic 的用户而言，Lightroom Classic 对 RAW 文件的处理非常方便，只要在“选项卡设置”对话框中选中“将更改写入 xmp 文件”，Lightroom Classic 就会把用户对 RAW 文件的所有更改，都写进一个独立的 XMP 文件中，因此不必在处理前拷贝原始文件。Lightroom Classic 不会损坏用户的 RAW 文件，这一点非常重要，所以应努力理解 RAW 和 JPEG 文件的区别，在实践中寻找一个适合自己的工作方式。

A3.4 在 Lightroom Classic 图库模块中比较照片

在拍摄时，有时候拍了几张类似的照片，需要比较一下这些照片，以便决定最后保留哪一张，这是我们经常遇到的问题。

在 Lightroom Classic 里，当导入了几张类似的照片时，可以单击其中一张，然后进入比较模式。单击左下方的“X/Y”按钮，进入比较视图，如图 A3-8 所示。

◎ 图 A3-8

也可以按 C 键进入比较视图。进入比较视图后，工作区域会被分成左右两个部分，左边是用户选择的照片，在照片右上角 Lightroom Classic 显示这是已选择的照片；右边是候选照片，Lightroom Classic 显示它是候选照片。注意下方的胶片窗口，在选中的这张照片的右上角会出现一个白色的菱形小方格，在右边用于比较的候选照片会出现一个黑色的菱形小方格，如图 A3-9 所示。

◎ 图 A3-9

由于整个浏览照片的区域非常小，我们可以按 Tab 键来隐藏左右面板，这样用户就有更大的空间来查看自己的照片了，如图 A3-10 所示。

◎ 图 A3-10

若想放大显示两张照片，可以选择一张照片，然后单击放大，这样照片就可以放大到 100% 来显示，在这里可以拖动滑块选择需要放大的比例。当放大一张照片时，另一张照片也会同时放大；当拖动一张照片时，另一张照片也会跟着一起移动，这样可以非常方便用户在两张照片之间进行比较，如图 A3-11 所示。

可以按→键来更换候选照片，也可以单击照片右下方的“箭头”按钮来更换左右候选照片，如图 A3-12 所示。

◎ 图 A3-11

如果已选定了照片，想把这张候选照片作为选择照片，这时可以单击照片右下方的“X/Y”按钮，更换选择的候选照片，也可以按键盘的←或→键来更换选择和候选照片，如图 A3-13 所示。

◎ 图 A3-12　　◎ 图 A3-13

如果两张照片的位置不太一样，却想把这两张照片放在同一个平面上显示，应该如何操作呢？可以在下方的工具栏中找到一个锁形按钮，单击打开这个锁形按钮，就可以对两张照片进行分别操作了。移动其中一张照片而不影响另一张照片，也可以缩小或者放大不会影响另一张照片，当把两张照片放到目标位置时，可以再次锁定这个按钮，这样它们就会以同样的方式进行移动，如图 A3-14 所示。

◎ 图 A3-14

A3.5　在 Lightroom Classic 中重命名照片

在本节中，笔者将介绍如何在 Lightroom Classic 图库模式中组织和管理照片。Lightroom Classic 不只是一款单纯的照片处理软件，更是一款同时包含了强大照片管理功能的照片处理软件。因此不要忽视学习 Lightroom Classic 的照片管理能力。

先来详细了解一下如何在图库模式中组织和管理照片，这绝对是让用户事半功倍的技术。首先来看一看如何重命名文件，打开网格视图，或者按 G 键，进入网格视图，如图 A3-15 所示。

◎ 图 A3-15

可以看到面板上显示了文件名称，如果网格视图没有显示文件名称，可以按两下 J 键，来显示图片名称，如图 A3-16 所示。

◎ 图 A3-16

如果看不清楚图片信息，可以按 E 键，进入放大视图，然后在放大视图中按一下 I 键以显示文件信息，如图 A3-17 所示。

◎ 图 A3-17

可以翻看一下相机的说明书，制造厂商会告诉用户，文件名最大不超过 9999，第 10000 张照片将重新以 0001 命名，请再仔细阅读一遍说明书。

也就是说，如果用相机拍摄了 10000 张照片，磁盘上会出现 2 张名称同为 0001 的文件，如果拍摄了 50000 张照片，用户的磁盘上就会出现很多名称相同的文件。

笔者认为给照片重命名不仅是一个避免出现重复文件名的方法，也是管理文件的一个良好开端。在 Lightroom Classic 中重命名文件是一件极为简单的事情，让我们回到网格视图，按 G 键。如果需要重命名某张照片，可以单击这张照片，然后按 F2 键打开照片重命名对话框，在“文件命名”下拉列表框中选择“自定设置”选项，在这里也可以选择“编辑”选项，编辑我的自定设置，用户可以清除所有之前的设置，然后写入想要重命名的名称，单击“完成”→“确定”按钮，Lightroom Classic 就可以重命名照片了。需要注意的是，在 Lightroom Classic 中重命名的照片必须是存在的照片，而不是缓存在 Lightroom Classic 中的虚拟图像（没有照片存在的路径，按 F2 键不起作用的照片，就是虚拟的照片），虚拟图像是无法重命名的，如图 A3-18 和图 A3-19 所示。

重命名后，在修改名称的照片上就可以看到新的名称了。如果用户希望把所有照片一起重新命名，可以选中所有照片，按 Ctrl+A 快捷键，然后按 F2 键打开照片重命名对话框，可以使用默认的设置，在这里也可选择“编辑”选项，来编辑我的自定设置。用户可以命名自己想要的名称，按空格键，在下方可以插入一个日期，再按空格键，再插入一个序列编号，Lightroom Classic 会显示最终名称。

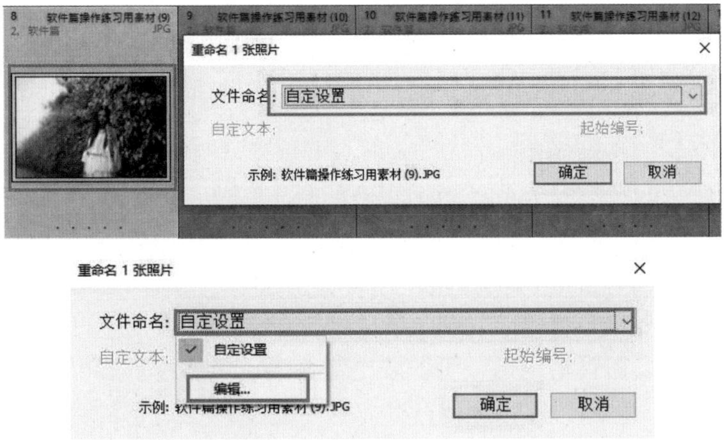

◎ 图 A3-18

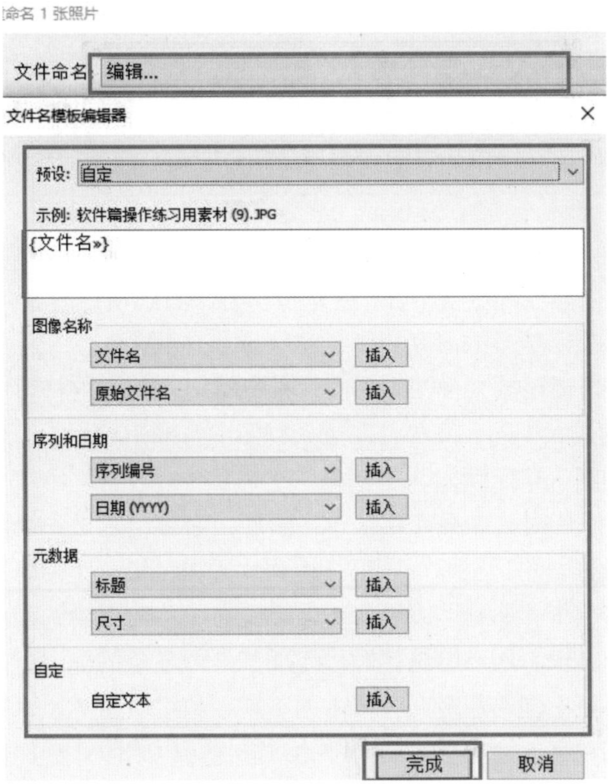

◎ 图 A3-19

A3.6 使用星标、色标和旗标标记照片

作为摄影师，总是会拍摄很多照片，但是在这些照片中真正值得保存的是少数，或者说认为满意的总是少数。我们需要一些方法把这些好照片选出来，送去冲印，或是发送给你的朋友，等等。

有了 Lightroom Classic，不必再使用笨拙的方法整理和分类照片。在 Lightroom Classic 中，用户可以给照片添加标识。在浏览照片时，可以给照片做一些标记，Lightroom Classic 提供了 3 套不同的标记体系，分别是星标、旗标和色标。

无论是在网格视图还是放大视图中，你都可以在工具栏中看到这 3 套标记体系，如果没有看到工具栏的话，可以按 T 键来显示工具栏。如果在工具栏中没有显示所有的标记，也可以单击图片过滤器的“属性”，来选择旗标、星标和色标，如图 A3-20 所示。

◎ 图 A3-20

有时候因为工具栏的宽度不够，所以没有办法看到所有命令，可以按 F8 键，隐藏右侧面板以显示更多的命令。

通常，我们习惯在放大视图中对照片进行标记，因为这样可以更好地评价一张照片，按 E 键放大视图。同样，在放大视图下方的工具栏中，可以看到旗标、星标和色标，如图 A3-21 所示。

我们在查看照片时，如果喜欢某一张照片，需要给它做一个标记，那么就可以很简单地单击这里的“星标”按钮，给照片添加星级，比如想把某张照片设定为三星级，单击这个“星标”以后，可以看到在胶片窗格中的照片下方出现了一个三星级的标志，表示用户给这张照片添加了一个三星的标记。同样，可以选择不同的照片，标记不同的星级。数字 1 为 1 星，数字 2 为 2 星，数字 3 为 3 星，数字 4 为 4 星，数字 5 为 5 星。用同样的方法也可以给照片添加色标，添加不同的色标表示不同的含义，数字 6 为红色，数字 7 为绿色，数字 8 为蓝色，数字 9 为绿色，用户可根据自己使用星标和色标的习惯进行设定，如图 A3-22 所示。

◎ 图 A3-21

◎ 图 A3-22

A3.7　在 Lightroom Classic 中给照片添加关键字

现在无论你做什么，都需要打上标签，在任何需要搜索的地方都需要关键字。关键字是伴随着电商的崛起飞速发展而来的，关键字的主要意义是为了搜索方便，图像也需要添加关键字。

在 Lightroom Classic 中，可以为照片添加关键字，这样是为了在 Lightroom Classic 中更好地管理和搜索照片。在图库模块的右侧面板有一个“关键字”命令，可以单击这个三角按钮打开或者关闭“关键字”选项区域，如图 A3-23 所示。

在面板的空白处右击，在弹出的快捷菜单中可以看到一个“单独模式”命令，如图 A3-24 所示。“单独模式”可以让用户在打开一个面板的同时关闭其他面板，

这样就不容易被这些面板搞得晕头转向了。

◎ 图 A3-23

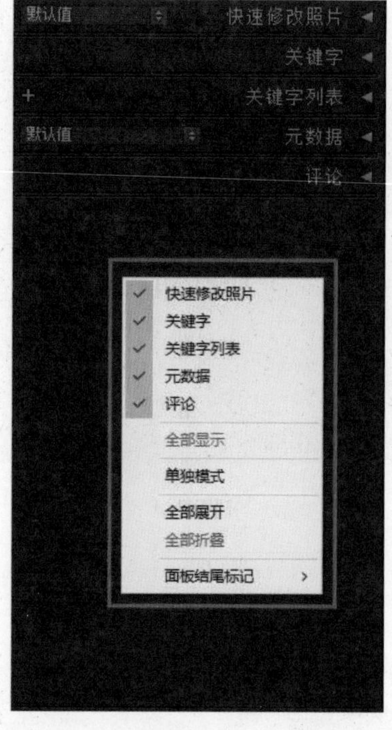

◎ 图 A3-24

当打开“元数据”面板，然后再打开“关键字”面板时，Lightroom Classic 会自动关闭“元数据”面板，打开“关键字”面板。在“关键字”面板中，用户可以输入需要使用的关键字，在这里可以为照片添加新的关键字。可以选择一张照片，然后 Lightroom Classic 会告诉你“单击此处添加关键字”，非常直观，如图 A3-25 所示。

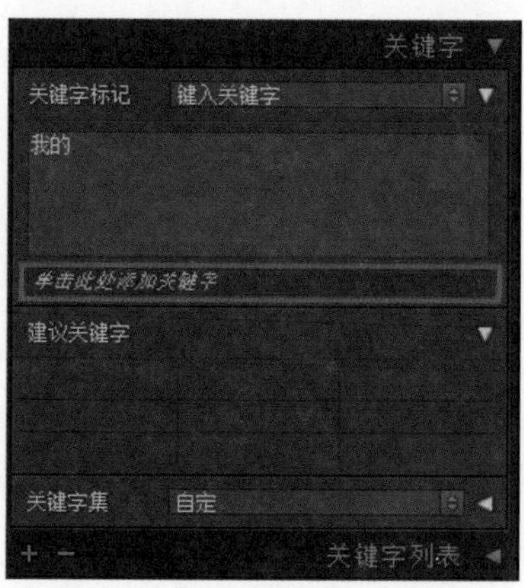

◎ 图 A3-25

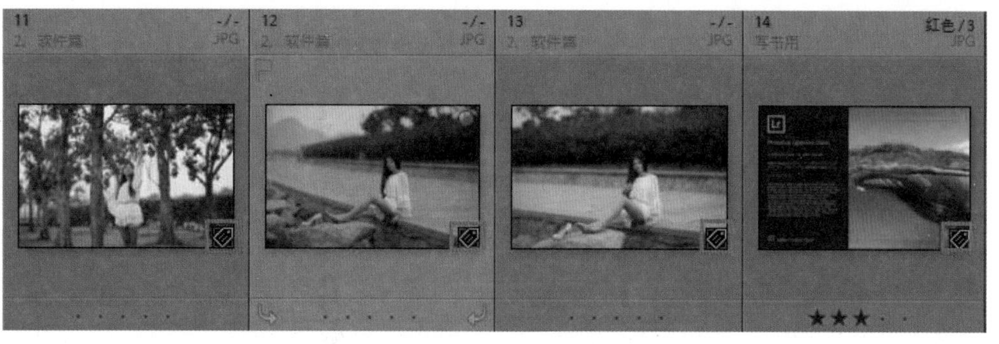

◎ 图 A3-25（续）

A3.8　在 Lightroom Classic 中使用收藏夹和智能收藏夹整理照片

收藏夹可以让用户在不复制文件的情况下，在一个收藏夹内显示来自不同位置的照片，只需把这些照片拖动到特定的收藏夹里。在 Lightroom Classic 中，有一种非常神奇的照片管理工具，它就是智能收藏夹。

如果使用智能收藏夹，甚至不需要拖动，Lightroom Classic 会自动把符合要求的照片添加进某一个智能收藏夹中，如图 A3-26 所示。

Lightroom Classic 建立了智能收藏夹的收藏夹集，放置了一些默认的智能收藏夹。智能收藏夹的图标与普通的收藏夹是不一样的，用户可以通过这些图标来分辨。右击某一个智能收藏夹，在弹出的快捷菜单中可以选择“编辑智能收藏夹”命令，如图 A3-27 所示。

◎ 图 A3-26

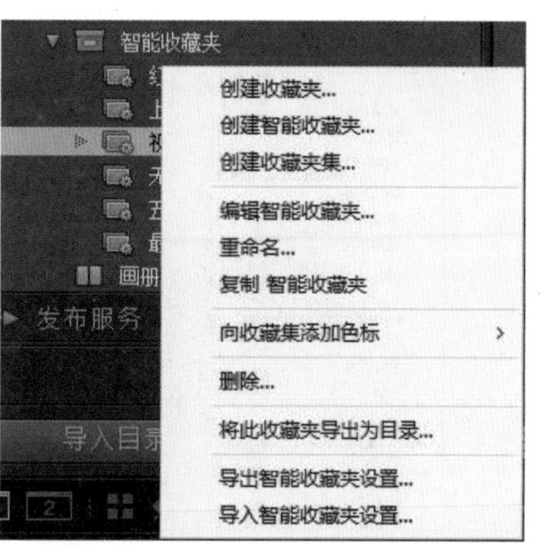

◎ 图 A3-27

也可以双击智能收藏夹的图标来打开“编辑智能收藏夹”对话框，在“智能收藏夹”文本框中可以输入你希望保存的智能收藏夹的名称，在下面的区域可以选择你希望匹配的条件，如图 A3-28 所示。

智能收藏夹可以把符合某一类条件的所有照片都自动添加进当前的收藏夹里，单击“星级”下拉列表框，用户可以选择希望筛选的条件，又如可以选择星标、旗标或色标，还可以选择文件夹或收藏夹。

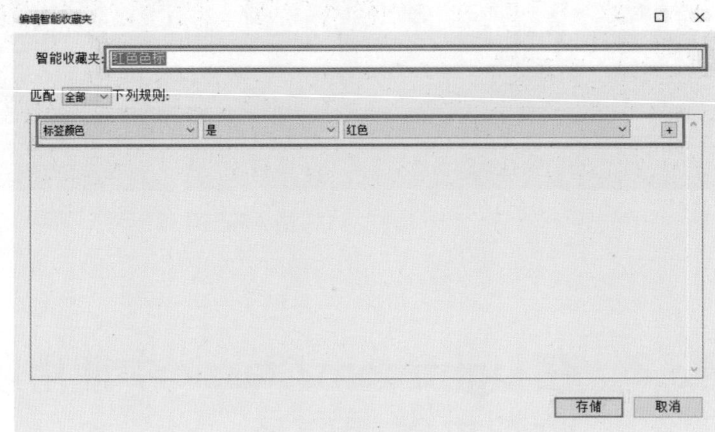

◎ 图 A3-28

注意

在智能收藏夹中可以按照收藏夹设定筛选条件，这是一个非常强大的功能，用户可以选择文件名、文件类型、标题、关键字、元数据、拍摄日期、相机镜头、焦距等，单击下拉列表框，可以选择更多 Lightroom Classic 提供的选项。Lightroom Classic 默认选择的是“星级”，在选择了筛选条件后，用户可以在下拉菜单中选择合适的逻辑判断值，如图 A3-29 所示。

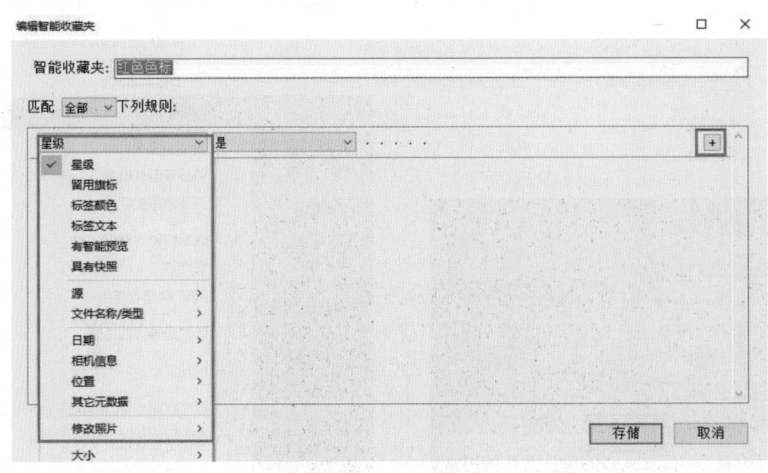

◎ 图 A3-29

A4 课 Lightroom Classic 的工具

A4.1 直方图

本节介绍 Lightroom Classic 中的直方图，色阶直方图的横坐标表示色阶，纵坐标表示像素数量。通俗地说，直方图中从左到右即是从暗到亮（黑到白），如图 A4-1 所示。

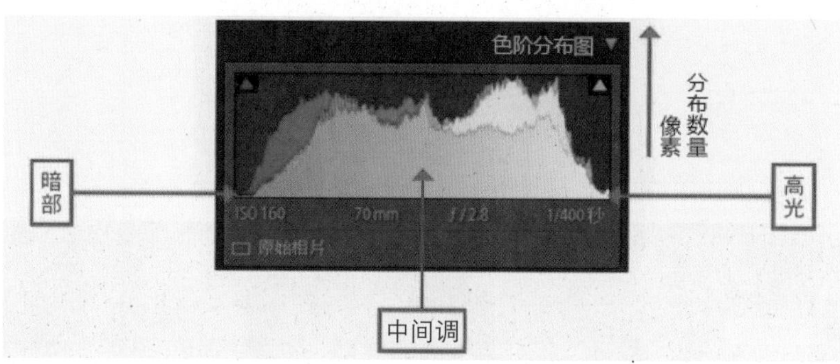

◎ 图 A4-1

我们来看如图 A4-2 所示的直方图，大部分信息都集中在左边，说明这张照片整体是偏暗的。

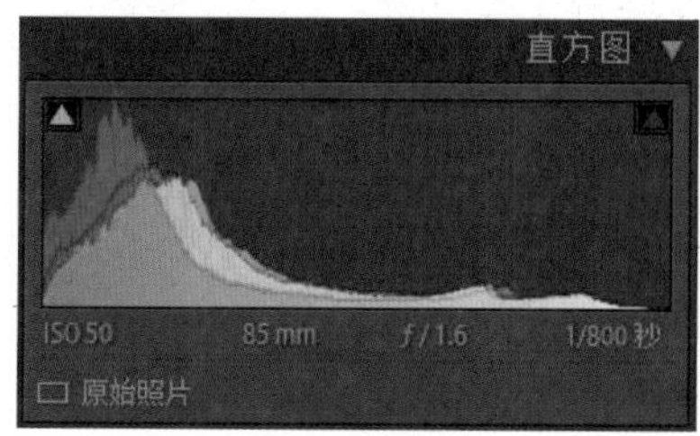

◎ 图 A4-2

我们再来看直方图上面的色彩，前面的灰色部分是全色阶（通道），后面的彩色部分就是各种颜色的分布，图的左右上角各有一个小三角形，左边的代表“阴影修剪”，右边的则对应地代表“高光修剪”，如果小三角出现色彩上的变化，就意味着这个颜色有“消失（死黑或死白）”的情况发生了，如图 A4-3 所示。

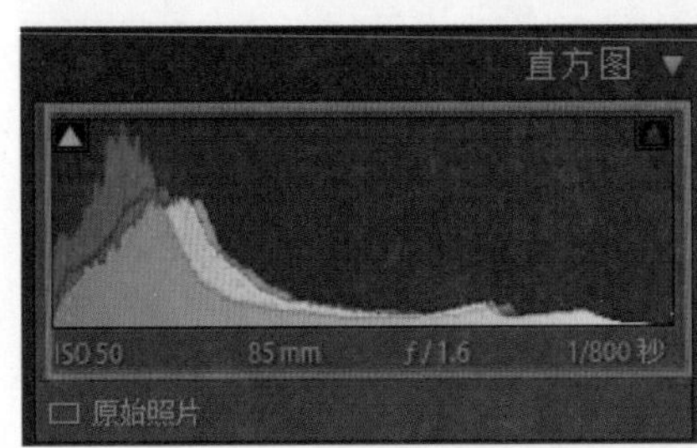

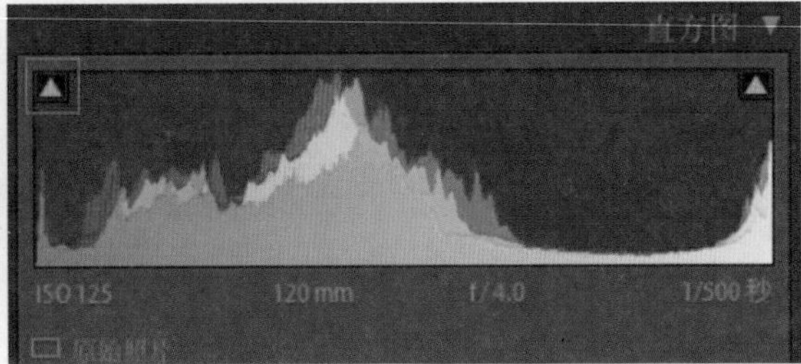

◎ 图 A4-3

把鼠标放在左边的小三角上，在图像上会显示蓝色的区域，这部分是照片的最暗部，如果有溢出，就说明照片中出现了死黑的现象，如图 A4-4 所示。

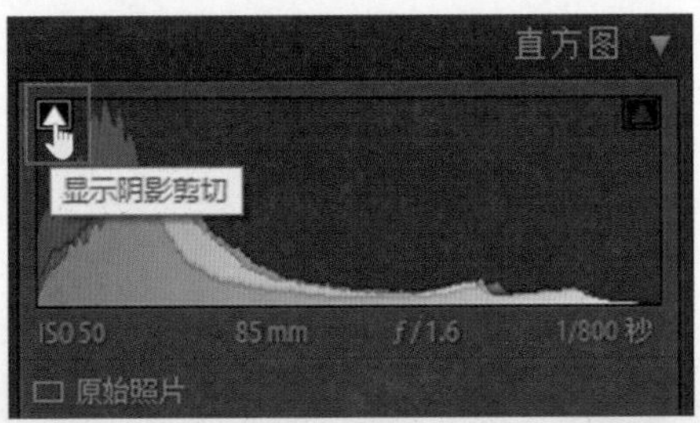

◎ 图 A4-4

给大家分享个技巧，在 Lightroom Classic 中，直方图是可以直接拖动的，把鼠标放到不同的位置，它会显示不同的属性名称，一般为阴影、高光和曝光度，操作非常方便。在直方图中单击的位置不同，就代表调整的区域不同，比如直接拖动“曝光度”，基本选项中的“曝光度”拉杆数值也会随之改变，调整非常方便，如图 A4-5 所示。

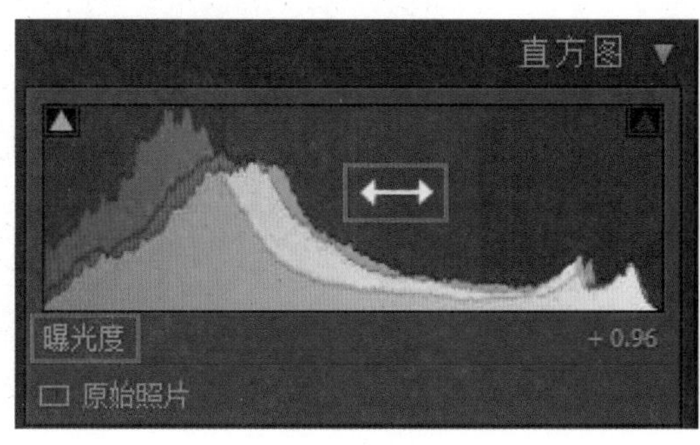

◎ 图 A4-5

A4.2 白平衡和白平衡选择器

Lightroom Classic 的白平衡记录着相机原始图像 RAW 的色温信息，专业的单反数码相机都有调整白平衡的功能，不过其调整效果与专业的 Lightroom Classic 软件相比还是有不小差距的，并不能达到我们想要的效果。通过调整白平衡，不仅可以修正照片的色偏，还可以改变色调的冷暖。

白平衡的运用主要有 3 种方法。

第一种方法就是使用 Lightroom Classic 预置的下拉菜单，选择不同的选项，会自动应用不同的内置白平衡设置。RAW 和 JPEG 是有区别的，RAW 格式记录的信息比较完整，调整项多；JPEG 格式照片经过严重的压缩，丢失信息较多，调整项会缺失。如果用户使用的是 JPEG 文件，菜单中只有“自动”和“自定”两个选项可供调整，如图 A4-6 所示。

第二种方法是直接拖动滑块调整。在 Lightroom Classic 中的白平衡调整面板上，有“色温”和“色调”两个参数可以调整。“色温”用来调整照片的色温，也就是冷暖。向左拖动，色温会降低，照片变冷；向右拖动，色温变高，色调变暖，如图 A4-7 所示。

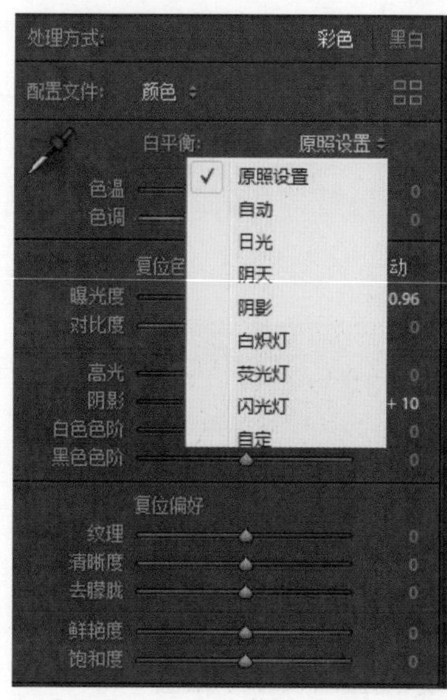

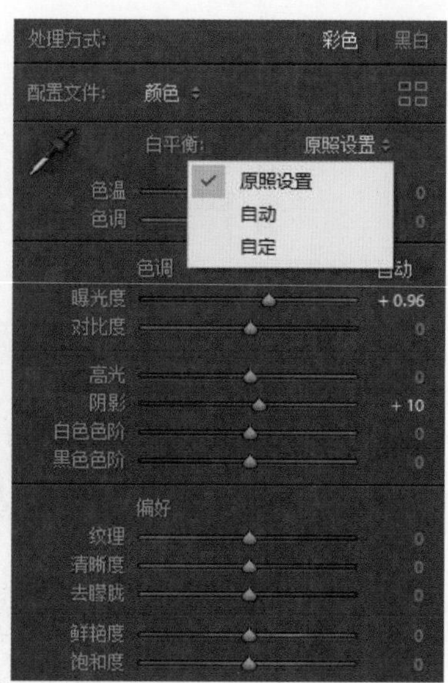

◎ 图 A4-6

第三种方法就是白平衡选择器调整。白平衡选择器的使用首先需要在画面中寻找白色的区域，然后用白平衡选择器单击一下，软件会自动将选中区域恢复成白色，从而校准整个画面的白平衡。在一般情况下，用它纠正色温不好把控，选择不好，定不准白场就会严重偏色，如图 A4-8 所示。

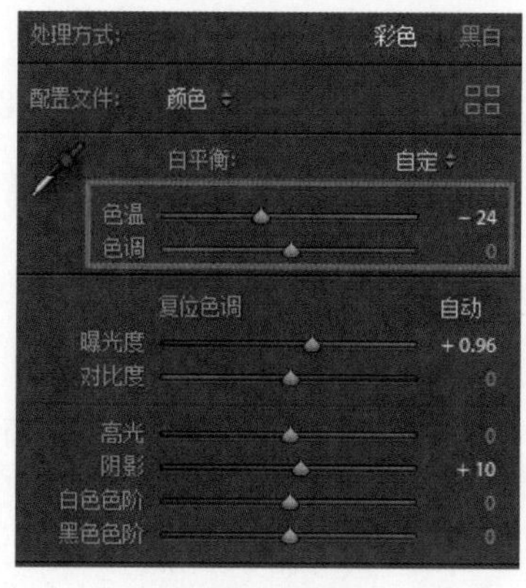

◎ 图 A4-7

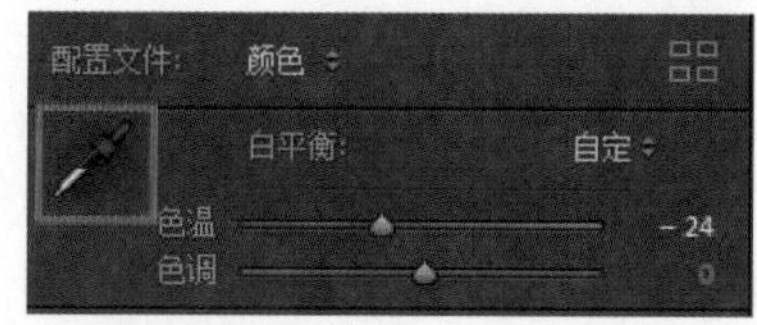

◎ 图 A4-8

A4.3 镜头校正

摄影中很容易犯的一个错误，就是过于关注照片的曝光和色彩，而忽视了畸变、色差、污点给照片带来的巨大破坏，Lightroom Classic 的镜头校正可以弥补我们在拍摄时造成的照片变形。

在 Lightroom Classic 镜头校正中，可以选择软件自带的配置文件。根据我们使用的相机，选择镜头的制造商、型号及其配置文件，Lightroom Classic 会自动通过用户的选择进行照片的校正，如图 A4-9 所示。在 Lightroom Classic 的“镜头校正”下拉列表框中选择“颜色”选项，可以对去边进行设置，还可以手动调节因单反镜头而导致的照片变形。

如图 A4-10 所示，Lightroom Classic 中有两种选项，即默认的配置文件和手动的配置文件，随着相机不断的更新换代和技术的革新，严重的照片变形也随之变少了。Lightroom Classic 版本的更新和功能的完善，让处理和调整变形照片变得更加简单。在“手动”面板下，可以调整照片的扭曲度，去除色差和暗角，简单的操作已经代替了以前的复杂工序，版本的更新还是有很多好处的。

◎ 图 A4-9

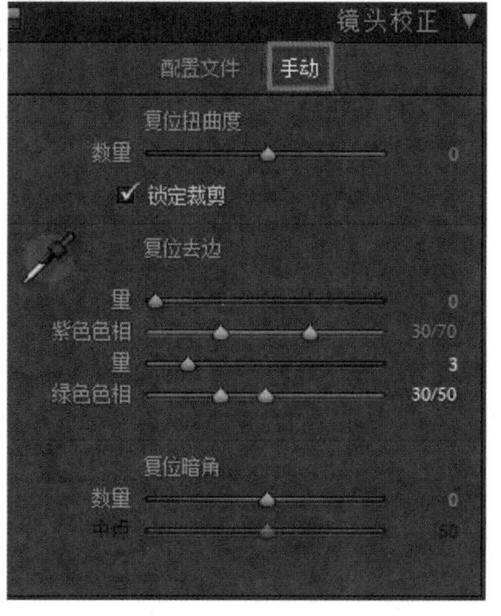

◎ 图 A4-10

A4.4　细节

Lightroom Classic 的细节主要分两项功能，即锐化和噪点消除。可以按 Ctrl+5 快捷键打开“细节”面板。一般我们处理照片，首先进行降噪处理，在最后输出时再进行锐化，尽管在面板中“锐化”选项组在“噪点消除”选项组的上面，但是，我们也必须遵循正确的处理技法，如图 A4-11 所示。

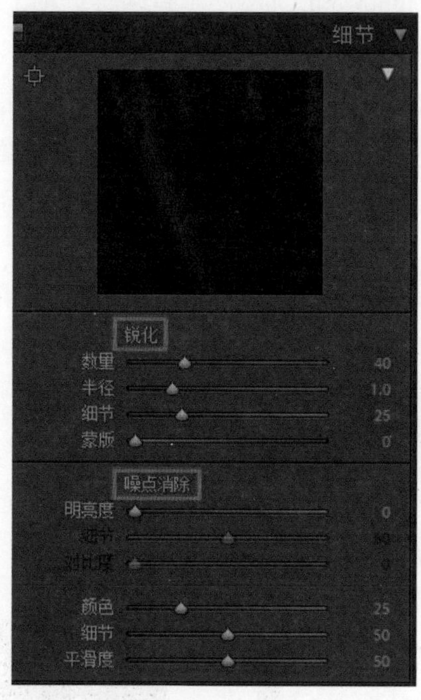

◎ 图 A4-11

先来看一下什么是噪点。噪点分为亮噪和彩噪，从字面上解释也很好理解，亮噪即为亮度形成的噪点，彩噪即为彩色噪点，即由红、绿、蓝三色形成的噪点。这里也许有人会问，噪点是怎么形成的？形成噪点的因素有以下 7 种。

（1）感光元件尺寸的大小，即为平时所说的 APS-C 半画幅、全画幅、中画幅、大画幅。画幅尺寸越小，感光元件越小，在同等条件下，产生的噪点越明显。

（2）相机的像素，4200 万像素和 2400 万像素的相机，同样的感光元件，像素越高的相机，产生的噪点越多。

（3）相机感光度的大小，即曝光三要素中的 ISO，ISO 值越大，噪点越多。

（4）前期拍摄原因，画面欠曝，后期越是强行拉亮，噪点越多。

（5）前期拍摄原因，强行使用曝光补偿提亮的，噪点多。

（6）长时间曝光，相机产生热量，时间越长，噪点越多。

（7）夜间拍摄，光线不充足，调高感光度，噪点很多。

下面来看一下噪点消除的命令主要有那些作用。

明亮度：降低亮噪，数值越高，降噪越明显，但画面更模糊。

细节及对比度：微调降低亮噪，对之前的明亮度模块进行微调，补偿细节的损失。

颜色：降低彩噪，数值越高，降噪越明显，但画面颜色会失真（LR 一般默认为 25）。

细节及平滑度：和亮噪类似，起到微调彩噪的效果。

下面来看降噪处理后的照片效果。在处理噪点时一定要注意，数值不宜过大，否则会严重损失照片的细节（也可以把降噪理解成 Lightroom Classic 的磨皮，对于没有噪点的照片也可以运用降噪，达到磨皮的效果），如图 A4-12 所示。

◎ 图 A4-12

如果想还原降噪，可以按住 Alt 键，这时“噪点消除”就变成了“复位噪点消除”，单击它就可以还原了，如图 A4-13 所示。

介绍完降噪，再对细节模块中的锐化功能进行讲解，锐化作为图像输出前最后一道工序，极为重要。

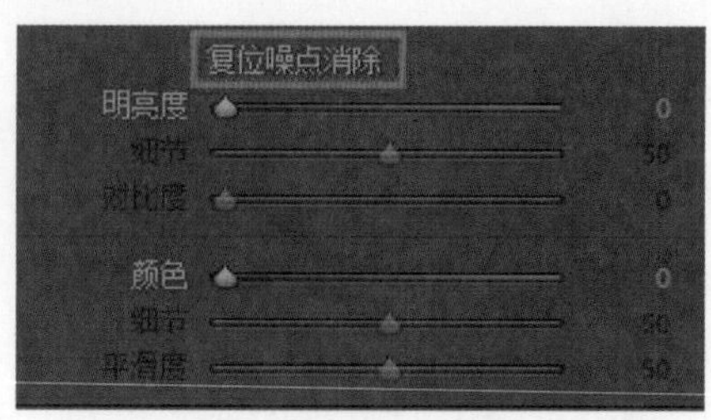

◎ 图 A4-13

即使不是一名摄影爱好者，应该也听说过一个词，叫作虚化。

科技迅速发展，现在很多手机相机里都有一个功能，叫作背景虚化功能，有的手机里也叫作大光圈虚化。

锐化，就是让图片变得更加清晰，与虚化刚好相反。清晰的图片很容易被大众视觉所接受，而模糊的图像使人感觉比较浮躁，Lightroom Classic 中锐化的目的就是使图片中的边缘、轮廓以及各类细节变得更为清晰、画面感得到增强、质感得到提升。但锐化可能会使大家产生错觉，觉得画面的分辨率产生了变化，使画面变得更为清晰。

锐化也有它的弊端，在运用锐化时必须要把握好一定的量，因为在锐化过度的情况下，可能会导致一定的色变、画面的对比度过强、在图像轮廓处产生一定的白色光晕等不利后果。过度的锐化能使照片的边缘变得生硬，尤其是人物的头发和动物的毛，都会像钢丝一样。

图 A4-14 中的左图为一张未进行锐化的图像，如果进行过度锐化后，可以发现画面的质感是有所提升，但颜色产生了色变，并且画面整体变得肮脏不堪，如图 A4-14 中的右图所示。

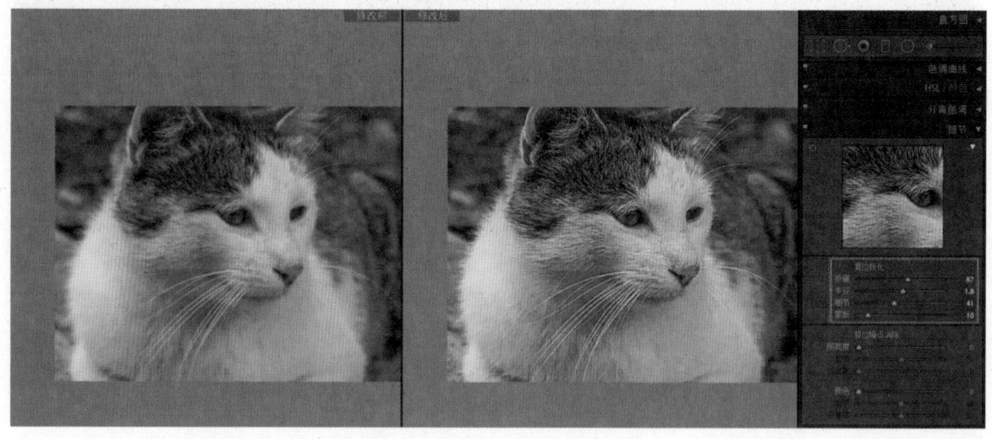

◎ 图 A4-14

综上所述，锐化可用，但不要忘记调整一定要有度。

A4.5　裁切工具

在 Lightroom Classic 中有一个隐藏的小功能，可能大家都没注意过，就是在使用裁切工具时，可以切换不同的辅助线，这对于摄影构图很重要，如图 A4-15 所示。

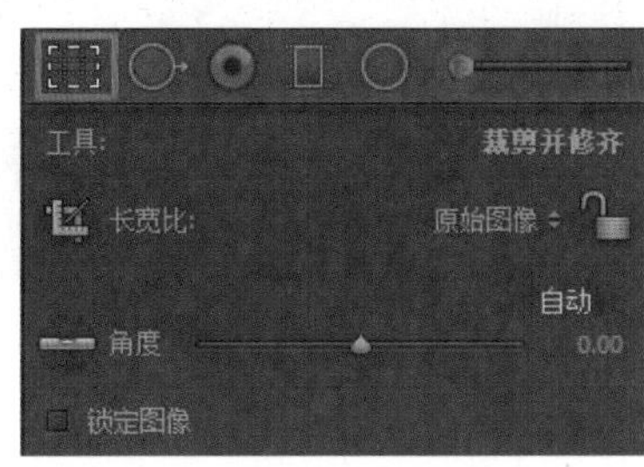

◎ 图 A4-15

在用裁切工具时，按 O 键，就可以切换到不同的辅助线，对照片进行裁切，我们来了解一下辅助线的所有功能。

细密网格：这个模式适合于横平竖直的、纹理细密的主体，能够帮助用户很快衡量画面中不同区域位置的水平垂直，如图 A4-16 所示。

◎ 图 A4-16

中心 25%：这个模式下两条辅助线之间较窄的部分占了画面 25% 的宽或者高，

可以灵活地把自己的拍摄主题放在合适的区域，如图 A4-17 所示。

◎ 图 A4-17

中心菱形：这个模式一方面可以帮助用户快速调整主体在中心占的比例，也可以给出很好的对角线参考，如图 A4-18 所示。

◎ 图 A4-18

对角连接线：这个模式给出很经典的三角形等分，并且帮助用户快速找到平稳的倾斜构图，如图 A4-19 所示。

黄金分割：类似于 1/3 构图，但是还会有一些区别，黄金分割构图给出一种比较生动的画面摆位，也是经过无数审美验证的经典构图方式，如图 A4-20 所示。

◎ 图 A4-19

◎ 图 A4-20

照片尺寸提示：这也是很实用的辅助线，因为考虑到 5×7 的照片尺寸非常流行，而相机感光元件的尺寸往往都是 2×3，这个辅助线可以给用户很直观的裁切区域，包括 2×3、5×7、4×5，如图 A4-21 所示。

Lighroom Classic 的裁切功能就介绍到这里，后期调整构图实际上也是对前期拍摄的一种锻炼，多进行后期的调整，会有助于前期拍摄时建立更多更好的构图意识，没试过这个功能的读者可以找找以前拍过的照片，看看不同的裁切方式会不会带来一些新的创意。

◎ 图 A4-21

A4.6　污点去除工具及红眼工具

Lighroom Classic 污点去除工具的快捷键是 Q，激活污点去除工具后，会在污点去除工具栏的下方弹出污点去除工具面板，可以按【 】键放大圈的大小，如图 A4-22 所示。

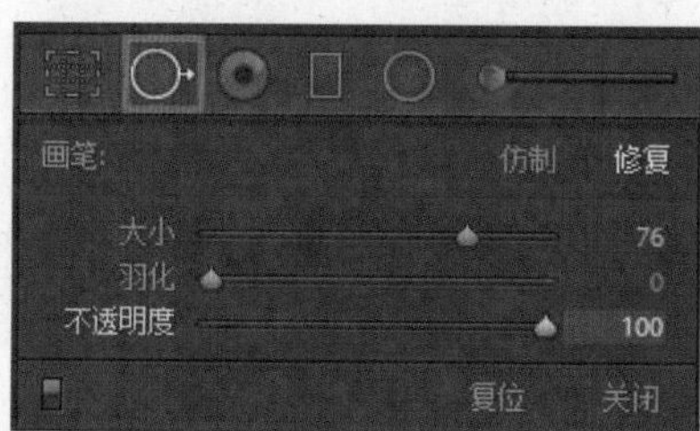

◎ 图 A4-22

污点去除工具的画笔有两种修饰模式，即仿制和修复，如图 A4-23 所示。

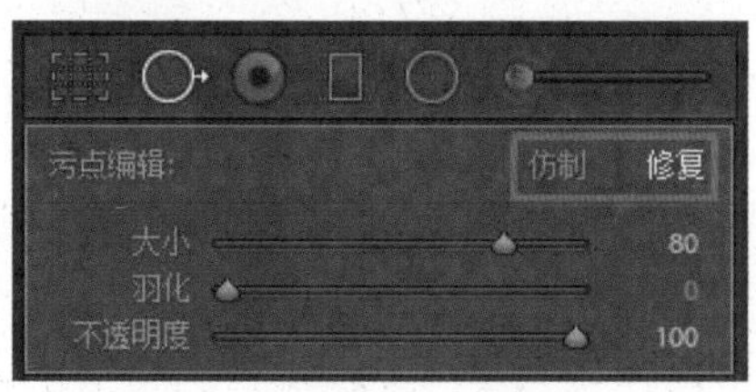

◎ 图 A4-23

在 Lighroom Classic 里用污点去除工具去污时，建议使用修复模式。在污点去除工具去除画面瑕疵时，首先要确保污点去除工具的大小可以覆盖掉瑕疵，然后在画面的瑕疵上直接单击一下，软件会自动选择一个合适的区域修饰瑕疵，如图 A4-24 所示。

◎ 图 A4-24

羽化的数值可以控制笔刷修饰区域与周围的过渡，默认的羽化数值是没有打开的，笔刷也只是一个圈。当羽化数值打开后，笔刷会变为里外一小一大的同心圆。修复时，小圈里的素材都会被新素材替换，小圈到大圈之间的区域被修饰的强度会由 100% 降为 0%，大圈以外的区域不会受到影响。不透明度默认是 100，代表修复时使用 100% 不透明度的素材去修饰瑕疵，也就是会把瑕疵完全盖掉的意思，降低不透明度即是降低盖瑕疵的素材的不透明度，因此修饰时依据不透明度的高低，瑕疵依然会不同强弱地显现，如图 A4-25 所示。

◎ 图 A4-25

选中显示面板左下方的“显现污点”复选框，画面会呈现黑白效果，有些素材污点在黑白模式下更清晰，在使用的过程中可以尝试以这种显示方式修复，如图 A4-26 所示。

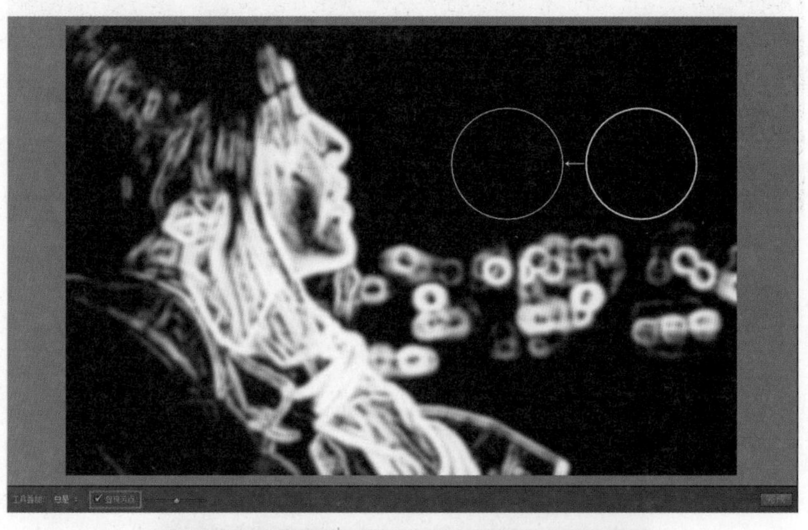

◎ 图 A4-26

接下来介绍红眼工具，在面板中可以看到红眼校正工具有“红眼”和“宠物眼”两个选项，便于在后期中依照不同的图像使用不同的工具去除红眼，如图 A4-27 所示。

◎ 图 A4-27

在使用红眼工具之前，先来了解一下红眼的由来。简单来说，当在光线比较暗的环境中拍摄时，人物的眼睛受到闪光灯刺激，闪光灯发出的光照射到人物的眼睛后，会经过眼睛反射回镜头，正因为光线比较暗，所以人眼的瞳孔会放大，透过瞳孔眼底的视网膜有许多密密麻麻的微细血管，这些微细血管是红色的，所以反射回镜头的光也是红色的，在照片上就不可避免地形成了红眼现象。

红眼工具的用法很简单，打开红眼工具，在人物或者动物的眼睛上单击一下，就去除了。我们来看一下对比图，如图 A4-28 所示。

◎ 图 A4-28

A5 课 Lightroom Classic 的效果

A5.1 变换和效果

首先讲 Lightroom Classic 的变换。变换是用来校正画面的，变换面板就是之前版本的软件中镜头校正里面的 Upright 功能，新版软件在给它单独设置一个面板后，也对它的功能进行了升级，当把鼠标放到调整面板时，画面就会出现网格，如图 A5-1 所示。

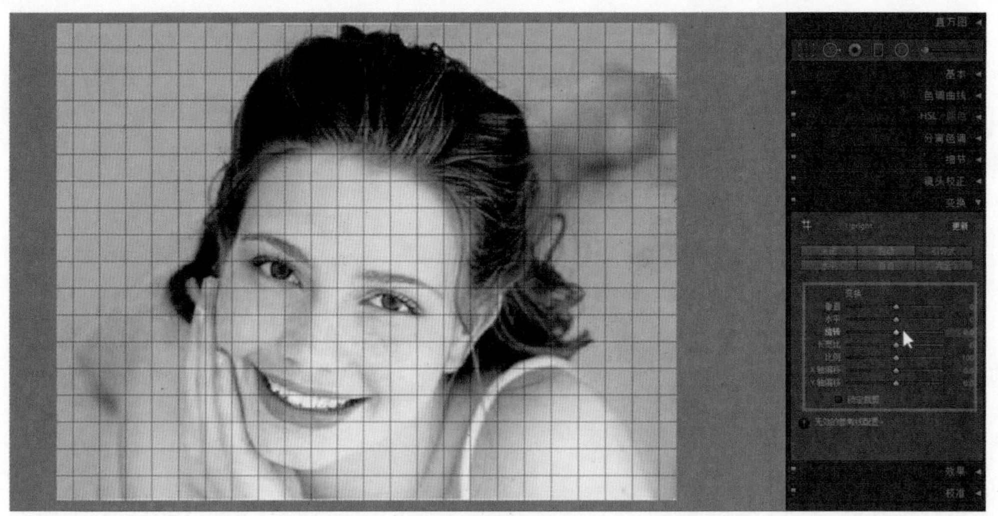

◎ 图 A5-1

可以根据自己的需要对图像进行调整，这里有几个调整选项，即“垂直”“水平”“旋转”“长宽比”“比例”“X 轴偏移”“Y 轴偏移”“锁定裁剪”。

“自动调整”面板有“关闭”“自动”“引导式”“水平”“垂直”“完全”

按钮，在这个面板中只要单击按钮即可，如图 A5-2 所示。

调整可分为自动区域和手动区域，两个区域的功能基本相似，根据需要灵活调整即可，如图 A5-3 所示。

◎ 图 A5-2

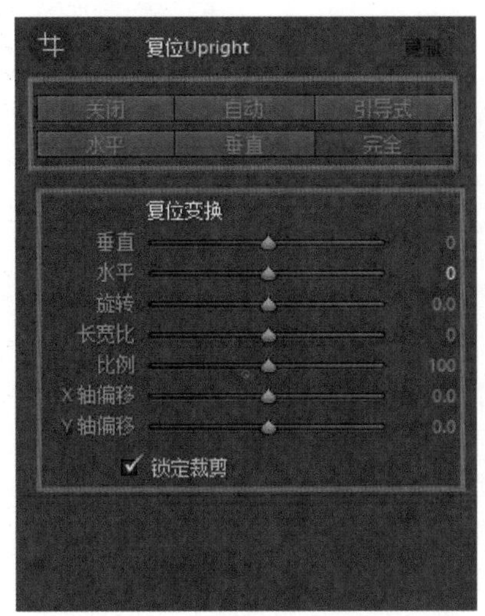

◎ 图 A5-3

接下来介绍效果面板。在这个面板中主要有两个功能板块，第一个是“裁剪后暗角”，第二个是“颗粒”。“裁剪后暗角”可以为照片增加暗角或者亮角，提升照片的氛围，暗角或者亮角是照片四周部分的明暗效果，并且在裁剪之后，暗角或亮角仍会出现在照片四周。“裁剪后暗角”包括一个“样式”列表框和“数量”“中点”“圆度”“羽化”“高光”5 个滑块参数项，配合使用可以控制暗角效果。“样式”包括“高光优先”“颜色优先”“绘画叠加”3 种，一般情况下使用“高光优先”即可，其他两种可以试用一下看看效果，如果喜欢也可以使用。“数量”控制四角亮度，当“数量”为 0 时，照片四角没有明暗变化，“数量”为正数则出现亮角，“数量”为负数时出现暗角，滑块越往左移暗角颜色越深，如图 A5-4 所示。

“颗粒”功能主要用于模拟胶片的颗粒感，该功能包括“数量”“大小”“粗糙度”3 个滑块参数项。当“数量”是 0 时，“大小”和“粗糙度”无法调节；当“数量”数值增加时，“大小”和“粗糙度”被激活，“粗糙度”默认值为 50，数值越大，增加的颗粒越多。“大小”数值越大，颗粒就越大。控制照片的粗糙程度，数值越低越细腻，数值越高则越粗糙。Lightroom Classic 的效果面板可以增加颗粒，增加暗角，模拟复古胶片效果，提升照片氛围，在调整时要保证过渡自然，不要失真，如图 A5-5 所示。

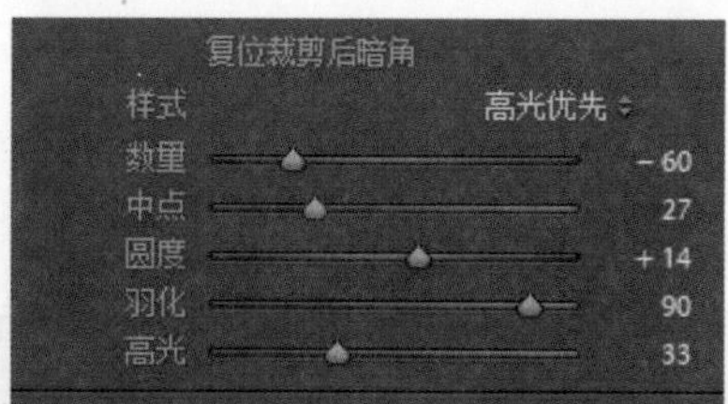
复位裁剪后暗角
样式
高光优先
数量
-60
中点
27
圆度
+14
羽化
90
高光
33

◎ 图 A5-4

复位颗粒
数量
27
大小
32
粗糙度
18

◎ 图 A5-5

A5.2 清晰度

在讲清晰度之前先弄明白锐化和清晰度有什么区别，在此一并简单阐述一下对比度，不单独进行讲解。

对比度：调节图像的整体明暗，对比越强，明暗反差越大。

清晰度：对图像的局部像素进行对比度的增强，达到反差效果。

锐化：对图像中的边缘进行对比度增强，达到反差效果。

就如上面所说的，清晰度是计算整体画面中像素的亮度差别从而计算出需要增加对比度的区域，然后以这些像素点为中心，进行锐化，以达到增加细节的效果，但相对于锐化，明暗反差会更为明显。

锐化是计算整体画面中像素的亮度差别从而计算出需要增加对比度的区域，然后根据所设置的锐化半径来确定在这些像素的周围，哪些像素在我们所需要的锐化区域内，然后再对这些像素进行锐化。

锐化比清晰度更为可控，不像清晰度无法进行自由化的控制，我们可以在锐化面板进行各类细微操作，得到一幅正常的锐化图像。

笔者做了个夸张一点的效果，用以对比两者之间的区别，如图 A5-6 所示。

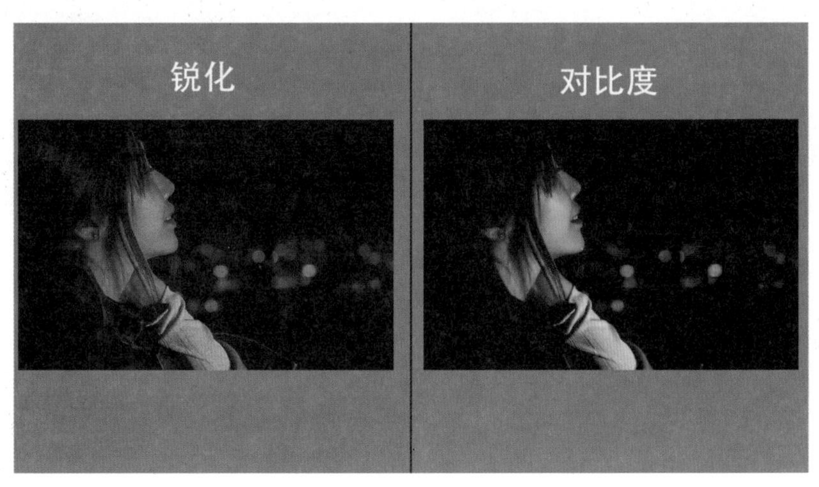

◎ 图 A5-6

A5.3 去朦胧效果

去朦胧效果也叫去灰，软件版本更新后，对于去除灰度更加智能化了。在调

整时，首先以人物主体为中心进行灰度的去除，向右拖动滑块可以调整图像的通透性，向左拖动滑块可以让图像变得柔和，增加图像的灰度。Lightroom Classic 去朦胧效果非常好掌握，它是基于人像主体在画面中位置的不同，在人物主体周围向四周扩散计算数据，从而增加图像的对比，达到去除灰度的效果。如果数值调整过大，会导致画面暗部的影响高于高光区，画面细节的损失会影响整个画面的亮度和色调，在夜景照片中尤其明显。所以，在运用时要把控好调整的力度，看一下增加和去除灰度的对比图，如图 A5-7 所示。

◎ 图 A5-7

A5.4　相机校准

相机校准是一个早期的概念，以前相机由于技术限制，RAW 文件和相机标准之间会产生一定的色偏，所以Lightroom Classic软件里就多了“相机校准”功能。随着技术的发展和版本的更新，这个功能就很少用到了，在 Lightroom Classic 软件里，也把这个面板放到了最后。现如今，摄影师们把这个功能更多地用来做一些色彩创意处理的补充。

相机校准主要是对红黄蓝三原色的调整，但是它的调整不是简单的加减混合等计算方式，它的计算方式比较复杂，调节效果也不太好掌握，我们先来了解一下相机校准面板，如图 A5-8 所示。

也许有人会问，不是相机校准吗？怎么只有校准，相机怎么不见了？不是不见了，而是版本更新后，“相机”选项迁移到了“基本”面板的“配置文件”中了，如图 A5-9 所示。

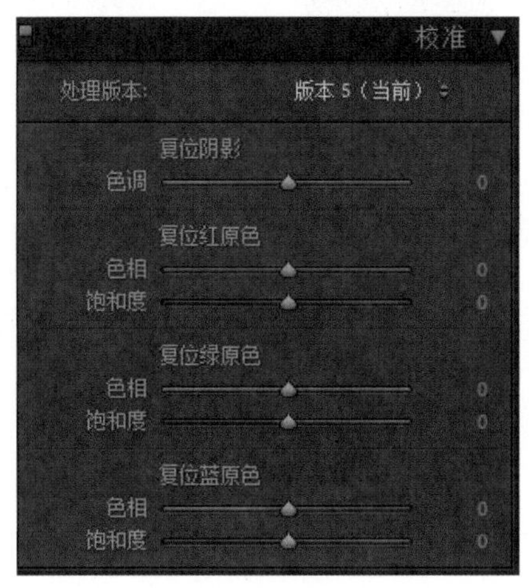

◎ 图 A5-8

◎ 图 A5-9

在“基本”面板的“配置文件”列表框中有“颜色”选项和选项，“颜色”选项根据照片格式的不同，显示就不同，显示为“颜色”就是 JPEG 格式的照片，RAW 格式的照片会显示为“Adobe 颜色”，列表菜单中的选项也不同。JPEG 格式下只显示“颜色”“单色”“浏览”，RAW 格式下显示“Adobe 颜色”“Adobe 标准”“Adobe 风景”“Adobe 人像”“Adobe 鲜艳”“Adobe 单色”“浏览”。RAW 格式记录了相机拍摄时所有的原始信息，色域比较广，调整项比 JPEG 多，JPEG 是严重有损的压缩格式，所以调整项比较少，如图 A5-10 所示。

单击按钮，在下拉菜单中，可以使用 Lightroom 内置的预设对照片进行调色。“配置文件浏览器”中，可以“导入配置文件”和“管理配置文件”，如图 A5-11 所示。

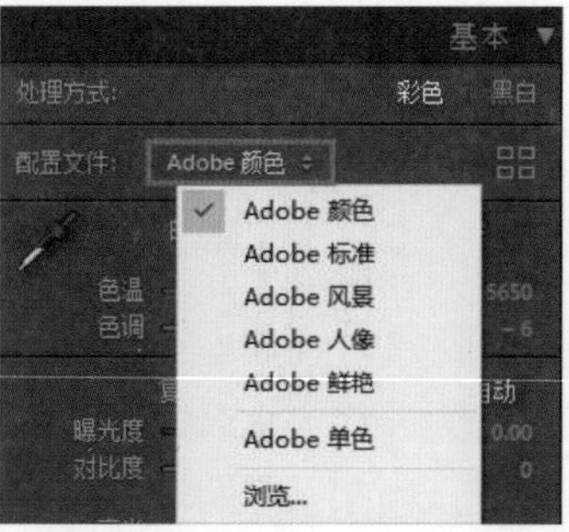

◎ 图 A5-10

◎ 图 A5-11

在“预设”面板中有“全部”“颜色”“黑白”3 个选项，每个预设的分组上有个小三角，可以打开运用预设文件调色，选择好颜色文件后可以单击“关闭”，退出相机配置浏览器，如图 A5-12 所示。

相机选项就讲到这里，下面继续“校准”面板的讲解，在“校准”面板中共有 7 个滑块参数项，如图 A5-13 所示。

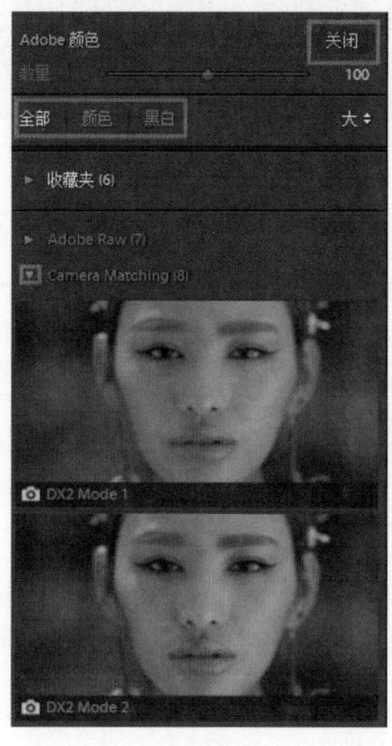

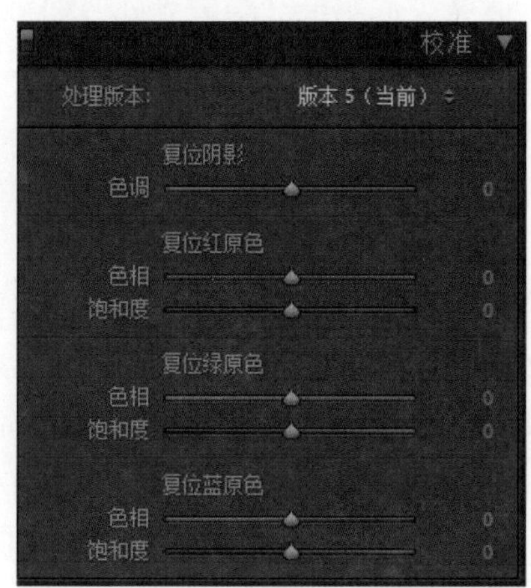

◎ 图 A5-12

◎ 图 A5-13

阴影的“色调”滑块是为阴影添加绿色或洋红色（往左拖动加绿色，往右拖动加洋红色），这个功能只对RAW文件有效，对JPEG文件是无效的，各原色的“饱和度”滑块对该原色影响较大，对其他颜色饱和度也有影响，但是幅度较小。

红原色“色相”滑块向右移动，红原色会向橙色偏移；向左拖动红原色向品红偏移。

绿原色“色相”滑块向右移动，绿原色会向青色偏移；向左拖动红原色向黄色偏移。

蓝原色“色相”滑块向右移动，绿原色会向品红偏移；向左拖动红原色向青色偏移。

但是这种偏移不是连续和稳定的，会有一定的跳跃性，很少有人能搞懂它的计算方式，难以从数字方面得出确定的结论，所以我们运用三原色的原理就可以了。如果你不懂三原色公式，需要认真牢记公式，熟记于心：红色的互补色是青色，绿色的互补色是洋红色 ，蓝色的互补色是黄色。色光三原色（加色法）：红 + 绿 = 黄，蓝 + 绿 = 青，红 + 蓝 = 品红，绿 + 蓝 + 红 = 白。印刷 / 颜料三原色（减色法）：青 + 品红 = 蓝，品红 + 黄 = 红，黄 + 青 = 绿，青 + 品红 + 黄 = 黑，如图 A5-14 所示。

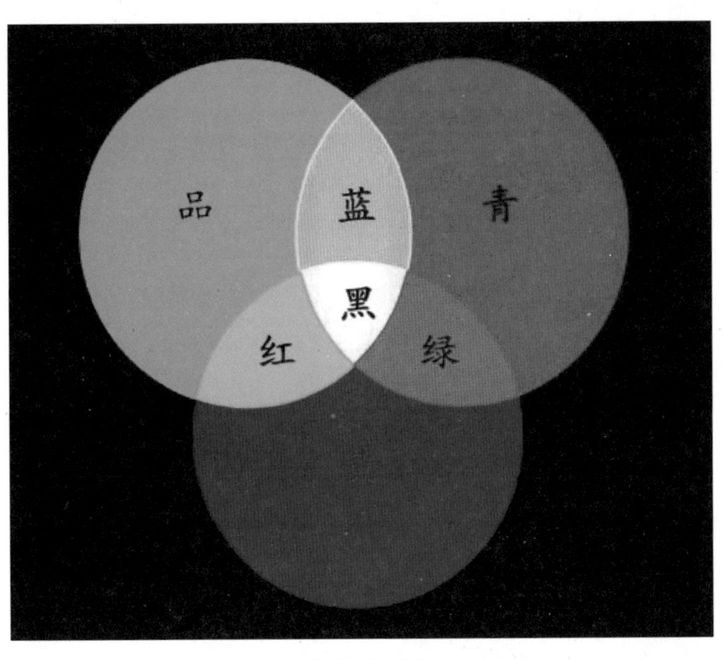

◎ 图 A5-14

A6 课 Lightroom Classic 的滤镜

A6.1 画笔

Lightroom Classic 中最为强大的工具应该是画笔，它具有方便和灵活的特点，能够对图像的微小局部进行调整，能柔化皮肤，提亮眼白，美白牙齿，润饰嘴唇，对皮肤的整体和整个画面进行加深 / 减淡的光影过度。按 K 键，即可启动“画笔”面板，如图 A6-1 所示。

在“效果”下拉列表框中列出了可供选择的效果，如图 A6-2 所示。

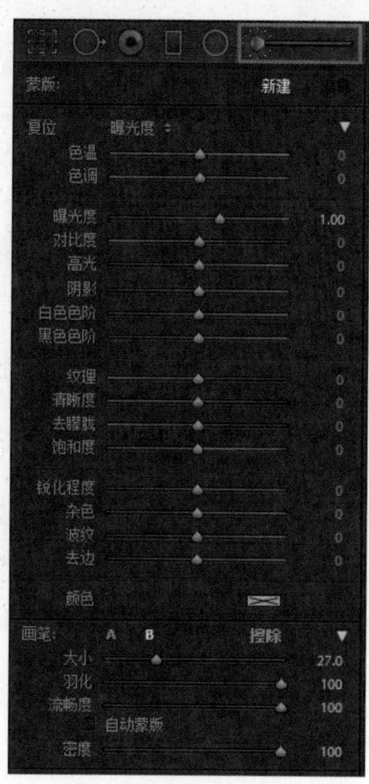

◎ 图 A6-1

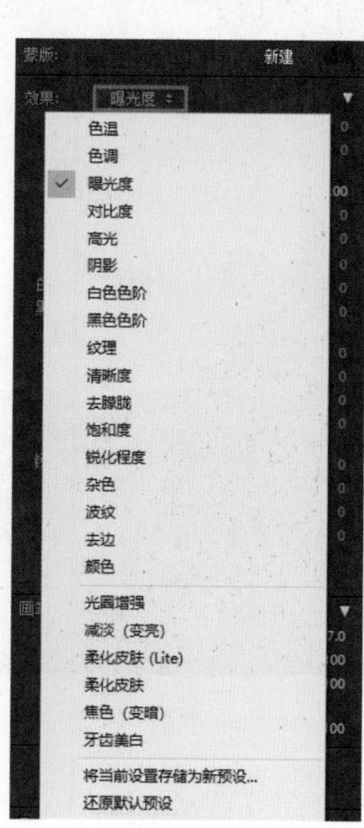

◎ 图 A6-2

首先介绍一下“画笔”面板的各项功能。

新建：就是新建一个画笔。

编辑：如果对画笔效果不满意，可以单击画笔的“编辑”按钮，重新编辑。

效果：即画笔预设。

曝光度：设置图像整体亮度，数值越高，产生的效果越明显。曝光度可提亮整个照片，包括阴影、中间调和高光，曝光度和亮度最大的区别是亮度影响的只是中间调，对于阴影和高光影响不大。在 Lightroom Classic 中，要改变照片亮度，尽量使用曝光（正负 4 档），能最大限度地保留照片的细节。

亮度：调整图像亮度，主要影响中间色调。

对比度：调整图像对比度，主要影响中间色调。

饱和度：更改颜色鲜明度或颜色纯度。

鲜艳度：可以更改所有饱和度较低的颜色的饱和度，此时对饱和度较高的颜色产生的影响较小。鲜艳度不在“画笔”里面，但是在“基本”里面，简单来说就是“鲜艳度”即使降到 0，照片也不会变成黑白的，其主要对中间调影响较大。一般情况下，改变照片饱和度后，使用“鲜艳度”反方向校正肤色（主要是中间调）。

清晰度：通过增加局部对比度来增加图像深度。使用此设置时，最好放大到 100% 或更大。要使效果达到最佳，请增大该设置值，直至看到图像边缘细节附近出现光晕，然后再稍微减小该值。“清晰度”和“锐化”是有区别的，清晰度就是局部对比度，因为高光和阴影即使增加对比度，变化也比较小，所以主要还是影响中间调。而如果使用负值的话，能减小局部对比度，在人像润饰中可以对皮肤进行柔化，笔者非常喜欢这个功能。

锐化程度：可增强边缘清晰度，以在照片中突显细节。负值表示细节比较模糊。

颜色：将色调应用到选中的区域。通过单击色板，选择色相，“颜色”这里也有几个小技巧，如图 A6-3 所示。

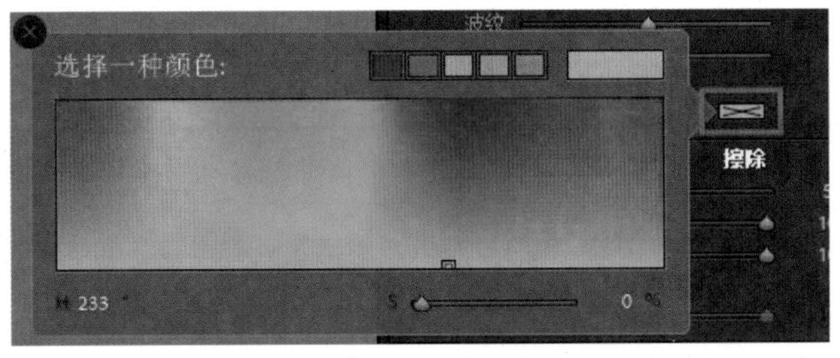

◎ 图 A6-3

最上面一行中有 5 个色板，可以储存经常使用的 5 种颜色，在以后的照片处

理中，可以非常快地统一照片的色调，不用重复选择。比如很多用户喜欢高光加红黄，暗部加蓝，直接将经常选的颜色放在色板上就好了，色板选择到白色才能是关闭的状态，用 Lightroom Classic 就应该将预设功能发挥到极致。谨记一点，运用画笔调整必须关闭“颜色”，不关闭的话，调整时就会有颜色叠加到图像上。

介绍一下上面 5 个色板储存的方法。选好你喜欢的颜色后，按住 Alt 键，单击一下色板，就能将选中的颜色更新到色板上，或者在色块上右击，在弹出菜单中选择“将该色板设置为当前颜色”命令；如果要复位的话，可以选择“复位此色板”命令，如图 A6-4 所示。

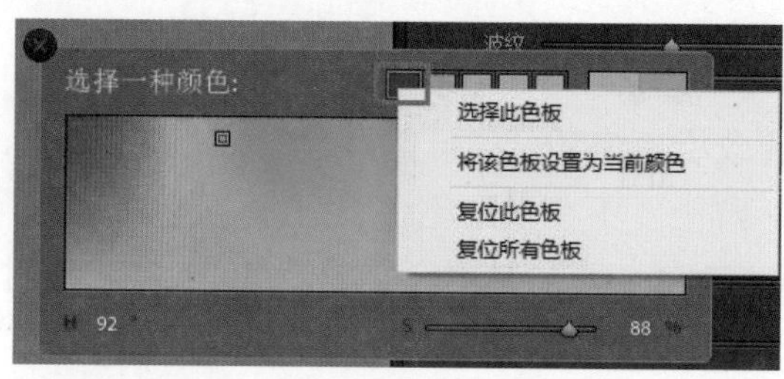

◎ 图 A6-4

Lightroom Classic 可以储存两个预设 A 和 B。虽说是 A/B 画笔，使用上并没有什么不同，但画笔大小有所不同。画笔大小是指画笔笔尖的直径（像素）。增大 / 减小画笔大小的快捷键为] 和 [。

羽化：在应用了画笔调整的区域与周围像素之间创建柔化边缘过渡效果。使用画笔时，内圆和外圆之间的距离表示羽化量，增强 / 降低画笔羽化效果的快捷键分别为 Shift +] 和 Shift + [。

流畅度：控制画笔在图像上擦拭调整时的速度频率。

自动蒙版：将画笔描边限制到颜色相似的区域。在 Lightroom Classic 中，永远不要选中“自动蒙版”复选框！这是笔者的忠告，因为它并不能给我们最好的效果，反而会留下一大堆遗憾，导致我们重新调整图像。

密度：控制描边中的透明度程度。单击最左下角的小按钮，可以开关画笔效果，用于观察画笔修改照片前后的对比，也是一个很有用的功能。

复位：清除照片中所有的画笔效果。

关闭：关闭“画笔”面板，快捷键为 K。

使用画笔之后，Lightroom Classic 会显示蒙版的区域，选择小圆点可以对蒙版进行编辑，调整曝光、亮度、对比度等。如果图像上没显示小圆点，可以选择“显示编辑表示”或者“从不显示编辑表示”，快捷键是 H 键。

调整人物肤色，画笔在人物的面部区域进行局部或者大面积的涂抹，将鼠标放到小圆点的地方就可以显示选择的区域，如果你不想要这个选择区域，单击小圆点，按 Delete 键删除即可，如图 A6-5 所示。

◎ 图 A6-5

“柔化皮肤”可以直接选择内置滤镜处理，如图 A6-6 所示。

◎ 图 A6-6

“牙齿美白”效果如图 A6-7 所示。

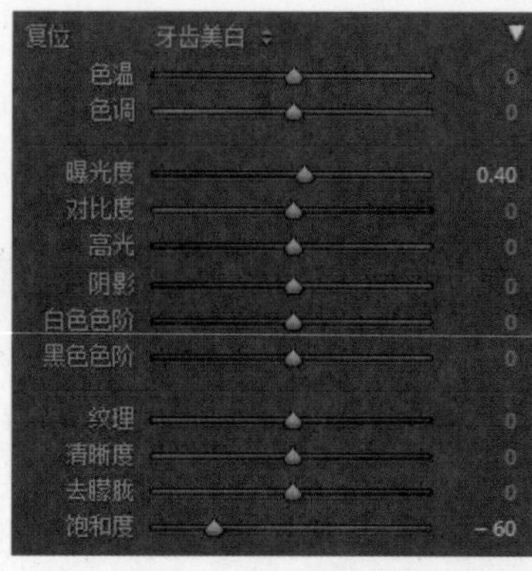

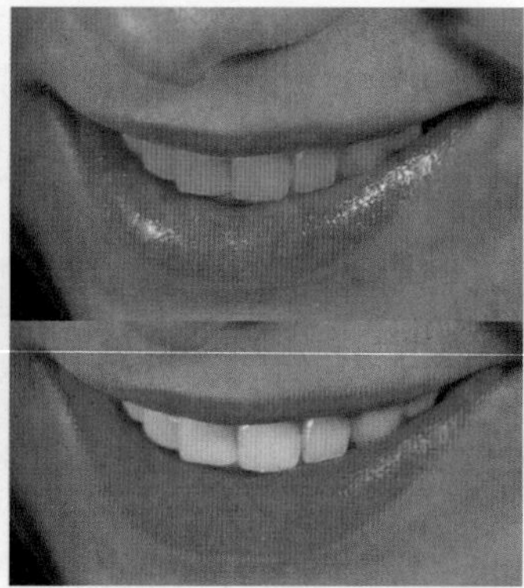

◎ 图 A6-7

Lightroom Classic 的画笔功能如此强大，内置的滤镜也很多，就先给大家讲这些案例，在工作中需要大家不断地去实践，将它掌握。

A6.2 渐变滤镜

渐变滤镜是一种可以对图像产生巨大影响的工具，而且使用起来相当容易。其最大的好处是可以将几个渐变滤镜添加到一个图像中，不必只使用一个渐变滤镜，这为工作提供了更大的灵活性。下面介绍如何使用 Lightroom Classic 渐变滤镜，按 M 键即可启动，在运用渐变滤镜时，同样可以启动“画笔”的应用，如图 A6-8 所示。

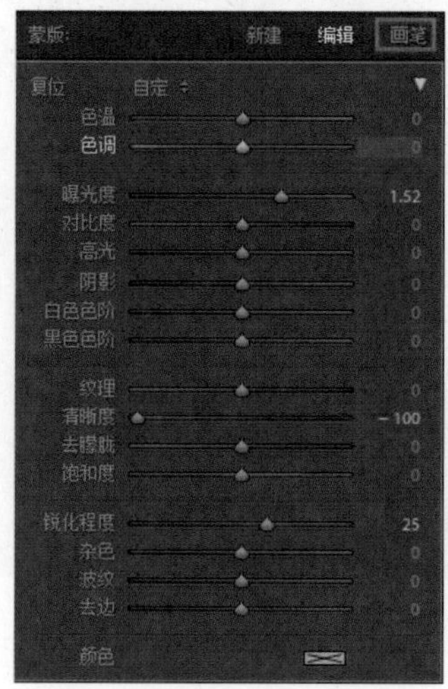

◎ 图 A6-8

渐变滤镜面板的工具栏的最前面是“蒙版”，后面依次是“新建”“编辑”“画笔”3 个选项，默认是“新建”。建好滤镜后，“编辑”与“画笔”才会激活。为什么会把“蒙版”放在最前面？其实也很好理解，渐变滤镜其实就是以“蒙版”显示与隐藏的形式对原素材进行修饰的，在这个基础上进行画面影调、色相及其他方面的调整，单击“自定”，会有软件预设的一些“渐变滤镜”选项可供选择。“渐变滤镜”的面板有对色相、饱和度、明度及其他方面的调整项目，可以在这里对滤镜的效果进行多种类型的调整。“渐变滤镜”拉出的是一个三条横线状的调制器，调制器可以控制对画面的调整范围、影调、色相及一些特殊效果。

渐变滤镜的形状决定了它大部分会应用在风景照上，常见于风景照里面横平竖直的元素，渐变滤镜用在这些地方容易出效果，如图 A6-9 所示。

◎ 图 A6-9

可以看到拉出的滤镜由 3 条线和 1 个圆点组成，滤镜上面两条线之间的效果强烈，第二条线到第三条线之间的效果快速减弱至消失。

圆点是用来选择滤镜的，按 Delete 键可以删除当前的渐变。现在就来调整图像，因为想要把天空进行压暗，所以要把天空的区域都放进滤镜最上面与中间的线条之间。在渐变滤镜里，给色温加了更多的蓝色，影调降低曝光度、对比度、高光、饱和度，按 Y 键打开对比看一下效果，如图 A6-10 所示。

在使用渐变滤镜时，可以启动“画笔”对局部进行调整，直接单击“画笔”操作，如图 A6-11 所示。

◎ 图 A6-10

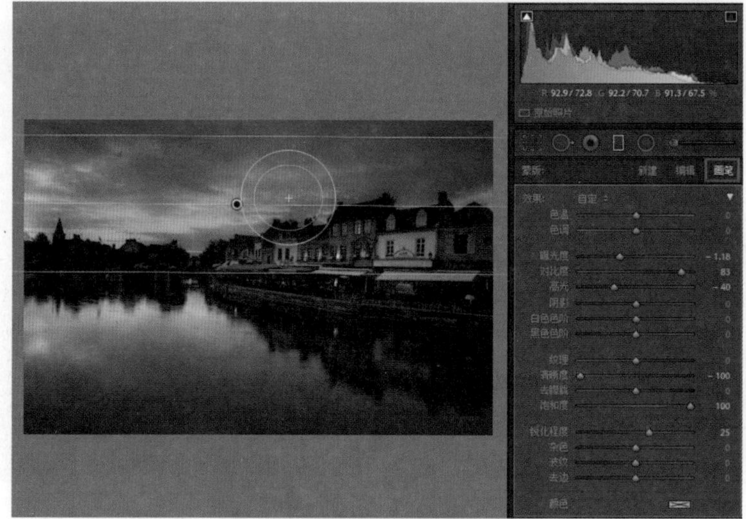

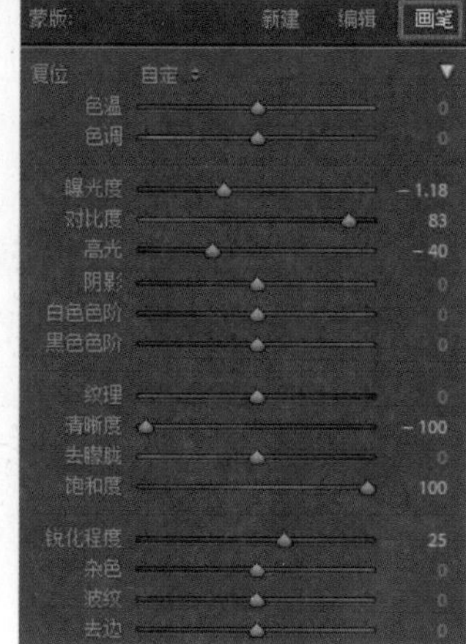
蒙版:
新建
编辑
画笔
复位
自定
色温 0
色调 0
曝光度 − 1.18
对比度 83
高光 − 40
阴影 0
白色色阶 0
黑色色阶 0
纹理 0
清晰度 − 100
去朦胧 0
饱和度 100
锐化程度 25
杂色 0
波纹 0
去边 0

◎ 图 A6-11

在调色中，颜色是图像的重要组成部分，这是许多人容易忘记的事情，我们的眼睛自然会被温暖的色调所吸引，但不幸的是，大自然并不总是让我们在文件中捕获它。因此，为了进一步增强主题，笔者经常添加冷色调并对图像的某些区域进行去饱和处理，这些区域通常包括框架的下部和上部，主要目的就是增加冷暖对比，可根据个人喜好调整滤镜。

A6.3 径向滤镜

在 Lightroom Classic 中，径向滤镜的使用方法和渐变滤镜基本相同，区别在于径向滤镜可以创建晕影效果，可以反相选区。通过使用径向滤镜工具，用户可以创建多个偏离中心位置的晕影区域以突出显示照片的特定部分。在使用径向滤镜工具时，可以通过椭圆形蒙版进行局部调整，还可以使用径向滤镜工具在主题周围绘制一个椭圆区域，然后减少选定蒙版以外部分的曝光度、饱和度和锐化程度，可按 Shift+M 快捷键启动径向滤镜，如图 A6-12 所示。

◎ 图 A6-12

反相调整，即选中“反相”复选框，可以反选选区，如图 A6-13 所示。

◎ 图 A6-13

新调整：按住 Shift 键并拖动，可以创建一个圆形范围的调整。

编辑调整：拖动 4 个控制点的其中一个，可以重新确定调整的范围，按住 Shift 键，拖动保持调整形状的长宽比不变。

删除调整：选中调整中心点，按 Delete 键以删除调整。

最大范围的调整：按住 Command/Ctrl 键并双击选区外围的某个空白区域，可居中创建整个图像区域的调整，双击而不按 Command/Ctrl 键，将确认并关闭径向滤镜工具。

A7 课 Lightroom Classic 的调色

A7.1 饱和度与鲜艳度

饱和度可定义为彩度除以明度，与鲜艳度完全不是同一个概念，但由于其代表的意义与鲜艳度相同，所以才会出现视鲜艳度与饱和度为同一概念的情况。饱和度是指色彩的纯洁性，它是色彩三属性之一。鲜艳度是指色彩的鲜艳程度，也称色彩的纯度。饱和度取决于该色中含色成分和消色成分（灰色）的比例，含色成分越大，饱和度越大；消色成分越大，饱和度越小。各种单色光是最饱和的色彩，物体的饱和度与物体表面反色光谱的选择性程度有关，越窄波段的光，发射率越高，也就越饱和。对于人的视觉，每种色彩的饱和度可分为 20 个可分辨的等级。饱和度是增加所有色彩的饱和度，所以可能造成已经饱和的色彩溢出；鲜艳度只是增加饱和度低的色彩的饱和度，对已经饱和的色彩影响较小，所以，饱和度和鲜艳度是有很大区别的。

饱和度：同步提升图片上所有色彩的鲜艳度（即色彩的纯度），适当提升饱和度可以使照片更鲜艳、生动，但过度提升会导致图像色彩严重失真，例如使人的肤色变成橙红色。

鲜艳度（自然饱和度）：与饱和度相似，但其只对画面中饱和度不高的颜色部分起作用，对画面中已经很饱和的颜色部分基本没有影响。特别地，自然饱和度对肤色进行了特殊处理，尽量减少对肤色的影响以避免失真。此外，相比其他色彩，自然饱和度对蓝色的鲜艳度提升效果要稍明显些，便于使天空的色彩更加鲜艳。来看一下将饱和度和鲜艳度调到极限的对比图，如图 A7-1 所示。

建议大家在使用饱和度时控制好力度，不要让色彩溢出导致失真，多用鲜艳度是个不错的选择。

◎ 图 A7-1

A7.2 HSL 和颜色

本节学习 Lightroom Classic 的“HSL/ 颜色”面板，其主要用于对照片颜色进行局部调整，实现对照片局部和颜色的精细化调整。认识 HSL 色彩空间，HSL 是英文缩写，其中 H（Hue）代表色相，S（Saturation）代表饱和度，L（Lightness）代表明亮度。HSL 是由色相、饱和度、明亮度组成的一种比较直观的色彩模式。

1．色相（H）

12 色相环是指色彩的相貌，它是色彩的基本属性，就是平常所说的颜色名称，如红色、蓝色、紫色、洋红色等。图 A7-2 在一个圆环上表示出所有的色相，称为 12 色相环。

2．饱和度（S）

饱和度是指颜色的纯度，代表颜色的鲜艳程度。饱和度越高，色彩越鲜艳；饱和度越低，色彩越灰暗。饱和度为 -100 时就成了灰色。

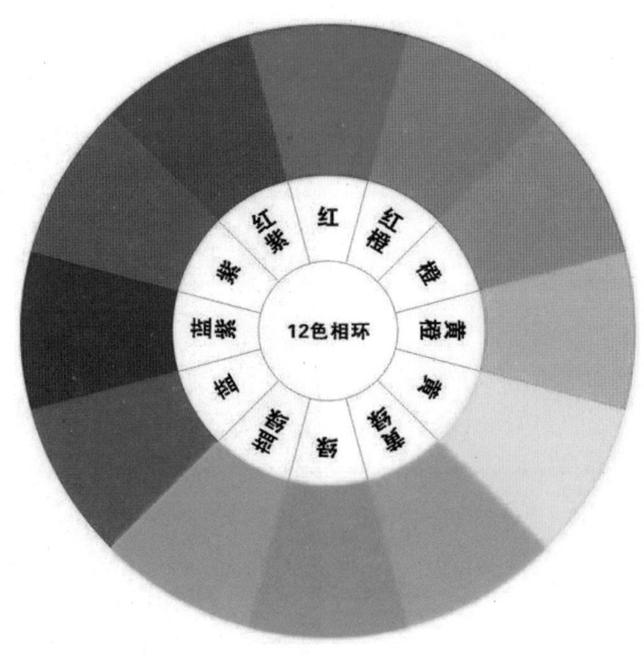

◎ 图 A7-2

3．明亮度（L）

明亮度是指颜色的亮度，通过调整明亮度可以让某种颜色变亮或者变暗。明亮度越高，色彩越白；明亮度越低，色彩越黑。

HSL 面板有 HSL 和“颜色”两种展示方式，其中 HSL 布局按照“色相”“饱和度”“明亮度”可分别调整 8 种颜色，“颜色”布局是按照 8 种颜色调整色相、饱和度和明亮度的。一般选 HSL 布局即可。

Lightroom Classic 后期修图的 HSL 调色工具，可对照片颜色进行局部调整，认识一下 HSL 面板和“颜色”面板，如图 A7-3 所示。

HSL 面板的选项区域由“色相”“饱和度”“明亮度”“全部”组成，每个选项卡对应 8 个滑块参数项，分别为红色、橙色、黄色、绿色、浅绿色（青色）、蓝色、紫色、洋红（品红色）8 种自然界中的主要色彩。可以利用这些滑块对不同的颜色进行有针对性的调整，HSL 面板的使用很简单。举个例子，如果想让红色更浓烈一些，需要增加红色的饱和度，进入“饱和度”面板，拖动“红色”滑块往右移，红色的饱和度就增加了，而其他颜色的饱和度则不受影响。此外，“色相”“饱和度”“明亮度”都有一个目标调整工具（左上小圆圈），它可以直接定位与照片中所选区域相匹配的“颜色”滑块，目标调整工具很直观，当我们无法判断想要调整的区域的颜色时，这个工具非常有用。如果想控制人物的肤色，

选择减少“橙色”的“饱和度”和提高“橙色”的“明亮度”为佳。调整人物肤色，如图 A7-4 所示。

◎ 图 A7-3

◎ 图 A7-4

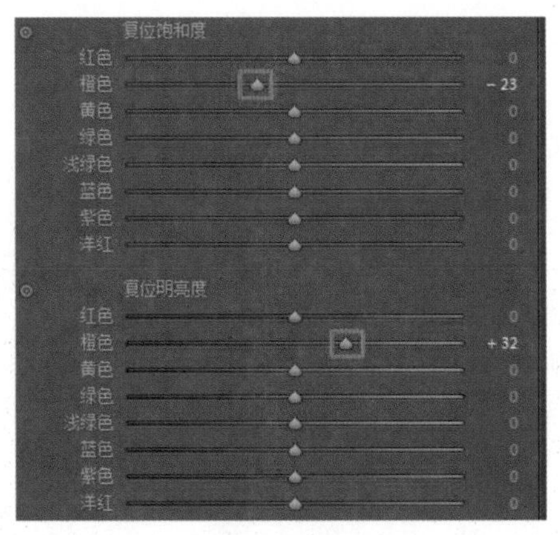

◎ 图 A7-4（续）

调整外景，如图 A7-5 所示。

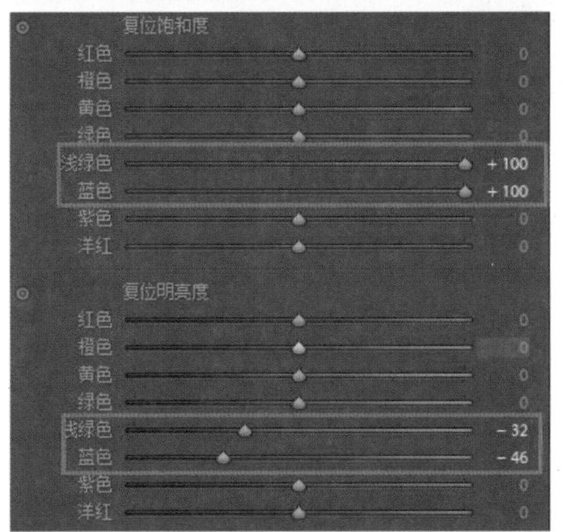

◎ 图 A7-5

森系调整，如图 A7-6 所示。

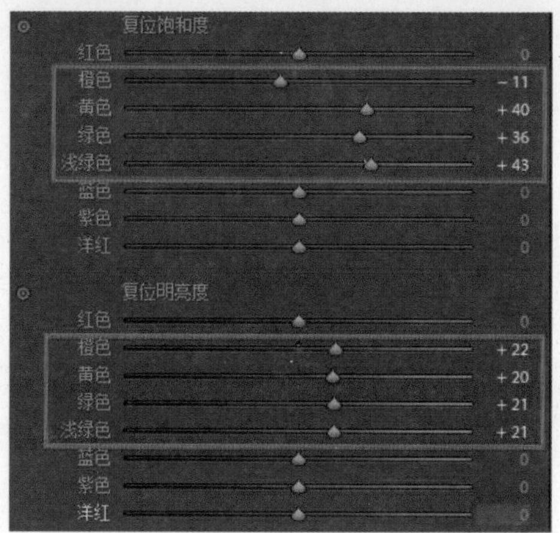

◎ 图 A7-6

HSL 面板的运用、调色是结合图像上的色彩信息，有针对性地调整。学习完 HSL，我们再来学习“颜色”面板的调整，“颜色”面板主要是红、橙、黄、绿、青、蓝、紫及“色相”“饱和度”“明亮度”。“颜色”面板比较直接，可针对需要的颜色选择调整，比如图像有黄色，我们就单击“黄色”，调整“色相”“饱和度”“明亮度”即可，如图 A7-7 所示。

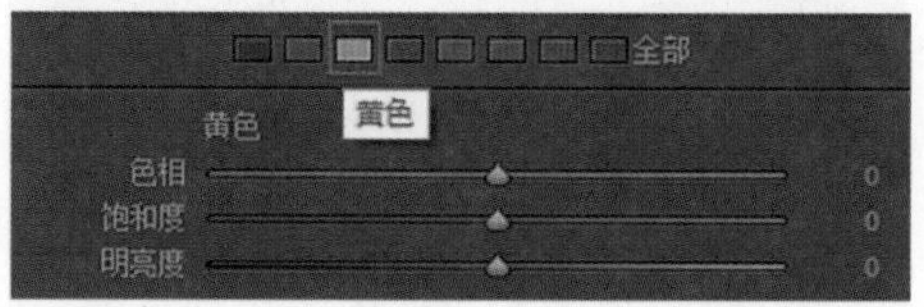

◎ 图 A7-7

A7.3 色调的调整与影调的控制

本节来介绍照片的影调和色调，你将对 Lightroom Classic 基本面板色调的调整与控制有一个全新的认识。笔者会以一种更容易理解的方式，重新组织基本面板的 11 个调整滑块参数项，让你轻松学会如何使用它们，使照片变得漂亮起来。

在了解 Lightroom Classic“基本”面板这个工具之前，先得理解两个“高大上”的词汇，就是“影调”和“色调”。任何一张照片都是由影调和色调两部分组成的，色调（色相、浓度）就是与影调（明暗、轮廓）叠加形成的。

图 A7-8 是 Lightroom Classic 的“基本”面板，11 个调整滑块参数项纵向排开，经常搞得初学者一头雾水，因为他们难以理解这 11 个参数的重要意义和巨大效果。笔者把这 11 个滑块参数项重新组织一下，你或许会有一种豁然开朗的感觉。这 11 个滑块参数项被分成了 4 组，分别控制照片的整体“色相”“浓度”“明暗”“轮廓”，这 11 个参数正好完整控制了一张照片的色调和影调，所以 Adobe 公司才会把它们选出来，放到 Lightroom Classic 最重要的“基本”面板中，如图 A7-8 所示。

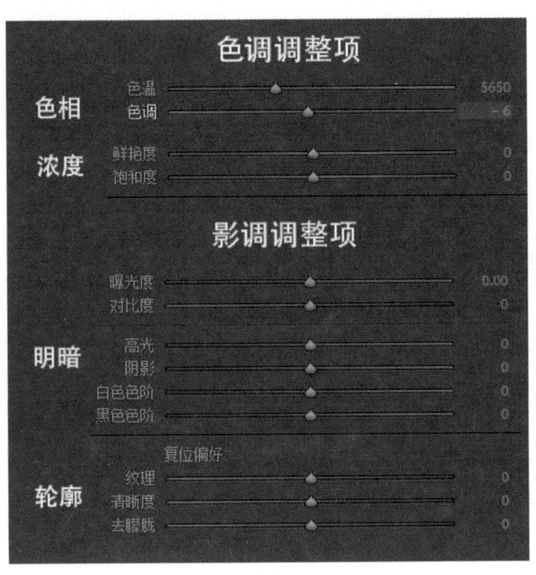

◎ 图 A7-8

“色温”和“色调”控制了照片的整体色相，它们可以让照片“冷如寒冰”或者“暖如烈火”。“色温”滑块左移会让照片变蓝、加冷色调；右移会让照片变黄、加暖色调，如图 A7-9 所示。

◎ 图 A7-9

“色调”滑块左移会让照片更偏青色；右移会让照片更偏紫色。青色给人清新与平和的感觉，所以网上的“日系小清新”照片，几乎都是偏青色的，而紫色则给人神秘和幽雅的感觉，如图 A7-10 所示。

◎ 图 A7-10

“饱和度”滑块右移会加强照片中所有色彩的纯度，让颜色更加浓烈；左移则会减少色彩纯度，减到 -100 时照片就变成黑白的了。“自然饱和度”顾名思义，在调整照片时让色彩更“自然”一些，因为其重点是提升照片中不太饱和的色彩，

已经很饱和的色彩则被保护了起来，在前面章节中已经讲过，这里不再重复。

“影调”可以理解为“明暗”，是白到黑的一个过渡，如图 A7-11 所示。

◎ 图 A7-11

“曝光度”是照片的中间亮度区域，这块区域里的影调非常丰富和细腻，大量细节都在这种适中的亮度下表现了出来。两边的“阴影”和“高光”分别对应了照片的较暗和较亮区域，虽然它们的细节没有“曝光度”区域那么细腻，但是仍然储存了大量的信息。我们经常说提高“阴影”，降低“高光”可以找回照片的细节，就是指把这两部分区域的亮度往中间的“曝光度”区域靠，从而让过渡和层次变得细腻起来。Lightroom Classic 中的“曝光度”滑块并不影响整个照片的亮度，而是重点控制了亮度里“曝光度”区域的亮度。黑色、阴影、高光、白色也几乎只会控制亮度图中对应的区域，对图片其他部分的影响很小。最后，黑色（色阶）是照片中最暗的区域，白色（色阶）是照片中最亮的区域，这些区域里基本没有任何细节，但是它们的存在让一张照片有了纯黑和纯白部分，从而令照片显得没有那么“灰蒙蒙”。只有真正理解了黑色、阴影、曝光度、高光和白色的意义，才能根据照片的“直方图”对症下药，如图 A7-12 所示。

◎ 图 A7-12

“曝光度”参数可以影响全局的曝光，但是会重点影响中间调的亮度，对应“直方图”的中间区域。“曝光度”滑块向左移动降低曝光值，调低“曝光度”时，Lightroom Classic 的算法会自动对黑色区域进行保护，不过“曝光度”参数的算法并不会对白色区域进行保护，所以大幅提高“曝光度”可能会让照片过曝，如图 A7-13 所示。

◎ 图 A7-13

“对比度”也可以影响照片的明暗影调，“对比度”滑块方便地控制了照片整体从黑到白的渐变层次。向右拖动滑块时照片对比度加大，从黑到白，渐变层次变多，从而使色彩表现丰富，如图 A7-14 所示。

◎ 图 A7-14

影调控制的最后一个参数是“清晰度”。“清晰度”滑块右移会使照片增加中间调（曝光度区域）的对比度，并且重点强化物体边缘的对比度，从而让物体的纹理和细节更加清晰。不过“清晰度”调得过度会让边缘过锐过脏，使得照片不太真实，要把握好度，如图 A7-15 所示。

◎ 图 A7-15

至此，色调的调整与影调的控制就介绍完了，你理解了它们对一张照片影调和色调的影响了吗？希望能对你有所帮助。

A7.4 色调曲线

曲线一直被称为万能的色调和影调控制工具，Lightroom Classic 的曲线也不列外，它能够弥补“基本”面板调整的缺陷，它最基本的作用是控制画面中各个不同影调区域的对比度，用以微调“基本”面板中对于色调区域的调整，今天笔者就来说一说这个工具。

关于曲线的理论概念太过枯燥，我们并不需要理解和死记硬背那些让人挠头的曲线原理，只需要知道它们会对画面起到什么作用就可以了。下面以一张照片为例，来讲一讲色调曲线的应用。首先将照片放在“基本”面板中调整，这是最重要的一步，“基本”面板的调整会直接为照片定调，关于“基本”面板中各个滑块参数项的应用笔者在前文都有讲过，如图 A7-16 所示。

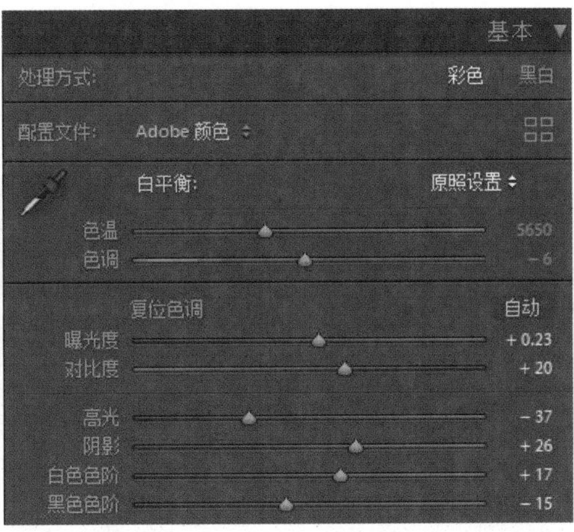

◎ 图 A7-16

“色调曲线”只是一个控制影调区域对比度的工具，打开“色调曲线”面板，有 4 个滑块参数项，分别对应“高光”区域、“亮色调”区域、“暗色调”区域以及“阴影”区域，左下角是“点曲线”菜单，分为“线性”“中对比度”“强对比度”选项，左上方的小圆点按钮为直接调整工具，如图 A7-17 所示。

照片是可以直接拖动曲线来调整的，曲线上的峰值则是这张照片的“直方图”，“直方图”是一张照片的基础，我们对照片的调整往往都是建立在“直方图”的基础上，看懂了“直方图”，也就知道了这张照片应该如何调整各个滑块的移动方向了。

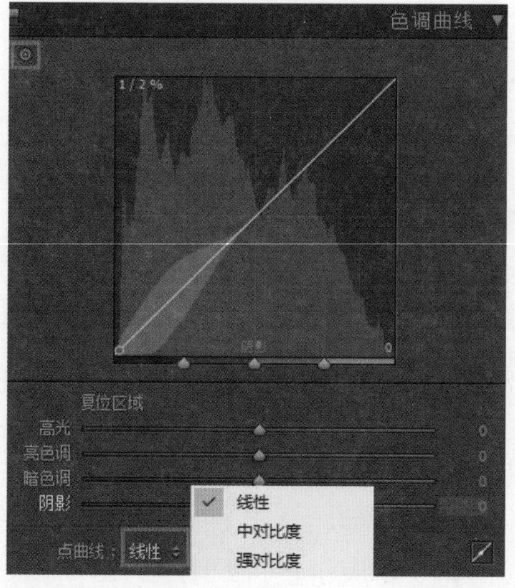

◎ 图 A7-17

我们可以控制的总共有 4 个区域，分别对应 4 个滑块，每个区域背后的灰色区域则限定了曲线的移动范围，如图 A7-18 所示。

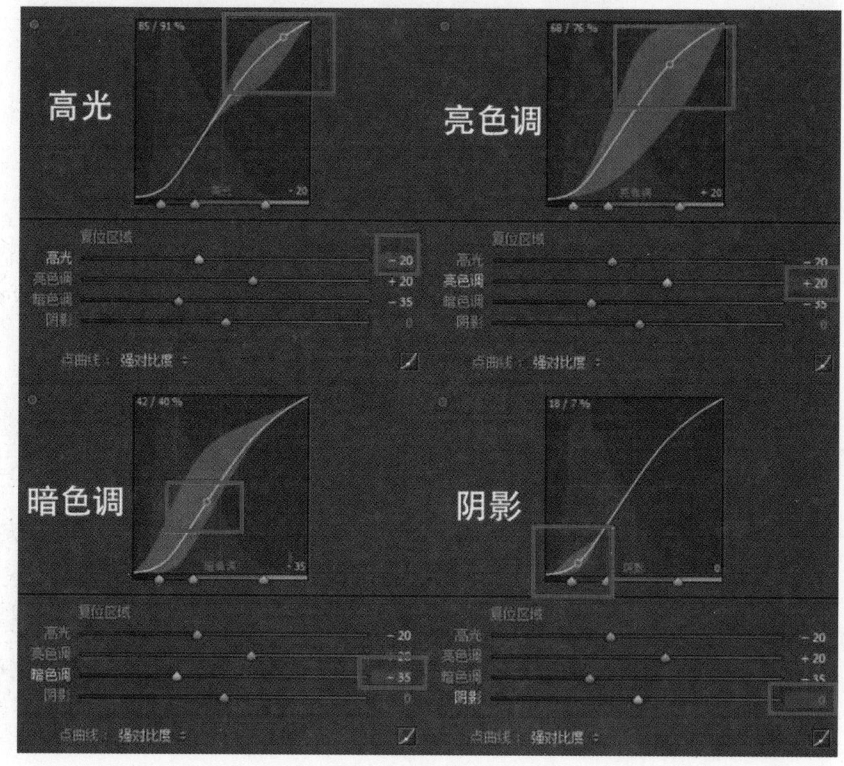

◎ 图 A7-18

最下面的“点曲线”区域可以帮助我们用最快的方式选取一种预设，Lightroom Classic 本身预设了 3 种曲线，即线性、中对比度和强对比度，用户还可以调整一些自己习惯的曲线作为预设，方便下一次使用。在“点曲线”区域右侧有一个按钮，可以隐藏滑块区域，如果习惯使用曲线来调整而不喜欢用滑块，可以单击该按钮，隐藏区域以节省空间。下面就来看一看 4 个区域分别对于画面所起到的作用，如图 A7-19 所示。

◎ 图 A7-19

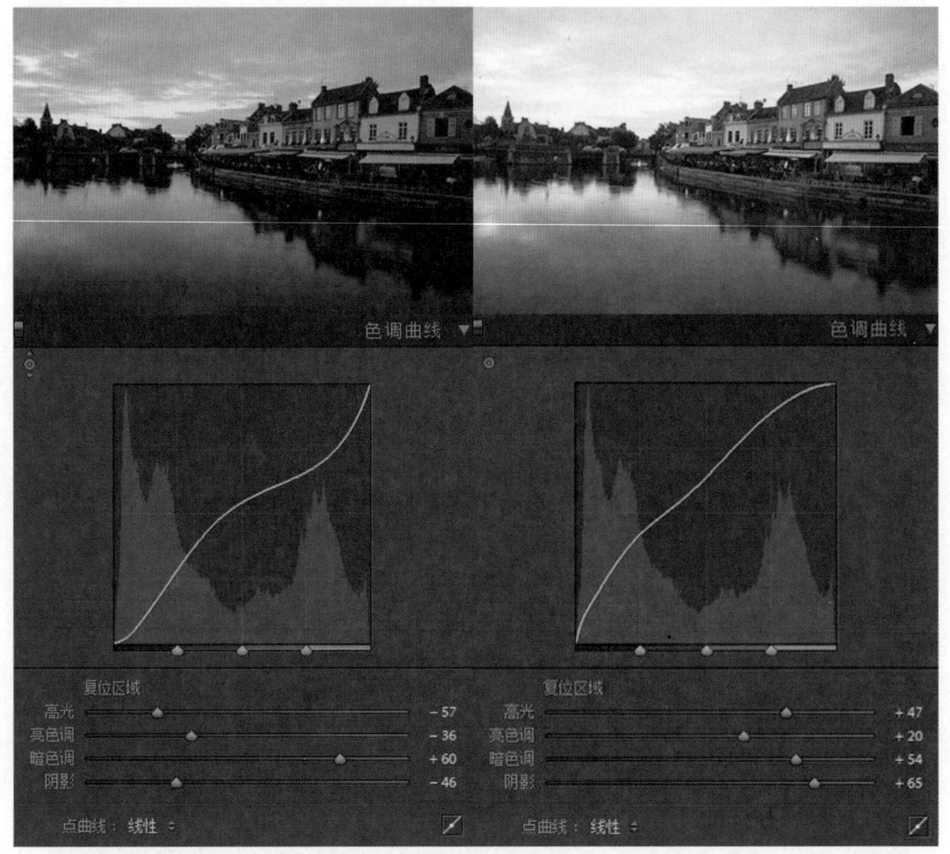

◎ 图 A7-19（续）

移动“高光”滑块，主要影响到画面中亮部区域，向左（数值为负，曲线则为向下）此区域更暗，向右（数值为正，曲线则为向上）此区域更亮；移动“亮色调”滑块，主要影响到画面中间色调中偏亮的部分；移动“暗色调”滑块，主要影响到画面中间色调中偏暗的部分；移动“阴影”滑块，主要影响到画面中暗部区域。

在曲线下面有 3 个滑块称之为“分离控件”滑块，也可以称为“范围”滑块，可以决定画面中的亮部、暗部以及中间调的范围从哪里开始。通过移动它们的位置，让我们来决定哪里是阴影，哪里是中间调，哪里是高光区，从而决定每个区域的控制范围，如图 A7-20 所示。

如果你并不能够确定画面中的某个区域的色调处在什么范围，还有一种简单的方法。在控制面板的左上角有一个目标调整工具，如图 A7-21 所示。

单击这个工具按钮，可以直接单击在画面中选取任意一点，然后直接拖动滑块。或者按↑或↓键，就能够让照片中所有相近色调的值变亮或变暗。

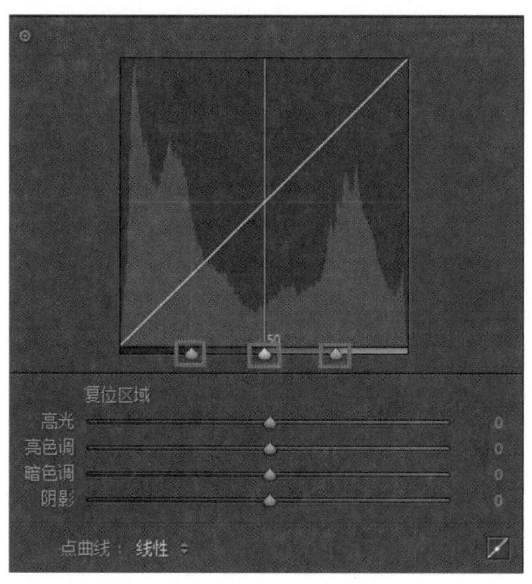

◎ 图 A7-20

◎ 图 A7-21

曲线不过是控制照片色调的一个工具，通过这个工具，能够更加精确地让我们的照片达到理想的水平。因此不要去研究别人都用什么样的曲线，别人的东西不一定会适合你，只有调整出自己最满意的参数，对你来说才是最佳的。

A7.5 黑白选项

自摄影诞生之日起，黑白摄影就成为摄影艺术的一个具有挑战性的领域。在现代数码摄影中，黑白是最好的摄影艺术，许多摄影师把它视为古典的摄影形式，富士相机的高端胶片模拟效果，给黑白照片和许多不同类型的照片添加了更多的情感。

Lightroom Classic 可以将数字图像转换成黑色和白色的光线，为了使编辑过程更加轻松有效，Lightroom Classic 中的黑白照片编辑有着无限的可能性，希望它能够帮助你创建一些宏伟的黑白图像。黑白调整面板非常容易使用，它不需要你调整任何东西，只需单击一下“黑白”按钮，即可给照片添加黑白效果。此外，还可以调整“基本”面板中的各种设置参数，这意味着用户的创意是无止境的，如图 A7-22 所示。

◎ 图 A7-22

A7.6 分离色调

分离色调可以给照片的高光和阴影部分分别添加不同的色彩，在 Lightroom Classic 里，它共有 5 个滑块参数项，分别是高光“色相”“饱和度”“平衡”、阴影“色相”和阴影“饱和度”。顾名思义，“色相”就是如果想要在图片的高光或阴影上调整什么色调就移动它的滑块；“饱和度”就是控制调整的“色相”的强度。高光和阴影各有一个独立的“拾色器”，可供用户选择颜色，如图 A7-23 所示。

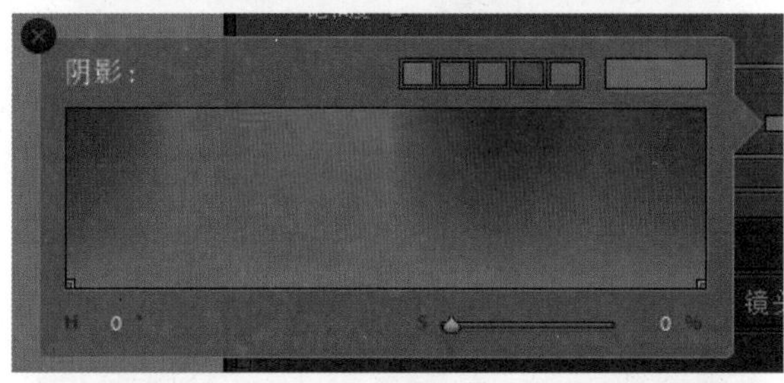

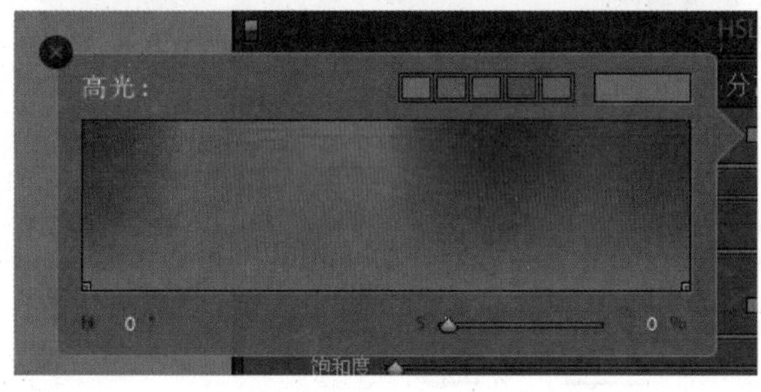

◎ 图 A7-23

色相：是 0° ～ 360° 的色彩选择，相当于一个色环，起始颜色是红色，转 360° 后其结束颜色也是红色。

饱和度：如果“饱和度”在 0 的位置，相当于没有给画面添加任何颜色。也就是说，只选择了“色相”，不动“饱和度”相当于什么都没做。

平衡：“平衡”的意思是选择图片的色相更偏向于高光还是阴影，向右拖动滑块是偏向高光，向左拖动滑块是偏向阴影。

在拖动“高光”和“阴影”的“色相”滑块时，如果想知道当前的颜色是哪个，按住 Alt 键拖动滑块，就可以显示当前移动的颜色。

修正阴影偏色，按住 Alt 键拖动“阴影”的“色相”滑块，调到自己需要的颜色为止，再调整“饱和度”，如图 A7-24 所示。

修正高光人物肤色，同样按住 Alt 键拖动“高光”的“色相”滑块，调到自己喜欢的颜色为止，再调整“饱和度”，如图 A7-25 所示。

◎ 图 A7-24

◎ 图 A7-25

阴影与高光的"色相"搭配技巧，如图 A7-26 所示。

色彩的搭配遵循冷暖对比原则，高光区域和人物肤色要以暖色为主，背景和暗部以冷色为主。

对比色：在色相环上相差 120 度的颜色为对比色，如红色—绿色、红色—蓝色。风景照常用的是高光加黄色，阴影加蓝色。

互补色：在色相环上相差 180 度的颜色为互补色，如红色—青色、蓝色—黄色、绿色—洋红。

相邻色：在色相环上相差 60 度的颜色为相邻色。

相似色：在色相环上相差 30 度的颜色为相似色，如图 A7-27 所示。

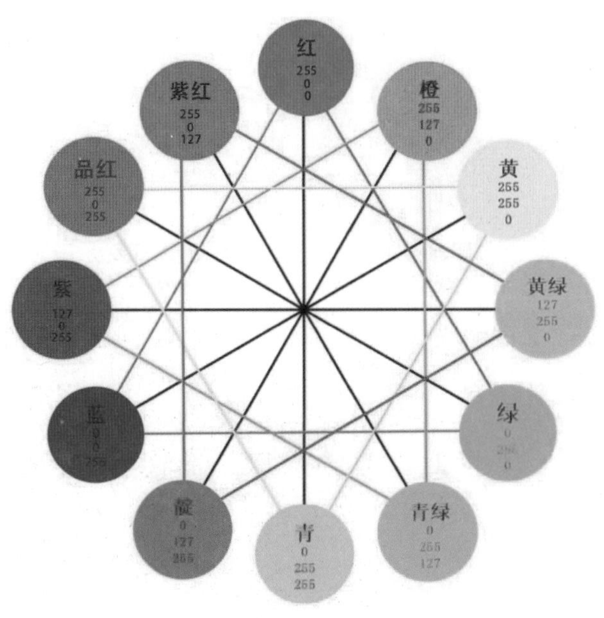

◎ 图 A7-26

◎ 图 A7-27

图 A7-27 画面颜色的搭配正好是一对互补色，高光是黄色，阴影是蓝色，采用的是互补色的搭配。也可用相似色的搭配，可根据个人的喜好灵活运用，这就是基础的色调分离的运用，你学会了吗？

精通篇

调色实战案例讲解

B1 课

色调调法

论调色师的自我修炼

B1.1 确定照片的黑白场

如果一张照片没有黑白场，整体就会是漂浮的，黑白场是照片的灵魂。确定黑白场的方法有色阶和曲线两种。在 Lightroom Classic 里，我们运用白色色阶和黑色色阶来确定黑白场，那么什么是黑白场呢?

打个通俗易懂的比喻，黑白场就好像是盖房子先挖地基，把地基打牢固后再盖房子，总不能不打地基就直接盖房子，那样房子直接就会倒，黑白场就是这个道理。这节课笔者带领大家去探索其中的奥秘。

在 Lightroom Classic 的“基本”面板中，有 4 个确定影调的调整选项，分别是“高光”“阴影”“白色色阶”“黑色色阶”。正确的运用方法是先定场，再调“高光”和“阴影”，不是一上来就无章法地乱调。希望你彻底改掉以前错误的处理手法，不要去记调整图像的数值，因为每张图像都不一样。

打开一张照片，导入 Lightroom Classic，首先确定“黑场”，按住 Alt 键，单击“黑色色阶”滑块向左拖动，这时候观察“直方图”上的峰值平均度，如图 B1-1 所示。

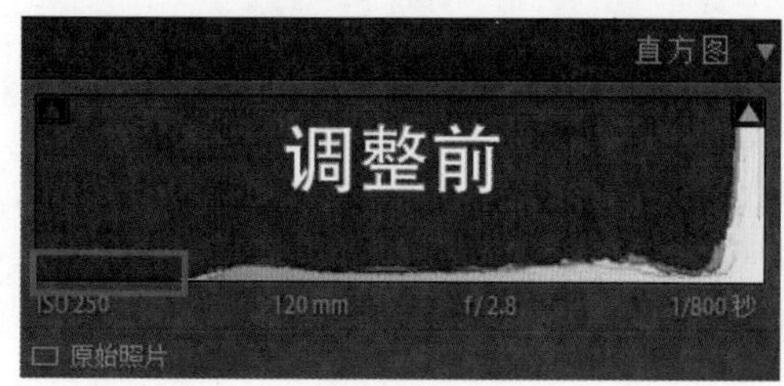

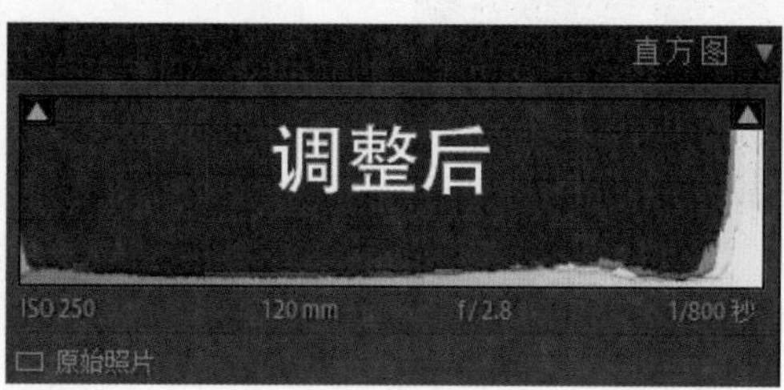

◎ 图 B1-1

确定完“黑场”，我们再来确定“白场”，按住 Alt 键，单击“白色色阶”滑块向左拖动，这时候观察“直方图”上的峰值平均度，如图 B1-2 所示。

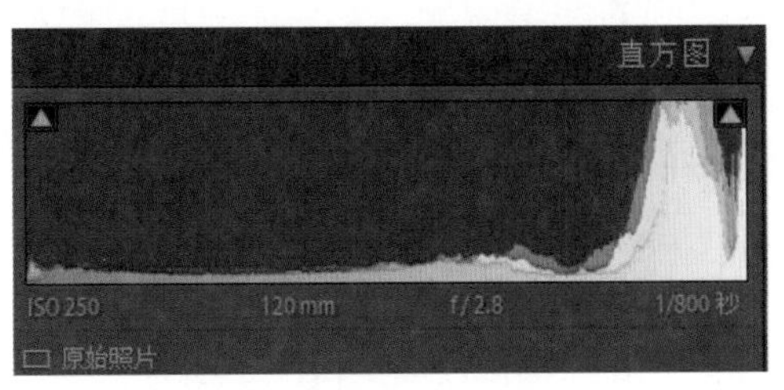

◎ 图 B1-2

不同的照片，“直方图”的峰值都有差异，曝光越准确的照片，“直方图”越均衡，调整时应尽可能地让“直方图”的峰值平均化，图像的对比更好、更干净，调出来的照片就更漂亮。

B1.2　三原色

三原色指色彩中不能再分解的 3 种基本颜色，我们通常说的三原色，即红、绿、蓝。三原色可以混合出所有的颜色，同时相加为黑色。黑、白、灰属于无色系，色彩中颜料调配出的三原色的混合色为黑色，而三原色由于光的特殊属性，混合色为白色，如图 B1-3 所示。

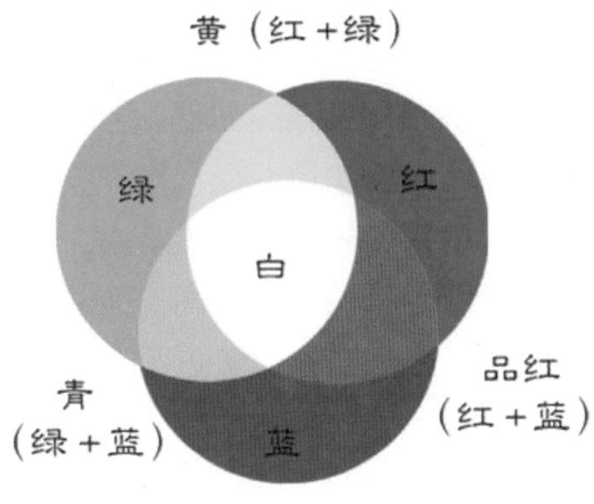

◎ 图 B1-3

色光三原色是指红、绿、蓝三色。光的三原色和物体的三原色是不同的，光的三原色按一定比例混合，可以呈现各种光色。美术中将红、黄、蓝定义为色彩三原色，但是品红加适量黄可以调出大红。

色光三原色：光线会越加越亮，两两混合可以得到更亮的中间色。大红，中绿，群青，3 种等量组合可以得到白色。

颜料三原色：彩色印刷的油墨调配、彩色照片的原理及生产、彩色打印机设计以及实际应用，都是以黄、品红、青为三原色。

印刷三原色：印刷的颜色，实际上都是看到的纸张反射的光线。比如我们在画画时调颜色，也要用这种组合。颜料是吸收光线，不是光线的叠加，因此颜料的三原色就是能够吸收 RGB 的颜色，为青、品红和黄（CMY），它们就是 RGB 的补色。

色彩三属性为色相、明度、纯度，如图 B1-4 所示。

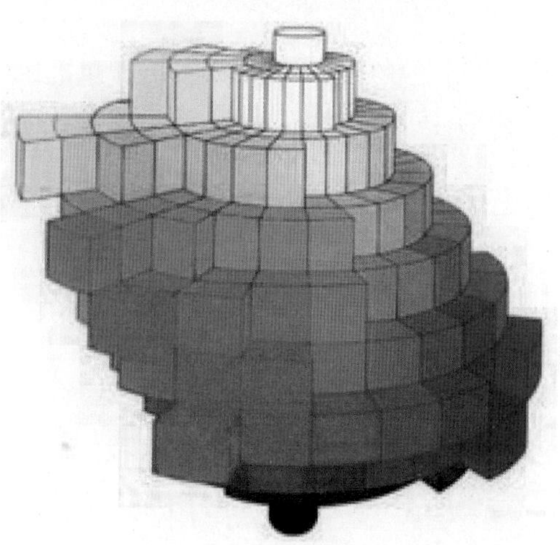

◎ 图 B1-4

色相：色相是指色光由于光波长和频率的不同而形成的特定的色彩性质，也有人把它称作色阶、色纯、彩度、色别、色质、色调等。按照太阳光谱的次序把色相排列在一个圆环上，并使其首尾衔接，就称为色相环，再按照相等的色彩差别分为若干主要色相，这就是红、橙、黄、绿、青、蓝、紫等主要色相。

明度：明度是指物体反射出来的光波数量的多少，即光波的强度，它决定了颜色的深浅程度。某一色相的颜色，由于反射同一波长光波的数量不同而会产生明度差别。例如粉红反射光波较多，其亮度接近浅灰的程度，比大红反射的光波量较少，其亮度接近深灰的明度，它们的色相相同，明度却不同。这里还有一个因素影响色彩亮度，人类的正常视觉对不同色光的敏感程度是不一样的，人们对黄、橙黄、绿色的敏感程度高，所以感觉这些颜色较亮，而对蓝、紫、红色的视觉敏感度低，所以觉得这些颜色比较暗。人们通常用从白到灰再到黑的颜色，划成若干明度不同的阶梯，作为比较其他各种颜色亮度的标准明度色阶。

纯度：纯度是指物体反射光波频率的纯净程度，单一或混杂的频率决定所产生颜色的鲜明程度。这是一个外来词汇，由于翻译的不同，也有把它翻译为饱和度、彩度、色纯、色度、色阶的，这些词的含义是一样的。

当然，有些译法容易混淆，值得商榷。单一频率的色光纯度最高，随着其他频率色光的混杂或增加，纯度也随之降低。物体色越接近光谱中红、橙、黄、绿、青、蓝、紫系列中的某一色相，纯度越高；相反地，颜色纯度越低时，越接近黑、白、灰这些无彩色系列的颜色，如图 B1-5 所示。

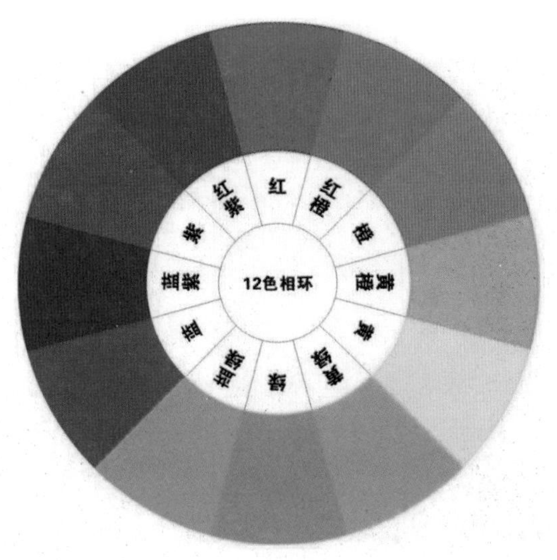

◎ 图 B1-5

色光三原色的加色法原理：人的眼睛是根据所看见的光的波长来识别颜色的。可见光谱中的大部分颜色可以由 3 种基本色光按不同的比例混合而成，这 3 种基本色光就是红（Red）、绿（Green）、蓝（Blue）三原色光。这 3 种光以相同的比例混合，且达到一定的强度，就呈现白色（白光）；若 3 种光的强度均为零，就是黑色（黑暗）。这就是加色法原理。

色料（颜料）三原色的减色法原理：在打印、印刷、油漆、绘画等靠介质表面的反射被动发光的场合，物体所呈现的颜色是光源中被颜料吸收后所剩余的部分，所以其成色的原理称作减色法原理。减色法原理被广泛应用于各种被动发光的场合。在减色法原理中的颜料三原色分别是青（Cyan）、品红（Magenta）和黄（Yellow）。必须记住的知识点如下。

色光三原色（加色法）：（红）+（绿）=（黄）；（蓝）+（绿）=（青）；（红）+（蓝）=（品红）；（绿）+（蓝）+（红）=（白）。

印刷 / 颜料三原色（减色法）：（青）+（品红）=（蓝）；（品红）+（黄）=（红）；（黄）+（青）=（绿）；（青）+（品红）+（黄）=（黑）。

B1.3 暗调

暗调是指深色调，在拍摄画面时，由于影调的亮暗和反差的不同，分别以亮暗分为亮调和暗调，总体效果较暗的就是暗调。由色相的纯色中加不同量的黑色所构成的，统称为暗色调，如图 B1-6 所示。

◎ 图 B1-6

很多人因为不懂得什么是影调和色调，直接将暗调的照片调亮，严重破坏了前期摄影的意图，所以在调片之前一定要分析图像，不要乱调。暗调的照片很好调，我们只需要最大化地还原暗部的层次细节，保持原色调不变。对于暗调照片一定要注意的是，不要提太多的“黑色色阶”，那样会改变基调，调整适度就好，先控制影调。有很多教程都是教人调曝光度数值、对比度数值等，本书不误导人，在此必须纠正这个误区。因为每张照片的曝光不同，影调就会有很大的区别，调整数值的方法不是通用的，它只适合当前的图像应用，所以千万不要死记调整数值，需要记住的是调整方法和思路，即怎么控制影调和色调。

我们先控制图像的影调，先定“黑白场”，记住一点，暗调的照片，不要太遵循“黑白场”的规则，适度就好，不然的话就破坏了基调。打开“基本”面板，确定了“黑白场”，提高“阴影”，添加“高光”，增加“对比度（主要是去灰）”，降低“曝光度”，如图 B1-7 所示。

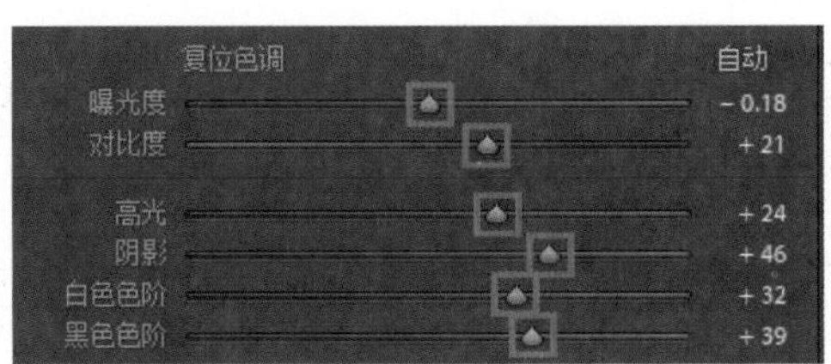

◎ 图 B1-7

用 HSL 面板控制人物肤色，降低“橙色”的“饱和度”，提高“橙色”的“明亮度”，它是调整人物肤色最好的方法，肤色显得干净通透健康，如图 B1-8 所示。

控制色调让人物肤色更通透，增加“蓝原色”的“饱和度”，降低“红原色”的“饱和度”，如图 B1-9 所示。

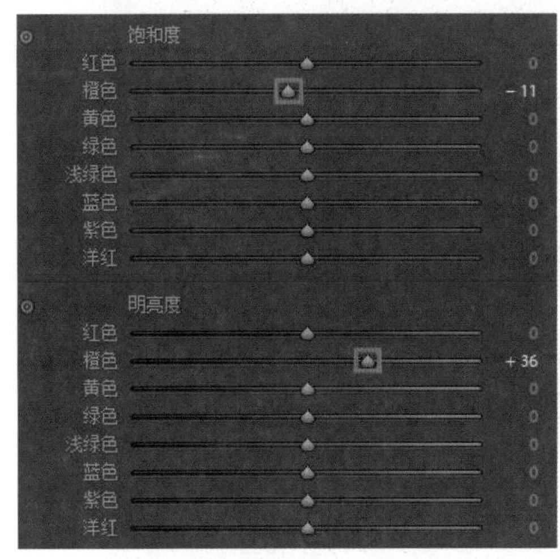

◎ 图 B1-8

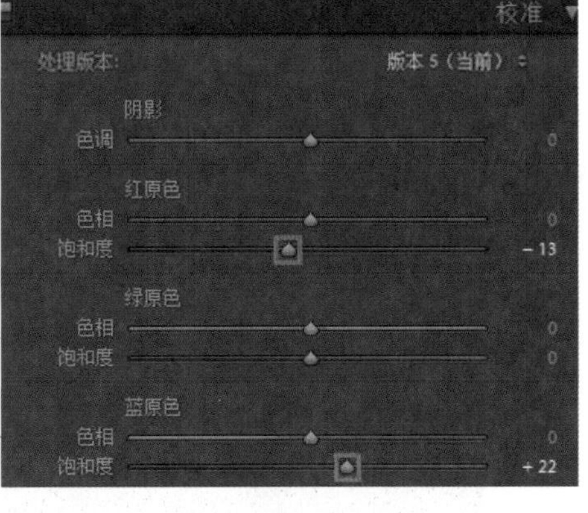

◎ 图 B1-9

给暗部加冷色，让冷暖对比更强烈，增加图像的层次感，如图 B1-10 所示。

强化图像的整体影调，增加图像四周暗角，突出人物主体，如图 B1-11 所示。

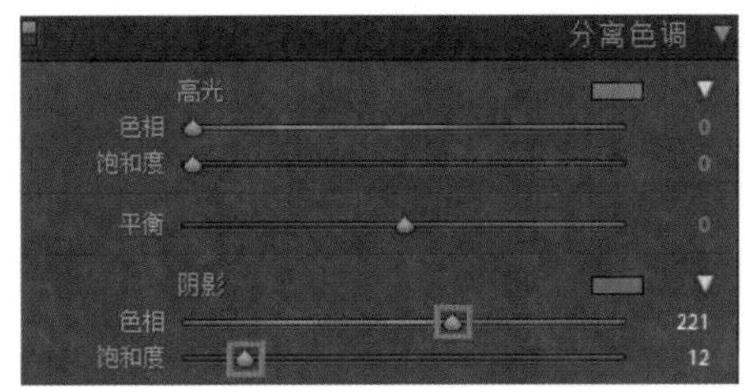

◎ 图 B1-10

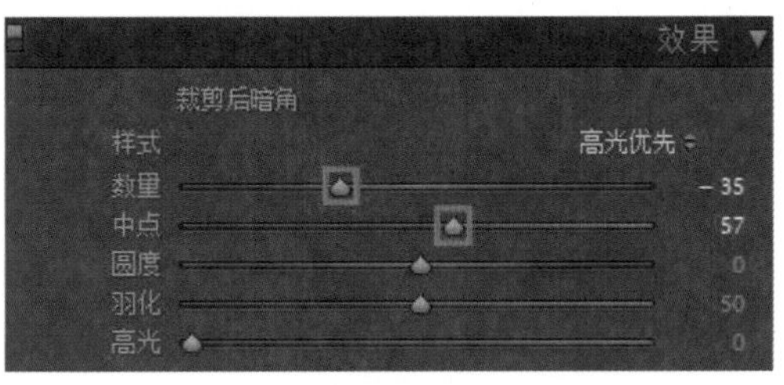

◎ 图 B1-11

调整完毕，看一下前后对比图的效果，如图 B1-12 所示。

◎ 图 B1-12

B1.4 亮调

亮调既要亮又不能飘，刚好和暗调相反，照片的总体效果比较明亮的就是亮调，如图 B1-13 所示。

◎ 图 B1-13

亮调的照片比较好调整，控制好整个画面的明暗对比和层次就可以了，按住 Alt 键先确定黑白场（可以翻阅到 B1.1 查看），提高“阴影”，降低“高光”，增加“对比度”，降低“曝光度”，如图 B1-14 所示。

调整“色调”，控制人物的肤色和服装的颜色，不要让黄色的裙子太过以至于颜色溢出，增加“蓝原色”的“饱和度”，这个时候人物的黄色裙子会变得很艳，改变“绿原色”的“色相”，控制人物的肤色和裙子的颜色，降低“红原色”的“饱和度”，平衡整体图像的颜色，让人物肤色更通透，如图 B1-15 所示。

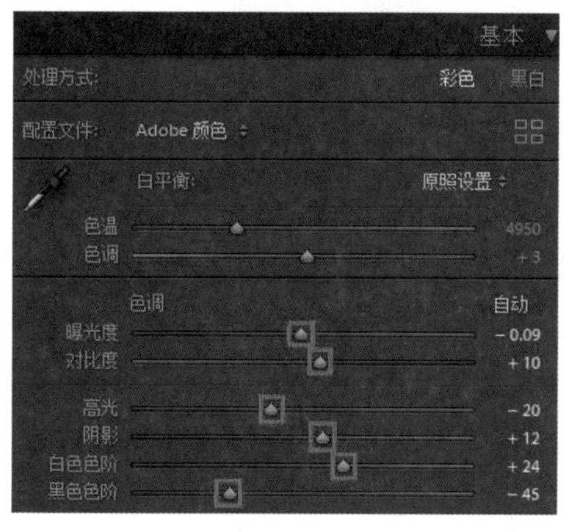

◎ 图 B1-14

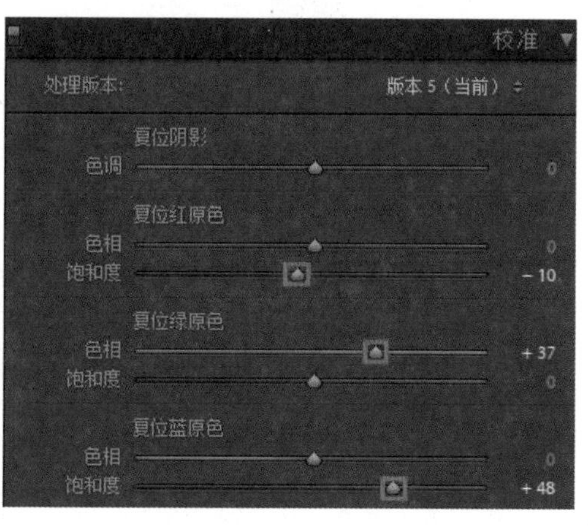

◎ 图 B1-15

用 HSL 面板调整肤色和背景颜色，降低“橙色”的“饱和度”，去除人物肤色的杂色，提高“橙色”的“明亮度”，让肤色更干净，将“浅绿色（青色）”和“蓝色”调到最大值（+100），强化冷暖对比，层次更明显，如图 B1-16 所示。

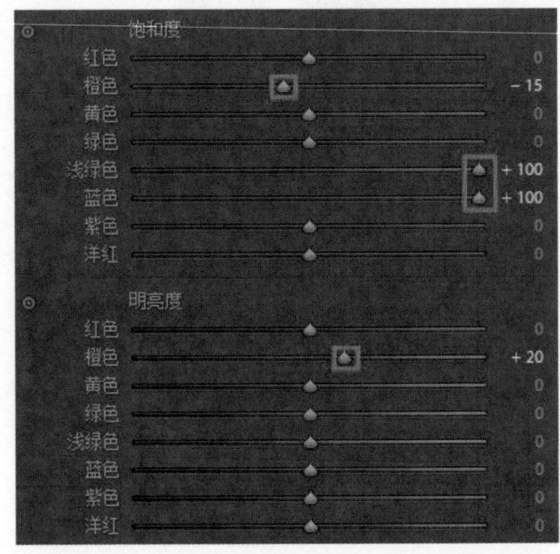

◎ 图 B1-16

调整完毕，看一下前后对比图的效果，如图 B1-17 所示。

◎ 图 B1-17

B1.5 暖色调

暖色调颜色的一个重要特性是“色温”，这是人对颜色的本能反应。对于大多数人来说，橘红、黄色以及红色一类的色系总是和温暖、热烈等相联系，因而称为暖色调。暖色系可见光可分为 7 种颜色，即赤、橙、黄、绿、青、蓝、紫，一些光给人以温暖的感觉，通常称为暖光，如图 B1-18 所示。

◎ 图 B1-18

我们来调整一张暖色调的照片，打开照片，导入 Lightroom Classic 中，打开修改照片模块，如图 B1-19 所示。

◎ 图 B1-19

分析图 B1-19 不难看出，“高光”区域有些过曝，万幸的是照片用的是 RAW 格式，如果是 JPEG 格式就很难找回过曝区域的细节了，建议摄影师拍摄照片时还是用 RAW 格式为好，这样调整和还原的空间比较大。

先定“黑白场”，黑场和白场的调整方法一样，按住 Alt 键，单击“黑色色阶（白色色阶）”滑块向左拖动，这个时候观察“直方图”上的峰值平均度，调整图像的“黑白场”一定要把控好力度，降低“高光”，提高“阴影”，增加“对比度”，降低“曝光度”，把影调控制正常，如图 B1-20 所示。

◎ 图 B1-20

打开 HSL 调整色调，先控制肤色，降低“橙色”的“饱和度”，提高“橙色”的“明度”，让人物的整体肤色更加干净，控制环境色和男士的裤子的黄色，降低“黄色”的“饱和度”，使黄色的裤子和整体的环境色相统一，不要让它单独显眼，增加“绿色”“浅绿色（青色）”“蓝色”的“饱和度”为 +100，适当地降低“绿色”和“浅绿色（青色）”的“明亮度”，让环境的绿色更加鲜艳，如图 B1-21 所示。

继续调整色调，打开“校准”面板，降低“红原色”，增加“蓝原色”的“饱和度”，改变“绿原色”的“色相”。“红原色”和“蓝原色”的配合是让人物的肤色更加通透，改变“绿原色”是为了增加整体的冷暖对比和层次，改变“阴影”的色调是为了减少人物身上的环境色，如图 B1-22 所示。

增加效果，给人物添加暗角，更突出主体，如图 B1-23 所示。

添加“锐化度”，添加时根据照片的不同，灵活地把控，调整的数值不要过大，如图 B1-24 所示。

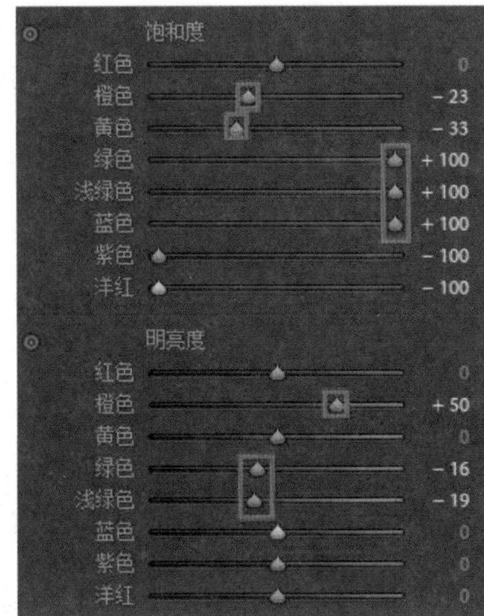

◎ 图 B1–21

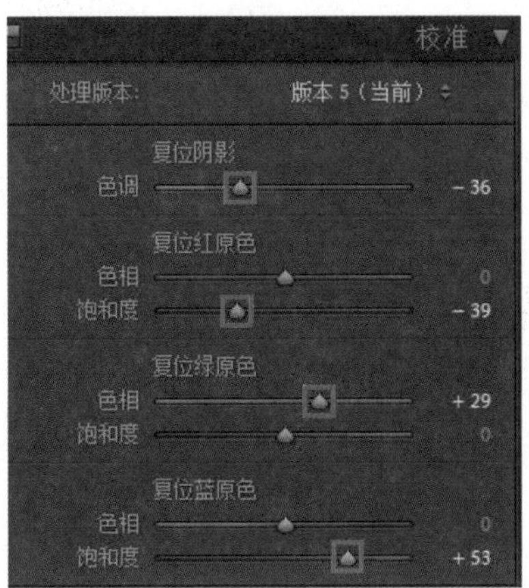

◎ 图 B1–22

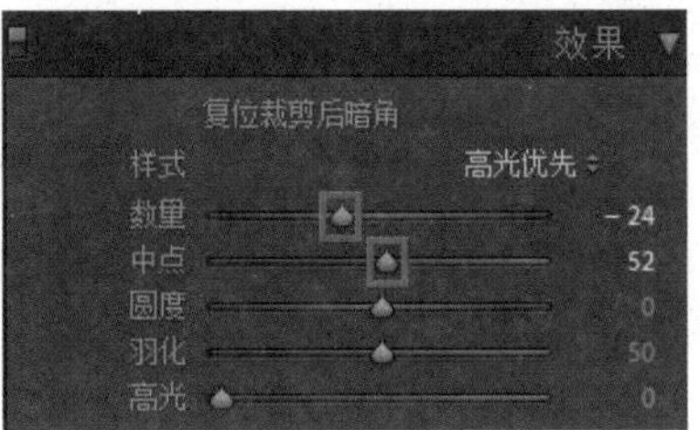

◎ 图 B1–23

◎ 图 B1–24

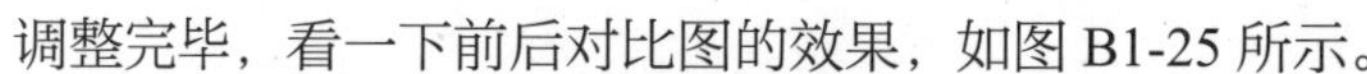

调整完毕，看一下前后对比图的效果，如图 B1-25 所示。

◎ 图 B1-25

B1.6　冷色调

冷色调是指颜色让我们产生凉爽的感觉，它是以蓝色为主的一些色彩，包括绿色和紫色，和暖色调刚好相反。因为天空、冰雪、大海等偏冷的物体往往呈现出这些颜色，偏向于蓝色的灰色也被称为偏冷色调的灰色，白色也属于冷色系，如图 B1-26 所示。

◎ 图 B1-26

我们来调整一张冷色调的照片，打开图像，导入 Lightroom Classic 中，打开修改照片模块，如图 B1-27 所示。

◎ 图 B1-27

调整之前先分析一下图像，在海边拍摄的一张图，夕阳西下，可以看出它适合调暖色调。但是呢，这里我们用它来调一张冷色调。在调整之前要纠正一个误区，在调整任何照片时，不要因为它是冷色调，就丢弃暖色。总而言之，不管是

冷色调还是暖色调，都要保留冷暖对比色，如果没有这些冷暖对比，一张图就会没有生机。永远要记住，在人像摄影中，暖色永远体现在人物肤色上。在风光摄影中，暖色永远体现在第一视觉最近的树木、山脉、石头、花、动物、建筑等上。就是因为有这些冷色和暖色的对比，我们在观赏时才感觉图像很漂亮，所以在图像中，冷和暖的对比缺一不可。

先确定“黑白场”，黑场和白场的调整方法一样，按住 Alt 键，将“黑色色阶（白色色阶）”滑块向左拖动，这个时候观察“直方图”上的峰值平均度，调整图像的“黑白场”一定要把控好力度。先控制影调，提高“阴影”，让男士服装的暗部“细节”还原些，降低“高光”，增加水面的“细节”，增加“对比度”，去除画面多余的灰度，降低一些“曝光度”，降低“色温”，偏冷一些，如图 B1-28 所示。

打开 HSL 面板，调整人物肤色，改变“橙色”的“色相”，让肤色偏于黄色，降低“橙色”的“饱和度”，提高“橙色”的“明亮度”，让肤色更干净，如图 B1-29 所示。

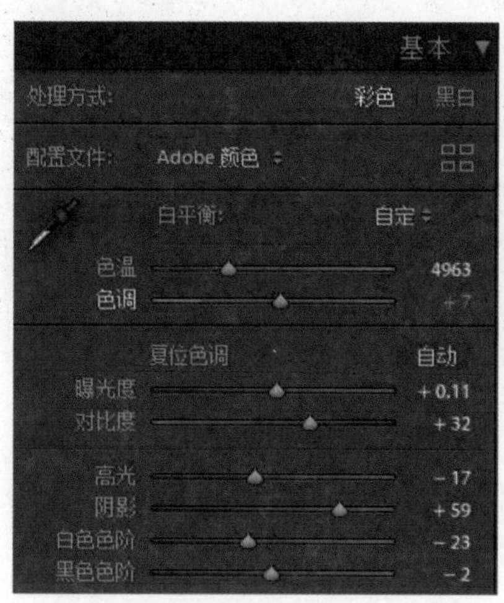

◎ 图 B1-28

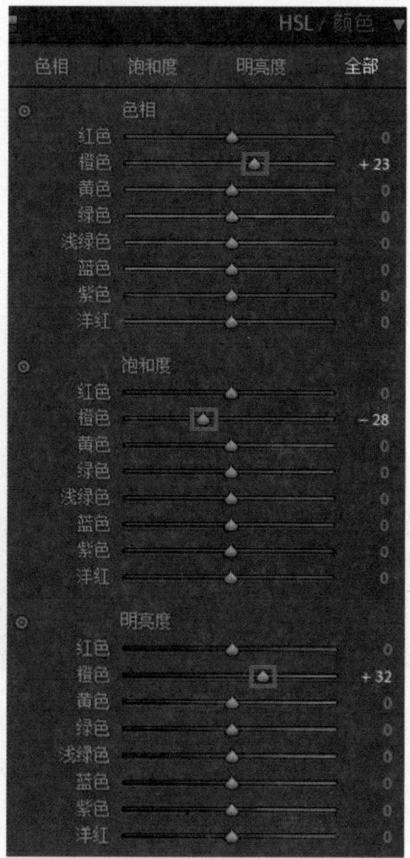

◎ 图 B1-29

打开“画笔”工具，按 K 键，将人物的皮肤单独选择出来进行调整，涂抹人物皮肤部分，如图 B1-30 所示。

◎ 图 B1-30

单击“新建”，画笔涂抹背景，控制整体图像的影调和色调，如图 B1-31 所示。

◎ 图 B1-31

调整完毕，看一下前后对比图的效果，如图 B1-32 所示。

◎ 图 B1-32

B2 课
人像调色
影楼效果你也可以

B2.1　曲线调色法

曲线调色工具功能强大，它可以针对图像上的高光、中间调、阴影各个不同的区域进行定点调整，灵活性比较高，难点就是不好掌握。

在 Lightroom Classic 中的曲线工具，一样可以对单一的红绿蓝通道进行调整，它能控制图像的影调，也能控制图像的色调，如果想用曲线工具对图像的色调进行调整，必须单击▣以编辑点曲线，才能调整红绿蓝通道的颜色，如图 B2-1 所示。

在 A7.4 节中已经详细讲解了曲线的核心知识点，本课不再重复讲解，先看一下曲线的“高光”“中间调”“阴影”的分布位置，如图 B2-2 所示。

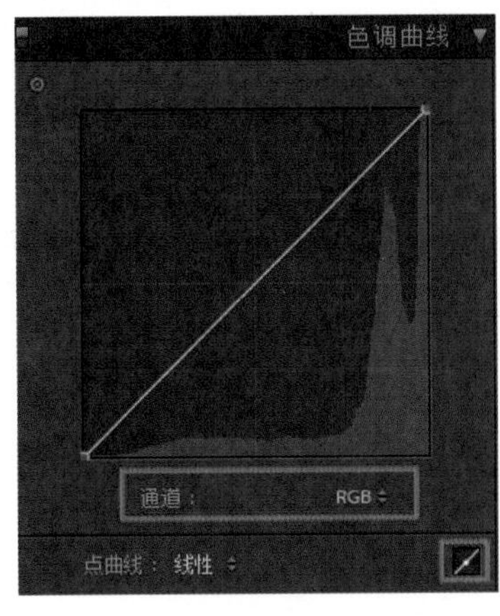

◎ 图 B2-1

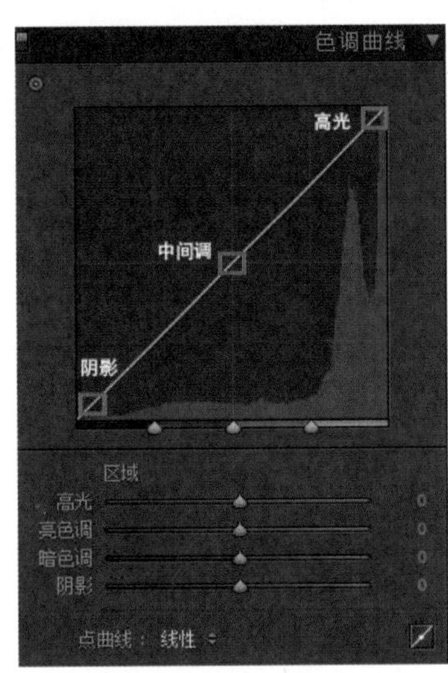

◎ 图 B2-2

知道三调的位置，就可以对图像的影调和色调进行调整了，打开照片导入 Lightroom Classic 中，如图 B2-3 所示。

◎ 图 B2-3

调整前先分析图像。从图 B2-3 中不难看出，图像整体比较亮，“高光”区域的细节丢失得比较严重，先纠正缺失的细节，再控制整体图像的影调、色调。

选择“RGB 复合通道”，把曲线的右侧最上方往下压，找回高光丢失的细节（如果图像高光过曝，就无法还原了，建议拍摄时选用 RAW 格式），调整“阴影”和“中间调”，让整体的影调还原更多的细节，如图 B2-4 所示。

选择“红色通道”，调整人物的肤色以及整体的色调，“红色通道”压低暗部可以去除整体图像的灰度，使图像更加通透和干净，如图 B2-5 所示。

选择“绿色通道”，压低“暗部”，提高“中间调”，让整体的图像更加干净，如图 B2-6 所示。

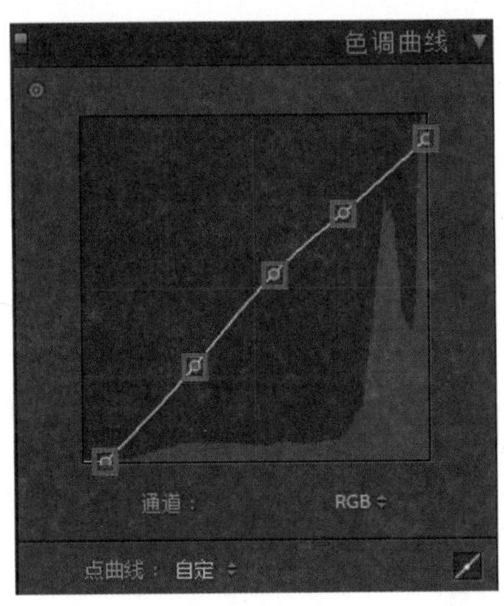

◎ 图 B2-4

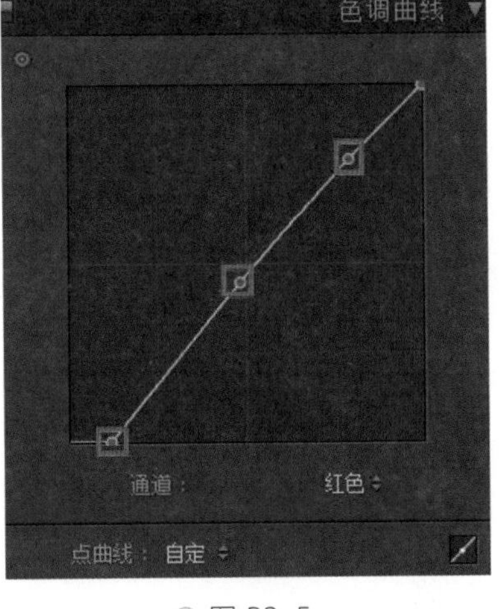

◎ 图 B2-5

选择“蓝色通道”，调整“暗部”和“中间调”，进一步调整图像的通透性。通过对单一红绿蓝通道的调整，图像的细节还原了很多。对单一通道的调整图像可以达到控制色调和影调的目的，图像更干净通透，灰度去除得很干净，这个方法的通用性很高，调整技法同样可以运用到 Photoshop 软件中，如图 B2-7 所示。

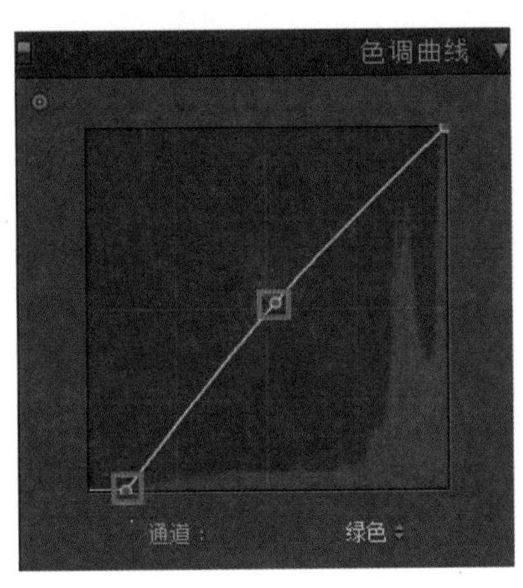

◎ 图 B2-6

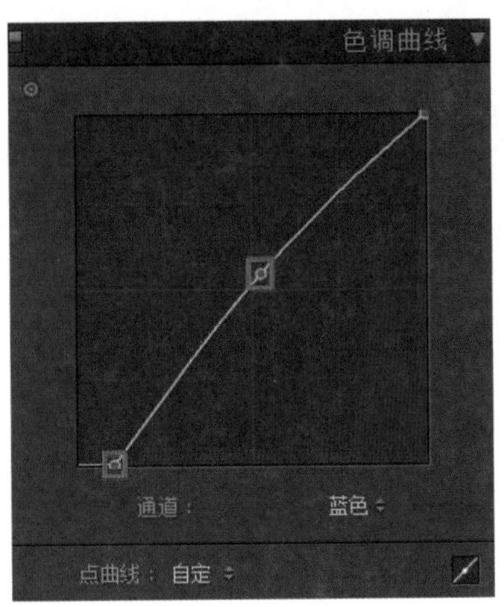

◎ 图 B2-7

曲线的调色方法有很多，这里分享了最实用的技法，它可以立竿见影地达到统一色调和影调的目的，也可以快速地去除图像的灰度，最终达到图像干净通透的效果。

调整完毕，看一下前后对比图的效果，如图 B2-8 所示。

◎ 图 B2-8

B2.2 基础调整红润肤色

调整红润肤色是控制人物正常肤色的基础方法，前期的图像颜色和摄影有着密不可分的关系。拍摄时光控制得好，调整时就好纠正，如果光没有控制好，调整就会有一定的难度。尤其是外景，光线控制不好的图像，人物因为环境的影响，肤色全是环境色，调整起来就非常困难。如果碰到这样的照片，只能在 Lightroom Classic 中调整好基调，再在 Photoshop 中进行局部的修调。首先打开原图，将照片导入 Lightroom Classic 中，如图 B2-9 所示。

调整之前先分析一下图像，曝光还可以，没有太多的环境色上到人物的皮肤上，调整的方向就是将皮肤调通透，颜色为“橙色”。

开始调整，打开“基本”面板，观察“直方图”，先定“黑白场”，提高“阴影”，降低“高光”，增加“对比度”，降低“曝光度”，控制整体图像的影调，如图 B2-10 所示。

打开 HSL 面板，降低“橙色”的“饱和度”，提高“橙色”的“明亮度”，这是控制人物肤色的通透性和干净度。

◎ 图 B2-9

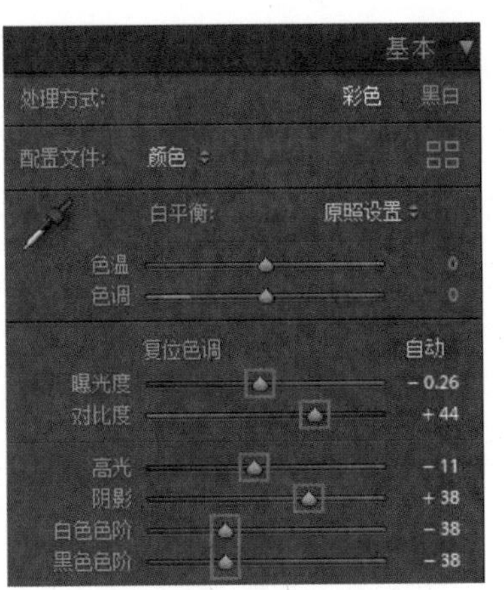

◎ 图 B2-10

降低“黄色”的“饱和度”，提高“黄色”的“明亮度”，让人物身上的环境色减弱，让皮肤更干净。

增加“绿色”和“浅绿色（青色）”的“饱和度”，再增加“绿色”和“浅绿色（青色）”的“明亮度”，让背景色更鲜艳和干净通透。

将“蓝色”和“紫色”的“饱和度”降为 -100，彻底去除图像上因为强光造成的杂色，增加“洋红”的“饱和度”，调整人物的服装，降低“红色”的“饱和度”，不要让红色的服装太扎眼而抢主体和视觉点，如图 B2-11 所示。

打开“校准”面板，增加“蓝原色”的“饱和度”，改变“绿原色”的“色相”，使人物的肤色干净通透，如图 B2-12 所示。

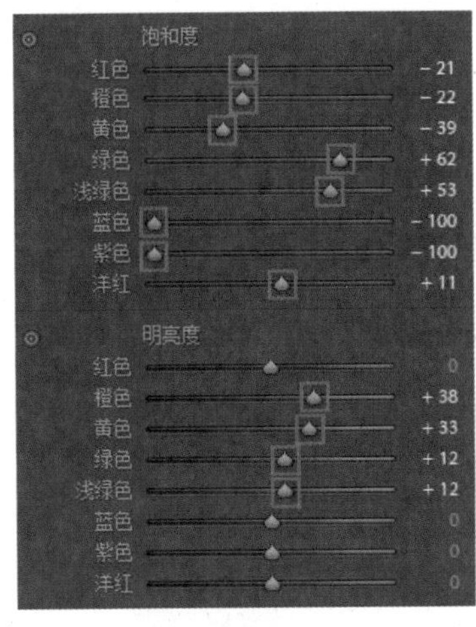

◎ 图 B2-11

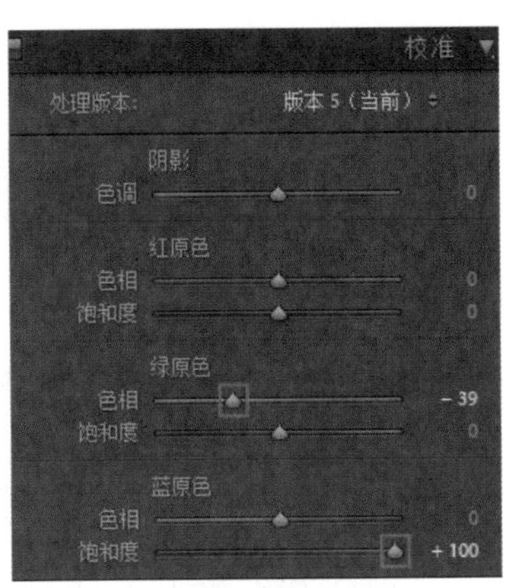

◎ 图 B2-12

调整完毕，看一下前后对比图的效果，如图 B2-13 所示。

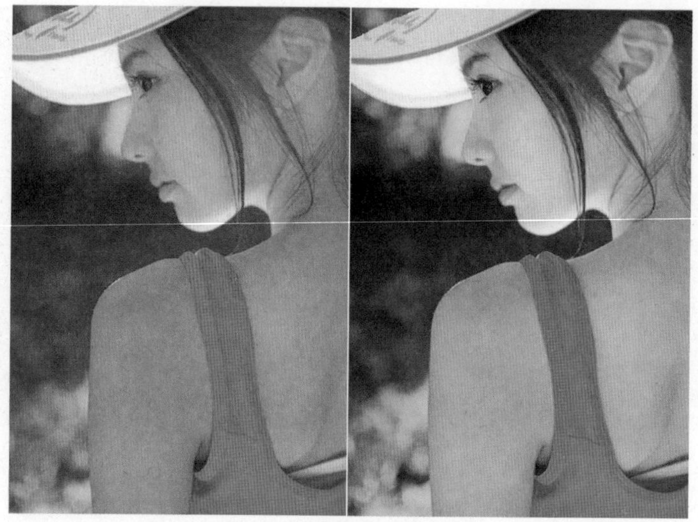

◎ 图 B2-13

B2.3 红和黄色调的把控与处理

在人像摄影中，如果色温和用光不到位，照片的红色和黄色会直接影响到人物皮肤的通透性，环境色也会显脏，尤其对于欠曝和过曝的照片，颜色给我们的视觉感更是惨不忍睹。红色和黄色是颜色中最容易让人感觉不舒服的颜色，红色过多太艳丽，黄色过多看着太腻太脏。

打开 Lightroom Classic 软件，选择“图库”，将需要调整的照片导入软件中，如图 B2-14 所示。

◎ 图 B2-14

调整之前，分析一下图像，从图 B2-14 中明显看到红色和黄色比较重，整体的光线也不足，照片感觉就很脏。下面开始调整，按住 Alt 键，观察“直方图”，调整“黑白场”，提高“阴影”，降低“高光”，增加“对比度”，降低一点曝光，我们纠正影调之后，图像会显得特别红黄，如图 B2-15 所示。

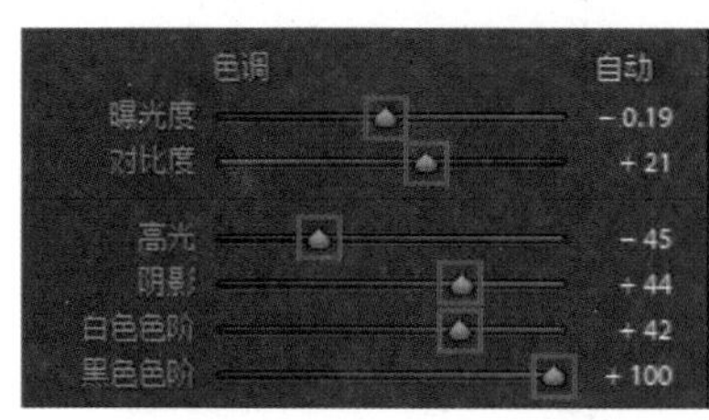

◎ 图 B2-15

像这样红和黄色为主的图像是不是让人看着就很腻？人物的肤色也差得离谱。

如果碰到这样的照片，我们纠正了黑白场，图像就变成了这样，该怎么调整呢？

其实很简单，调整完以后，降低“色温”让它偏冷一点，可以很好地让图像变得干净一些，调整时一定要把握好数值，不要调整得过大，“色温”太低太冷会让图像变成“僵尸片”，如图 B2-16 所示。

◎ 图 B2-16

打开 HSL 面板，选择“饱和度”，增加“红色”的“饱和度”，降低“橙色”的“饱和度”，“黄色”降到 -100，“绿色”增加到 +100，降低“浅绿色”的“饱和度”，降低“蓝色”的“饱和度”，“紫色”降到 -100，降低“洋红”的“饱

和度”，“饱和度”的调整是为了调整元素之间的颜色融合度，删除多余的颜色。

选择“明亮度”，提高“橙色”，增加肤色的光感，提亮“绿色”和“浅绿色（青色）”，让背景的绿和青色更明亮，如图 B2-17 所示。

打开“校准”面板，增加“蓝原色”的“饱和度”，降低“红原色”的“饱和度”，让肤色更通透，如图 B2-18 所示。

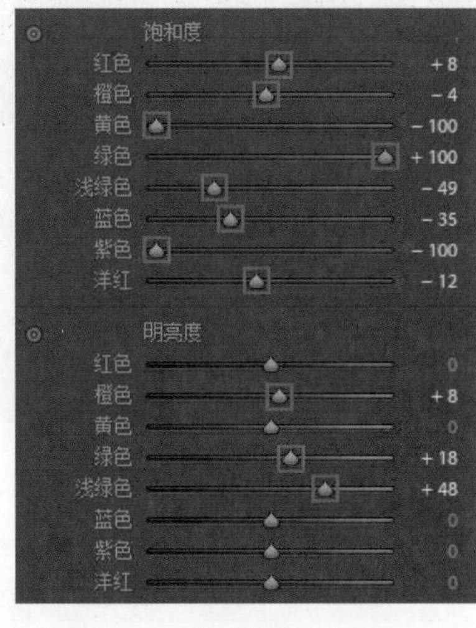

◎ 图 B2-17

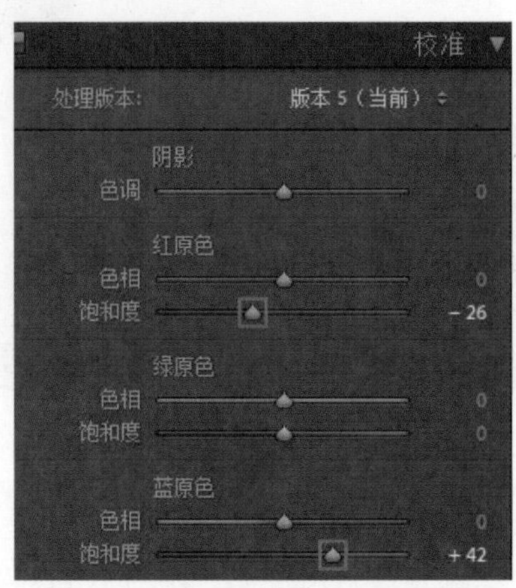

◎ 图 B2-18

按 K 键，打开“画笔”工具，调整比较暗的区域，如图 B2-19 所示。

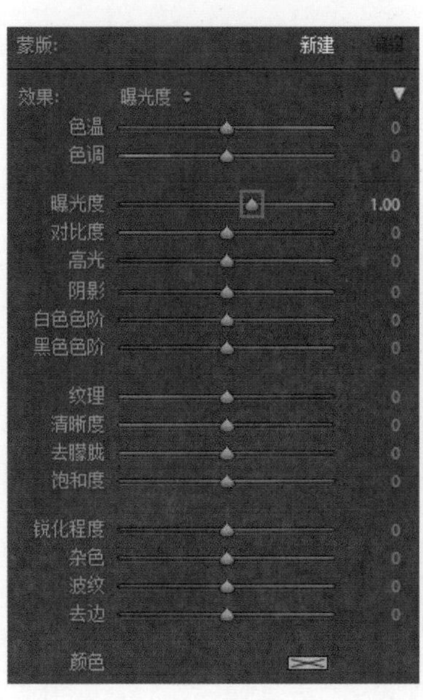

◎ 图 B2-19

调整完毕，看一下前后对比图的效果，如图 B2-20 所示。

◎ 图 B2-20

B2.4　色相对颜色的控制

色相就是颜色的相貌。在调整照片时，色相对图像的影响也是很大的，直接调整色相也可以达到我们想要的色调。

下面就来实战操作色相，从而控制颜色的显示效果。打开要调整的照片，导入 Lightroom Classic 中，如图 B2-21 所示。

◎ 图 B2-21

调整之前先分析一下图像，图像整体偏暗，缺少光感，曝光还可以，照片颜

色的灰度屏蔽，环境色比较好，拍摄时的相机设置应该是中性模式。

现在我们开始调整，老步骤，观察“直方图”，先定“黑白场”，打开“基本”面板，提高“阴影”，降低“高光”到-100，增加“对比度”，提高一点“曝光度”，这些调整是为了控制影调，如图 B2-22 所示。

打开 HSL 面板，先调整“饱和度”，降低“橙色”的“饱和度”，控制人物肤色，增加“黄色”的“饱和度”，控制背景的颜色，“绿色”“浅绿色（青色）”“蓝色”的“饱和度”提高到+100，控制背景的颜色“饱和度”，“紫色”和“洋红”的“饱和度”降到-100，去除“紫色”和“洋红”给图像产生的杂色。

调整“明亮度”，提高“橙色”的“明亮度”，让肤色更干净，提高“黄色”的“明亮度”，给背景增加颜色的光感，“绿色”和“浅绿色（青色）”提到+100，让颜色明度提高，降低“蓝色”的“明亮度”，让男士身上的蓝色丝带颜色暗下来，层次更分明，如图 B2-23 所示。

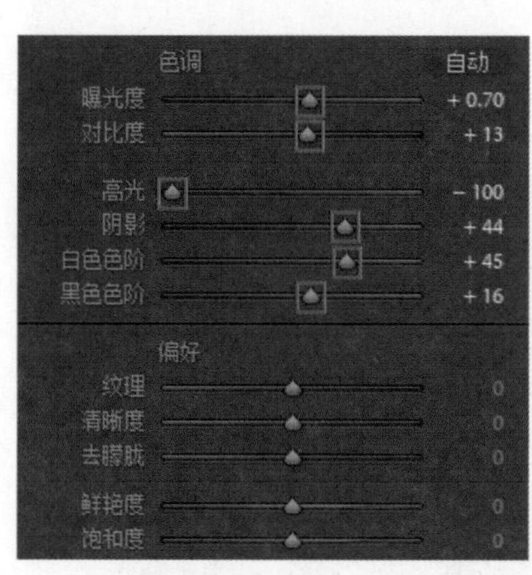

◎ 图 B2-22

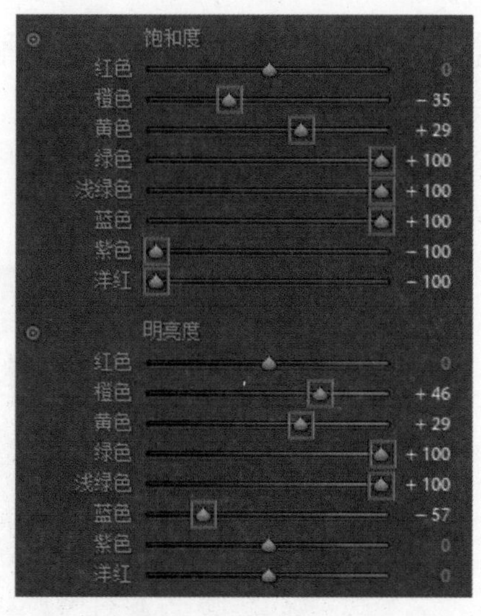

◎ 图 B2-23

按 K 键，打开“画笔”工具，按 Ctrl++ 快捷键放大人物，按空格键拖动图像到人物牙齿的位置，调整画笔的大小，将人物的牙齿选择出来，因为环境色的影响，人物的牙齿颜色太黄，我们需要把黄色去除掉，如图 B2-24 所示。

调整完毕，看一下前后对比图的效果，如图 B2-25 所示。

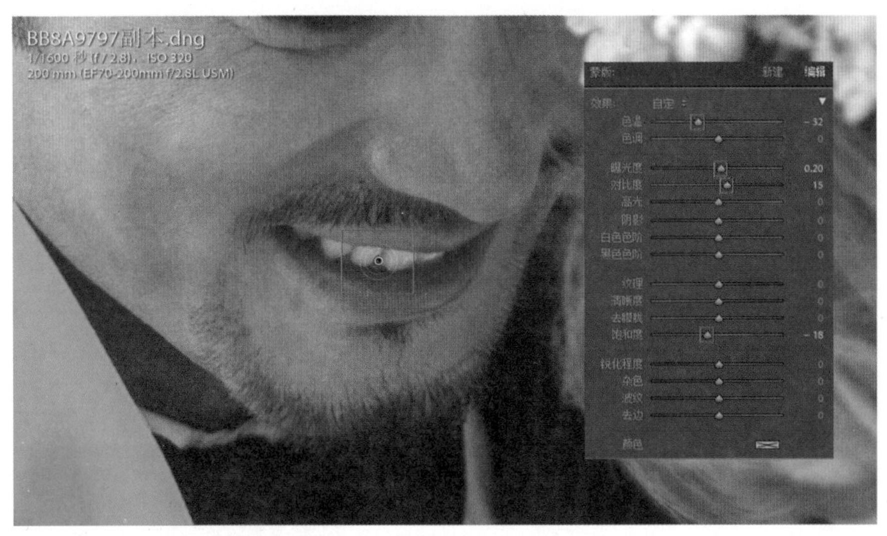

◎ 图 B2-24

◎ 图 B2-25

B2.5　处理环境色对人物的影响

在拍摄过程中，经常会出现环境色上到人物的身上或者皮肤上的情况，最难处理的就是人物皮肤上有环境色，造成这种情况的原因就是外拍时用光不到位，在光线不足的条件下人物离植物太近。

有条件的话，在外景拍摄时要尽可能地用反光板或者使用外景灯补光。不过在没有硬件条件的情况下也是可以避免环境色上到人物皮肤上的，方法就是合理地运用色温，拍摄模式建议选择中性，控制好曝光，运用户外的自然光即可，千万不要在太暗的环境中拍摄。

环境色一旦上到人物的皮肤上，这样的图像都比较棘手，那么有没有一个很好的方法去处理呢？这节课笔者就教大家怎么调整环境色上到人物皮肤上的照片。打开图像，导入 Lightroom Classic 中，如图 B2-26 所示。

调整前分析一下图像，环境色一般都是离人物皮肤最近的颜色，光线控制不好，肤色就会有环境色，最为常见的颜色就是红色、黄色和绿色，更严重点的就是人物皮肤上一块黄，一块红，非常难调整。

针对这样的照片，人物皮肤的环境色先不要急于处理，先把影调调整正常。同样地我们先定“黑白场”，提高“阴影”，降低“高光”，增加“对比度”，降低一点“曝光度”，如图 B2-27 所示。

◎ 图 B2-26

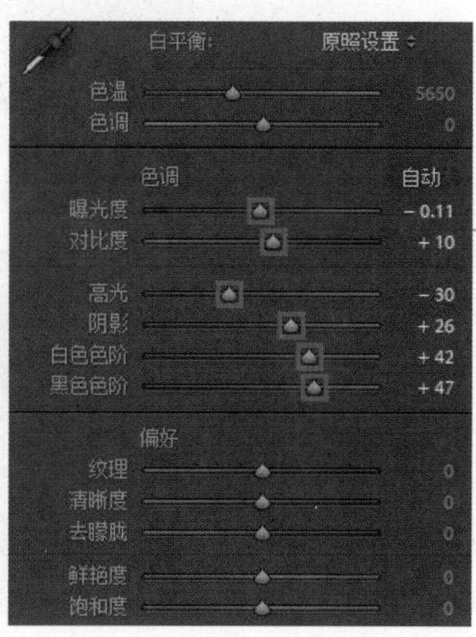

◎ 图 B2-27

调整这样的图像，“画笔”工具是最好的选择。打开 HSL 面板，先调整“饱和度”，这张图像人物最近的颜色和人物肤色形成了相似色，不能调整“橙色”的“饱和度”，否则直接会导致人物肤色和环境色的改变，在此我们不做调整。

增加“红色”的“饱和度”，让汽车的颜色更鲜艳，增加“黄色”的“饱和度”，“绿色”和“浅绿色（青色）”增加到 +100，强化背景色的植物颜色，“紫色”和“洋红”降到 -100，去除图像的杂色。

调整“明亮度”，增加“黄色”的“明亮度”，降低“绿色”的“明亮度”，强化背景上的黄色和绿色的层次感，如图 B2-28 所示。

打开相机“校准”面板，增加“蓝原色”的“饱和度”为 +100，适当地降低一点“红原色”的“饱和度”，让整体的颜色融合一下，如图 B2-29 所示。

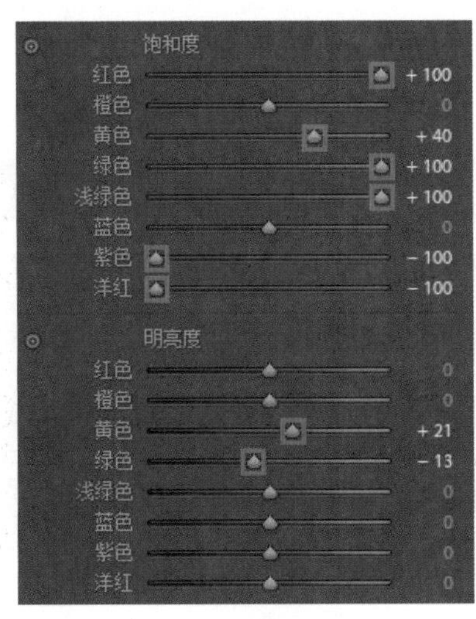

◎ 图 B2-28

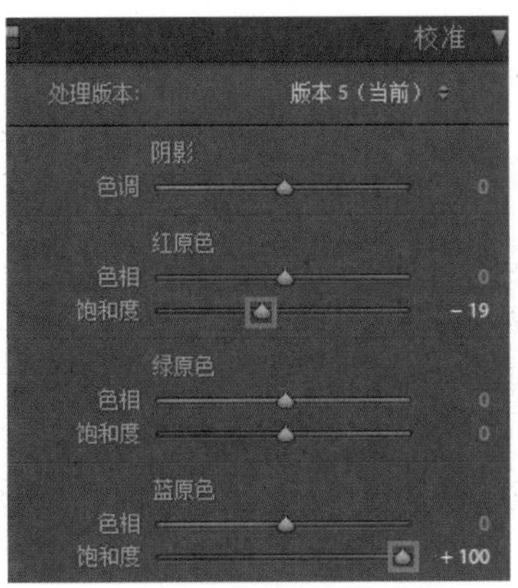

◎ 图 B2-29

按 K 键，打开“画笔”工具，将人物的皮肤单独选择出来，纠正肤色以及去除环境色，如图 B2-30 所示。

改变色温和色调，增加“曝光度”，适当调整一点“对比度”，降低“饱和度”，纠正偏色，如图 B2-31 所示。

◎ 图 B2-30

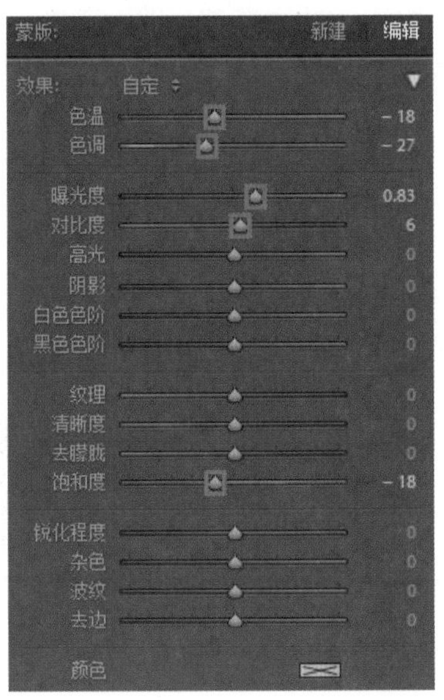

◎ 图 B2-31

灵活地运用“画笔”工具，可以有效地纠正偏色、环境色、饱和度低以及光线暗淡。环境色上到人物的皮肤上并不是没有办法调整，运用好 Lightroom

Classic 中的调整工具，没有调整不过来的颜色。调整完毕，看一下前后对比图的效果，如图 B2-32 所示。

◎ 图 B2-32

B2.6 预设的运用与批量调整

在前面的内容中，笔者详细地讲过了“预设”，Lightroom Classic 可以将调整照片后的参数保存为“预设”，可以命名“预设”，以便今后在调整照片时批量调整颜色。

什么是预设？预设就是调整过的颜色参数以及效果，保存成 XMP 格式保留下来，它能够快速地帮助用户给相同场景曝光的照片调色。

“预设”怎么创建和保存呢？打开修改照片面板，我们调整完一张照片后，在左侧的“预设”面板单击，在下拉菜单中选择“创建预设”命令，如图 B2-33 所示。

◎ 图 B2-33

命名自己需要的“预设”，“预设”记录了我们在调整照片时，所有详细的调整参数，它适合运用到同一场景曝光的照片上，在这里明确一点，“预设”并不能万能调色，最好的“预设”就是自己创建的。

为什么这样说？因为我们每个人的拍摄风格是不一样的，曝光也有差异。运用不是自己创建的“预设”时，需要灵活调整“预设”的曝光及详细的参数，达到自己想要的效果就可以了，如图 B2-34 所示。

新建修改照片预设

预设名称：未命名预设

组：用户预设

自动设置

☐自动设置

设置

☑处理方式和配置文件
☑白平衡
☑基础色调
☑曝光度
☑对比度
☑高光
☑阴影
☑白色色阶剪切
☑黑色色阶剪切
☑色调曲线
☑纹理
☑清晰度
☑去朦胧
☑锐化

☑颜色
☑饱和度
☑鲜艳度
☑颜色调整
☑分离色调
☐渐变滤镜
☐径向滤镜
☑噪点消除
☑明亮度
☑颜色

▣镜头校正
☐镜头配置文件校正
☑色差
☑镜头扭曲
☑镜头暗角
☐变换
☐Upright 模式
☐Upright 变换
☐变换调整
☑效果
☑裁剪后暗角
☑颗粒
☑处理版本
☑校准

全选　全部不选　创建　取消

◎ 图 B2-34

当我们创建完“预设”后，在“预设”的“用户预设”列表框里，就会生成已命名的预设文件。保存“预设”的方法是在“用户预设”面板上，选择想要保存的“预设”，右击，在弹出的快捷菜单中选择“导出”命令，保存到你想保存的电脑盘符中即可，如图 B2-35 所示。

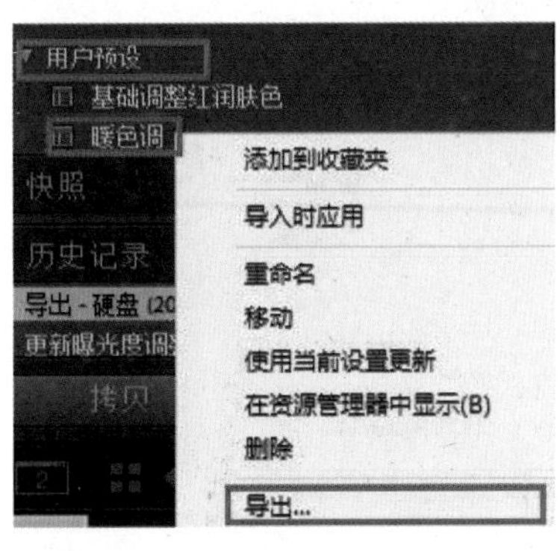

◎ 图 B2-35

怎么运用 Lightroom Classic 批量调整照片呢？首先，我们必须要将自己创建的“预设”或者购买的“预设”导入 Lightroom Classic 中。关于怎么导入预设本节课不再重复讲解。

“预设”的运用就是为了批量调整照片，“预设”导入完成后，先单击“预设”运用，然后调整应用过“预设”的照片，这里只需要调整第一张照片即可。因为我们需要细致地调整各种参数，如果你运用的是自己创建的“预设”，那么就可以快速地进行照片的批量调整。如果“预设”是购买的，那就需要细致地调整各种参数才行。因为“预设”的调整参数和我们拍摄的照片在曝光、色温、用光、效果上都不同，调整效果肯定不会那么好，多少都会有各种问题出现。

调整好“预设”后，按 Ctrl+A 快捷键全选，被全选的照片颜色会显示为浅灰色，单击右下方的“同步”按钮即可批量调整。批量调整同步后，需要将每一张照片都检查一下，避免有过曝或者过暗的现象发生，如图 B2-36 和图 B2-37 所示。

◎ 图 B2-36

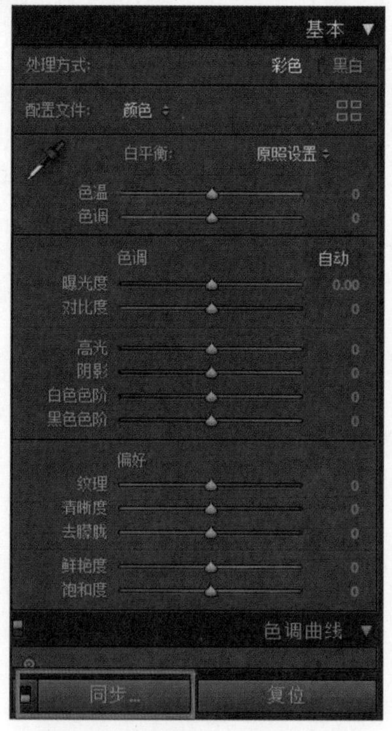

◎ 图 B2-37

B2.7 如何把控皮肤的通透感

在 Lightroom Classic 中，把控皮肤的通透性很简单，我们只需定好“黑白场”，控制好影调，再调整色调，很轻松就可以调出通透的肤色。

打开需要调整的图像，导入 Lightroom Classic 中，如图 B2-38 所示。

调整通透肤色，先要分析清楚图像上都有哪些颜色，需要我们把哪些颜色删减掉。

图 B2-38 中人物的肤色基本上为红色和黄色，缺少的是颜色的明度，只要颜色没有光感，图像永远不会通透，找到图像的关键点，调整方向就明确了。

打开“基本”面板，调整图像的影调，永远不要忘记先定“黑白场”，提高“阴影”，降低“高光”，增加“对比度”，增加“曝光度”，因为图像偏暖，我们想让图像更干净些，色温就需要调整得偏冷，如图 B2-39 所示。

◎ 图 B2-38

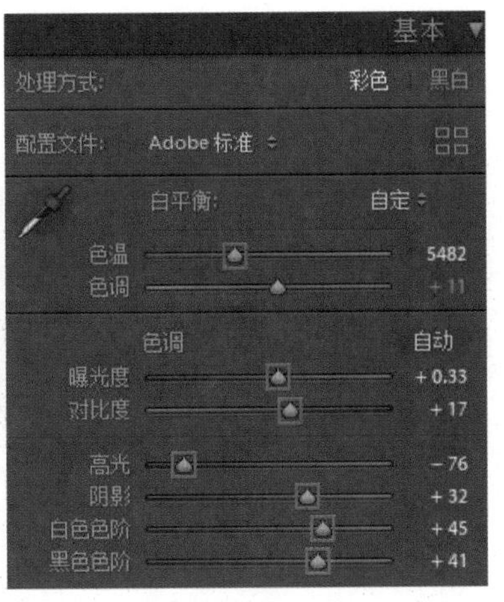

◎ 图 B2-39

打开 HSL 面板，控制影调，先调整“饱和度”，增加“红色”的“饱和度”，降低“橙色”的“饱和度”，降低“黄色”的“饱和度”，将“绿色”和“浅绿色（青色）”调整到 +100，“紫色”和“洋红”减除为 -100，这些调整是针对图像上有的颜色，更好地去除多余的颜色，从而控制肤色以及背景的颜色。

调整“明亮度”，提亮“橙色”的“明亮度”，让人物的肤色更加干净，“绿色”和“浅绿色（青色）”增加到 +100，让背景的绿色和青色光感还原，压低“蓝色”的“明亮度”，调整人物身上的蓝色丝带，如图 B2-40 所示。

调整完毕后，发现人物的皮肤还是缺少光感，可以用“画笔”工具将人物的

皮肤提亮调通透即可，如图 B2-41 所示。

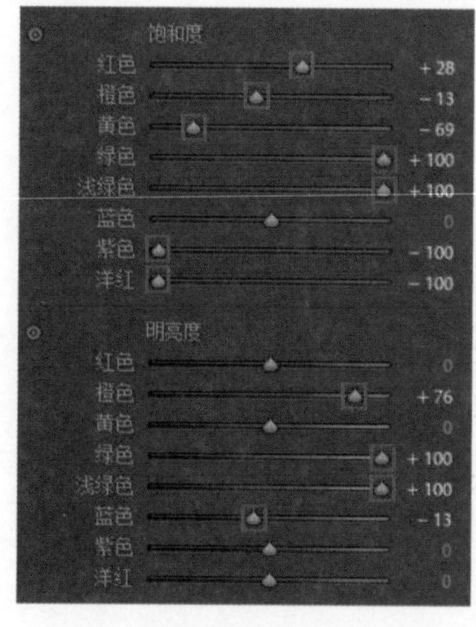

◎ 图 B2-40

◎ 图 B2-41

按 K 键，打开“画笔”工具，调整人物的皮肤光感，男士和女士的肤色有差异，必须分开调整，先调整男士的肤色“明度”，如图 B2-42 所示。

◎ 图 B2-42

单击“新建”，调整女士的肤色“明度”，如图 B2-43 所示。

◎ 图 B2-43

调整完毕，看一下前后对比图的效果，如图 B2-44 所示。

◎ 图 B2-44

B2.8　调出黑白人像的 HDR 效果

黑白照片可以凸显最好的质感，它们层次分明，调整方法也最简单。在 Lightroom Classic 中，选择“黑白”选项，再调整细节即可。

打开需要调整的照片，导入 Lightroom Classic，如图 B2-45 所示。

选择“基本”面板中的“黑白”选项，先确定“黑白场”，提高“阴影”，降低光感，增加“对比度”，降低“曝光度”，增加“纹理”和“去朦胧”，黑白 HDR 效果完成，如图 B2-46 所示。

◎ 图 B2-45

◎ 图 B2-46

调整完毕，看一下前后对比图的效果，如图 B2-47 所示。

◎ 图 B2-47

B3 课
风景调色
玩转色彩变化的视觉盛宴

B3.1 风光片调色

用 Lightroom Classic 调整风光片与调整人像的方法基本相同，不同的是，我们在调整风光片时可以随意加大清晰度和锐化度，而对人像不能这样操作。

风光片调色很简单，掌握图像上颜色和细节的还原即可，风光片一定要调整得细致，把原有的色彩全部找回来，不要损失太多的颜色。

打开我们需要调整的风光片，如图 B3-1 所示。

◎ 图 B3-1

调整之前分析一下图像，图像整体上比较暗，很明显欠曝，暗部细节丢失严重，色彩损失也比较多，针对缺失的细节和颜色，开始调整。

先定“黑白场”，增加“阴影”，降低“高光”，增加“对比度”，降低一

点“曝光度”，这些调整根据图像的不同，须灵活地把控调整的力度。改变一些“色温”，让图像偏暖一些，增加一些“清晰度”，增强图像的质感，提高“鲜艳度”，让色彩更浓郁，可以适当地加一点“饱和度”，不要太多，不然色彩会溢出，如图 B3-2 所示。

打开 HSL 面板，调整“饱和度”，将“红色”和“橙色”的“饱和度”调整为 -100，将这两种杂色去除掉，增加“黄色”“绿色”“浅绿色（青色）”“蓝色”的“饱和度”，将“紫色”和“洋红”调整为 -100，去除紫色和洋红色的杂色。

提高“黄色”“绿色”“浅绿色（青色）”“蓝色”的“明亮度”，给这些颜色增加光感，如图 B3-3 所示。

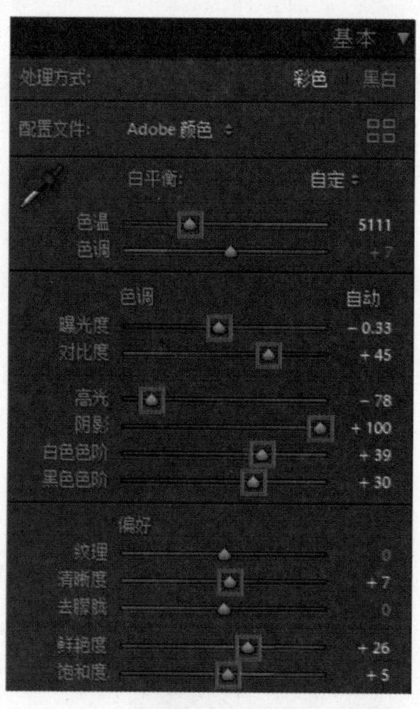

◎ 图 B3-2

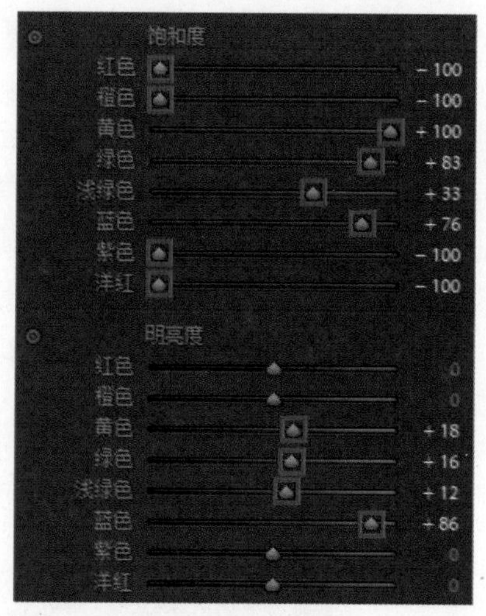

◎ 图 B3-3

打开“校准”面板，阴影色调调整偏青，阴影色调滑块的颜色向左拖动是青绿，向右拖动是洋红色和紫色，调整时向不同的方向偏，呈现的颜色就不相同，要根据图像上原有的颜色进行纠正调整。

降低“红原色”的“饱和度”，改变“绿原色”的“色相”为 +100，增加“饱和度”，改变“蓝原色”的“色相”。

对颜色的调整一定要灵活，调整的数值是次要的，每张图像都不一样，记住调整的方法和思路最重要，如图 B3-4 所示。

按 M 键，打开“渐变滤镜”，调整天空的颜色，在“渐变滤镜”面板的“颜色”选项中，选择“蓝色”，调整“色温”“曝光度”“对比度”，适当调整“渐变滤镜”上下的宽度，将整个天空都选择上，如图 B3-5 所示。

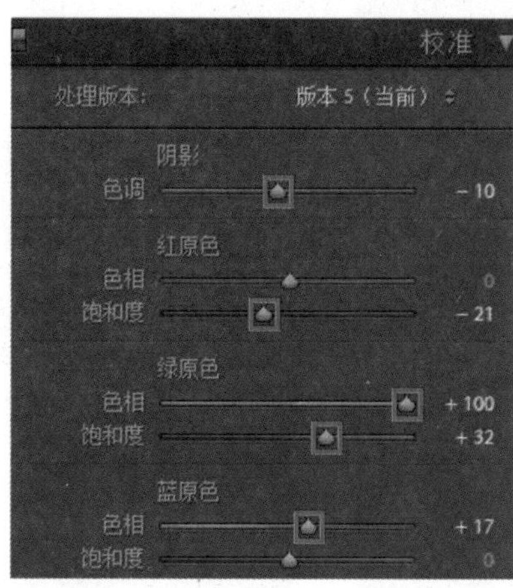

◎ 图 B3-4

◎ 图 B3-5

按 M 键关闭“渐变滤镜”，打开“细节”面板，观察图像细节观察窗，“锐化”调整色温“数量”“半径”“细节”，“噪点消除”调整“明亮度”，去除图像上的噪点杂质，如图 B3-6 所示。

调整完毕，看一下前后对比图的效果，如图 B3-7 所示。

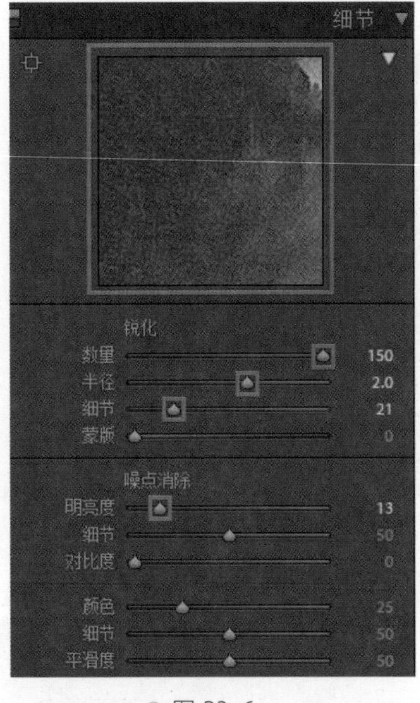

◎ 图 B3-6

◎ 图 B3-7

B3.2 调出黄色暖色调

这节课给大家分享怎么调整出黄色的暖色调，此技法通用于外景、街景以及室内的实景。直接进入主题，将照片导入 Lightroom Classic 中，先看一下原片，如图 B3-8 所示。

调整之前分析图像，照片是一张逆光拍摄的人像，光线的运用恰到好处，美中不足的是美女脸部有一道白光，我们可以考虑后续在 Photoshop 中将其修掉。

现在开始动手调整，打开“基本”面板，先定“黑白场”，提高“阴影”，降低“高光”，增加“对比度”，降低“曝光度”，改变色温和色调，增加一点“纹理”和“清晰度”（记住，纹理和清晰度的调整力度一定不要大，给得太多会给后续的修图增加难度，少量即可）。

增加“去朦胧”，这个调整是为了增加图像的对比，去除灰度，但是不能给的力度太大，否则会导致图像反差过大，图像变得生硬。

增加“鲜艳度”，降低“饱和度”，这个调整的目的是让色彩鲜艳的同时，不让色彩太过于溢出，融合颜色，过度自然，如图 B3-9 所示。

◎ 图 B3-8

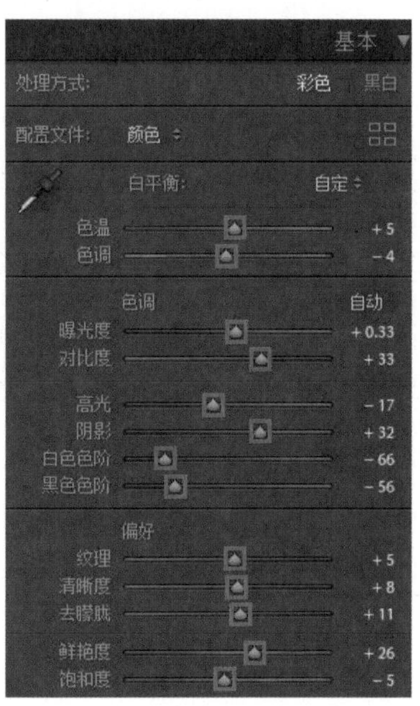

◎ 图 B3-9

打开“色调曲线”面板，调整图像的整体对比，如图 B3-10 所示。

打开 HSL 面板，先调整“色相”，改变“红色”“橙色”“黄色”的“色相”，纠正色偏，让颜色接近黄色，如图 B3-11 所示。

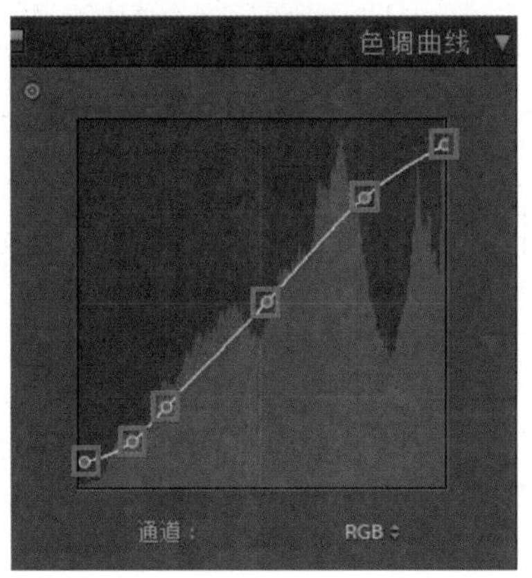

◎ 图 B3-10

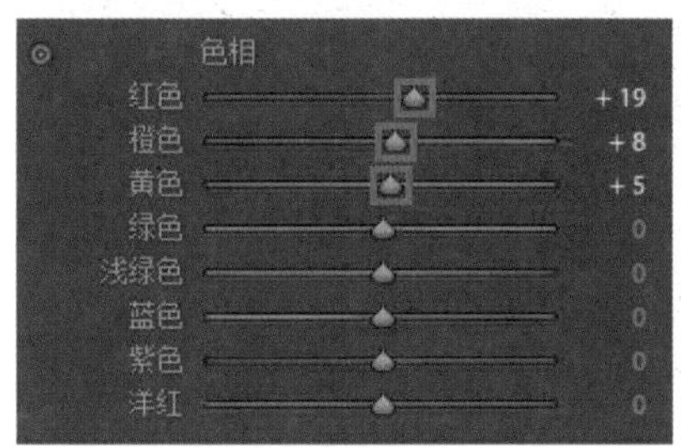

◎ 图 B3-11

调整“饱和度”，降低“红色”和“橙色”的“饱和度”，增加“黄色”的“饱和度”，让颜色过度自然，需要注意的是，“黄色”不要加得太多，黄色太多会造成图像显脏，如图 B3-12 所示。

调整“明亮度”，降低“红色”的“明亮度”，控制人物嘴唇的颜色，提高“橙色”的“明亮度”，让人物的肤色更通透，降低“黄色”的“明亮度”，不要让黄色太跳跃，如图 B3-13 所示。

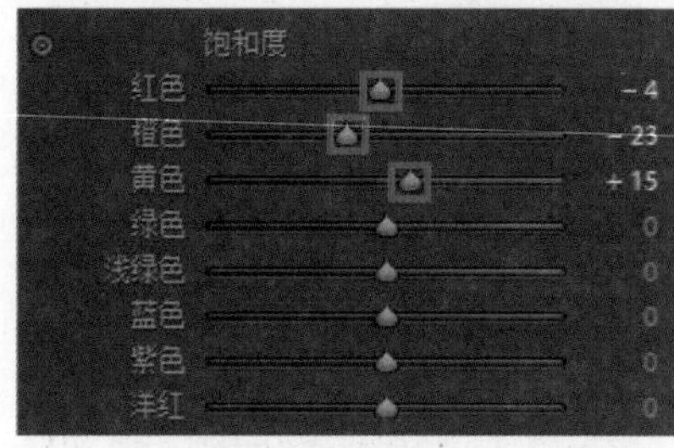

◎ 图 B3-12

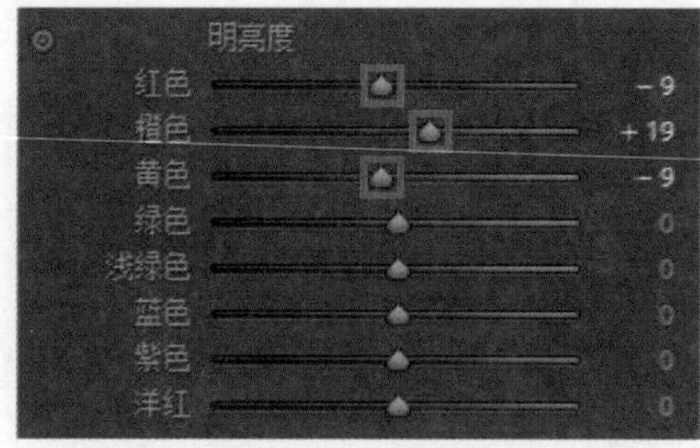

◎ 图 B3-13

打开“分离色调”面板，“高光”和“阴影”添加暖色，如图 B3-14 所示。

打开“细节”面板，给图像增加“锐化”，去除图像的噪点，如图 B3-15 所示。

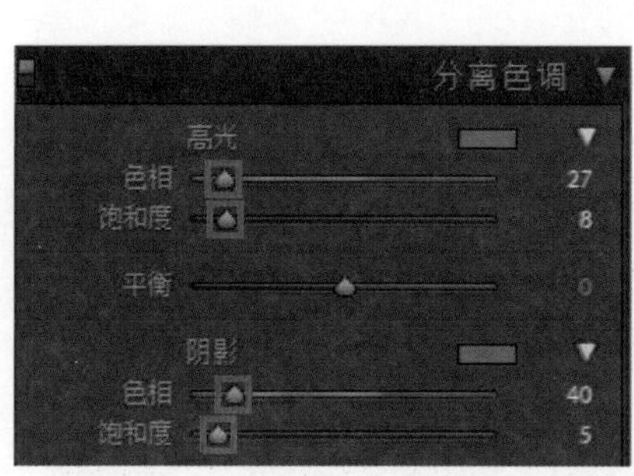

◎ 图 B3-14

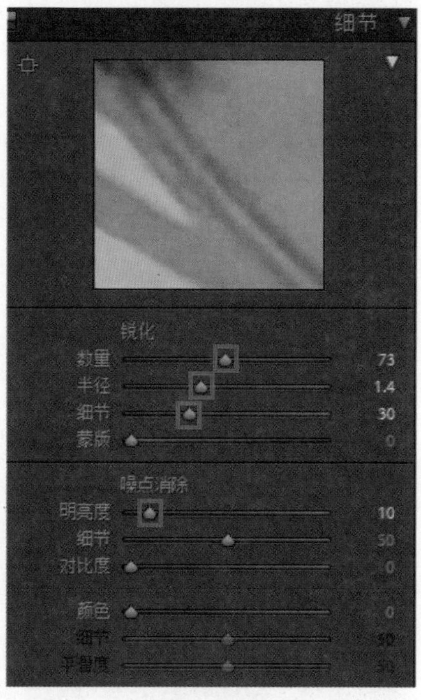

◎ 图 B3-15

“黄色”暖色调调整很简单，只要掌握了方法，调整并不难。在调整色调时，要根据图片的不同，分析图像上所拥有的颜色，有针对性地调整就可以了。学习要多实践，不要盲目地去调整，看一下调整前后的对比图效果，如图 B3-16 所示。

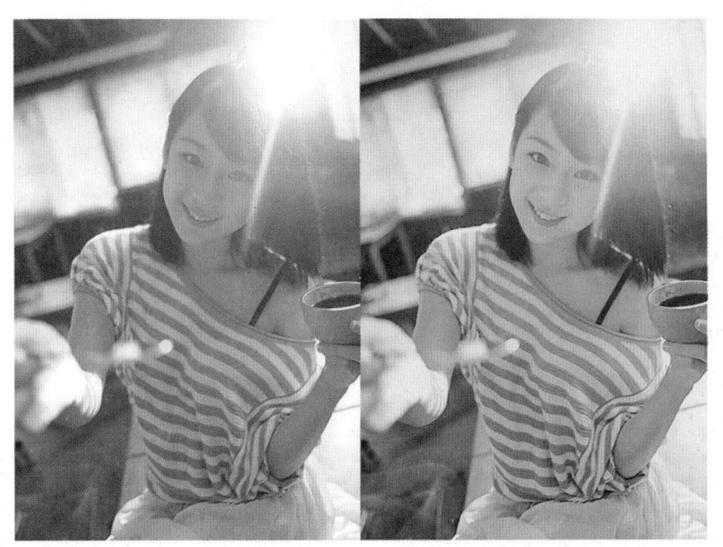

◎ 图 B3-16

B3.3　调出棕色色调

这节课给大家分享一下 Lightroom Classic 怎么调整棕色调，化繁为简，直接进入本节课的重点。

打开图像导入 Lightroom Classic，先看原图，如图 B3-17 所示。

◎ 图 B3-17

分析图像，人物的白色服装有点过曝，需要纠正影调和光比。

打开“基本”面板，先定“黑白场”，提高“阴影”，降低“高光”，增加“对比度”，降低“饱和度”，如图 B3-18 所示。

打开“色调曲线”面板，调整图像对比，如图 B3-19 所示。

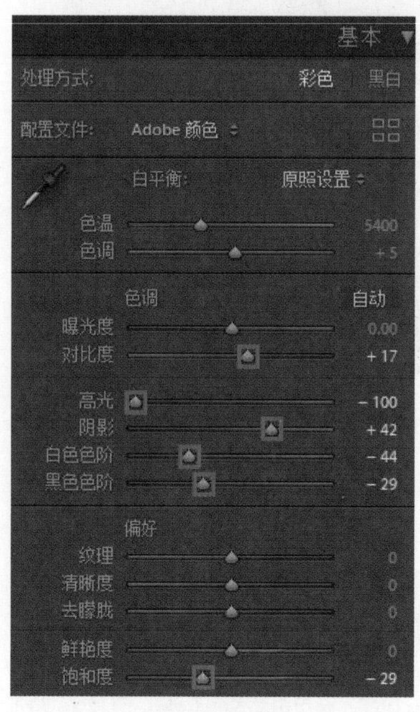

◎ 图 B3-18

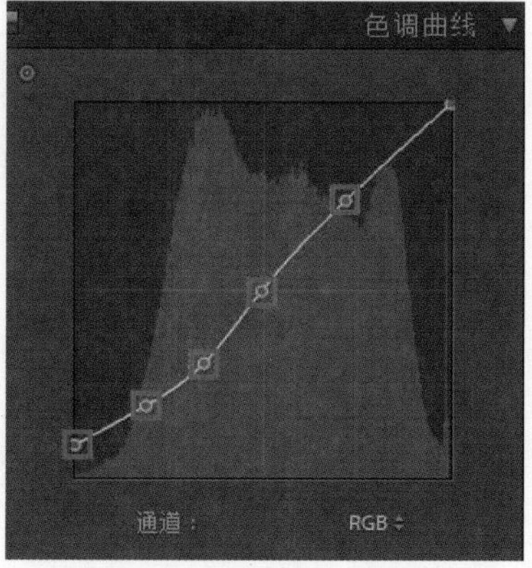

◎ 图 B3-19

打开 HSL 面板，先调整“色相”，改变“绿色”和“浅绿色”的“色相”，让颜色偏青，如图 B3-20 所示。

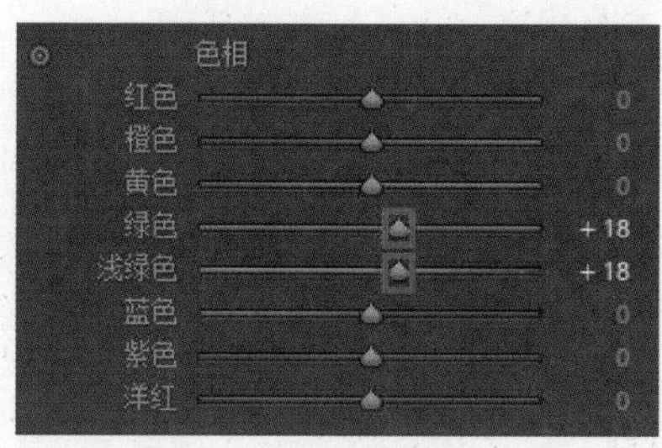

◎ 图 B3-20

调整“饱和度”，降低“橙色”的“饱和度”，调整人物的肤色，降低“黄色”的“饱和度”，因为黄色是最高最艳的色彩，我们要把它的饱和度减少，降低“绿色”“浅绿色”“蓝色”的“饱和度”，图像上绿色、浅绿色和蓝色的色彩比较多，减少它们的颜色是为了更好地让色彩偏向于棕色，如图 B3-21 所示。

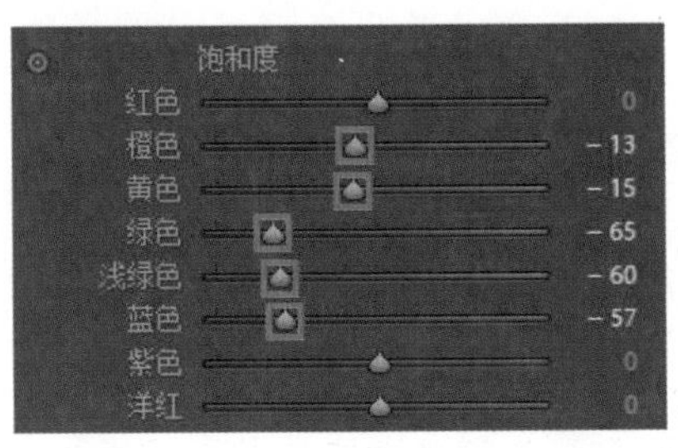

◎ 图 B3-21

调整“明亮度”，提高“橙色”的“明亮度”，给人物的肤色添加光感，提高“黄色”和“绿色”的“明亮度”，强化黄色和绿色的明暗层次感，如图 B3-22 所示。

打开“分离色调”面板，给“高光”和“阴影”添加颜色，“高光”加“青色”，“阴影”加“红色”，如图 B3-23 所示。

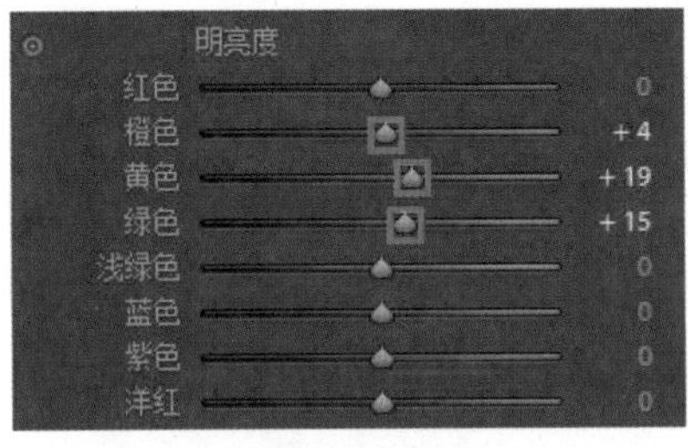

◎ 图 B3-22

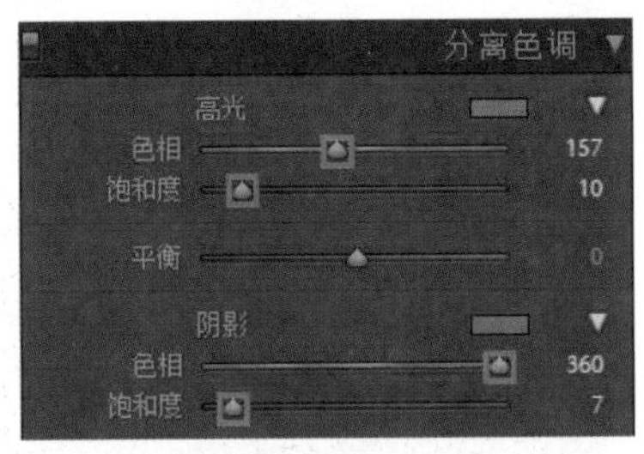

◎ 图 B3-23

打开“细节”面板，给图像添加质感层次，如图 B3-24 所示。

打开“校准”面板，改变“红原色”“绿原色”“蓝原色”的“色相”，“红原色”向橙色靠近，降低“饱和度”，“绿原色”向青色靠近，增加“饱和度”，“蓝原色”向青色靠近，降低“饱和度”，如图 B3-25 所示。

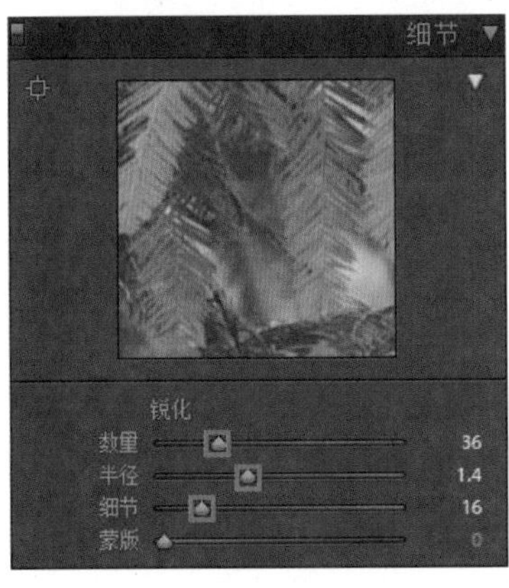

◎ 图 B3-24

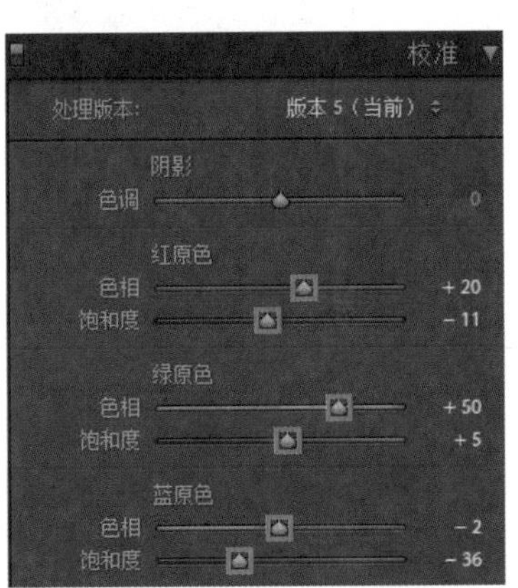

◎ 图 B3-25

调整完毕，看一下前后对比图的效果，如图 B3-26 所示。

◎ 图 B3-26

B3.4　调出 LOMO 风格色调

这节课，让我们一起学习 LOMO 风格色调的调整思路和技法，LOMO 风格整体有点偏复古。下面开始调整，打开需要调整的照片，导入 Lightroom Classic 中，如图 B3-27 所示。

◎ 图 B3-27

分析一下原图，发现图像上人物的白沙细节损失得还是比较严重的，在调整之前，我们考虑到要先将损失的细节找回来，让图像更漂亮。

打开“基本”面板，先定“黑白场”，提高“阴影”，降低“高光”，增加“对比度”，“色温”控制在 6000 左右，少许地改变一点“色调”，降低一点“鲜艳度”，如图 B3-28 所示。

打开“色调曲线”面板，少许地调整一下“对比度”，如图 B3-29 所示。

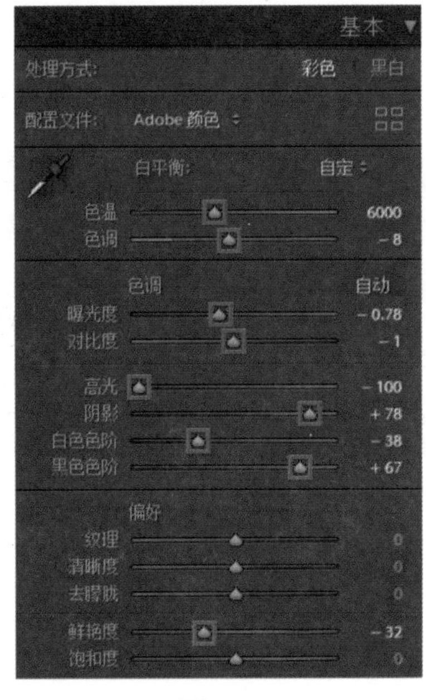

◎ 图 B3-28

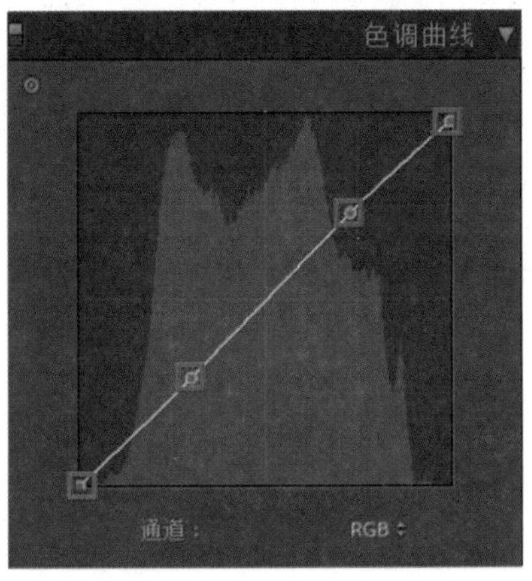

◎ 图 B3-29

打开 HSL 面板，先调整“色相”，“红色”向紫色偏，“橙色”向黄色偏，“黄色”向绿色偏，“绿色”向青色偏，“蓝色”向紫色偏，“紫色”向蓝色偏，“洋红”向红色偏，如图 B3-30 所示。

调整“饱和度”，降低“红色”和“橙色”的“饱和度”，增加“黄色”的“饱和度”，降低“蓝色”的“饱和度”，增加“紫色”的“饱和度”，降低“洋红”的“饱和度”，这样调整的目的是让色彩和色彩之间的混合过度自然，避免色彩溢出和失真断层，如图 B3-31 所示。

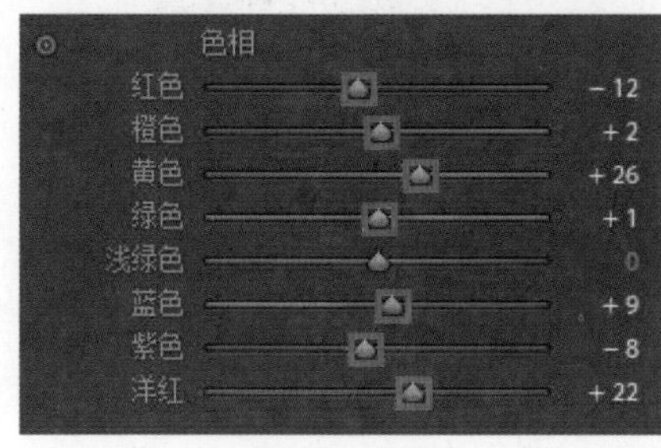

◎ 图 B3-30

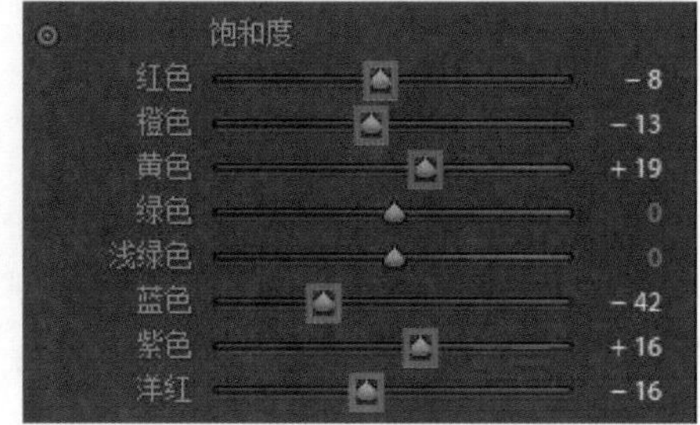

◎ 图 B3-31

调整“明亮度”，增加“红色”和“橙色”的“明亮度”，降低“黄色”“绿色”“浅绿色”的“明亮度”，增加“蓝色”“紫色”“洋红”的“明亮度”，调整的目的是让色彩更加干净明亮，黄色、绿色和浅绿色不能太跳跃，平衡整体色彩的光感，如图 B3-32 所示。

打开“分离色调”面板，“高光”色调偏咖啡色，增加“饱和度”，“阴影”色调偏蓝紫色，增加“饱和度”，如图 B3-33 所示。

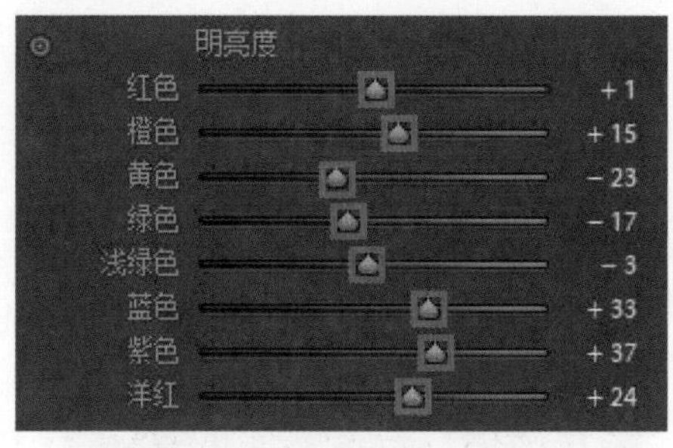

◎ 图 B3-32

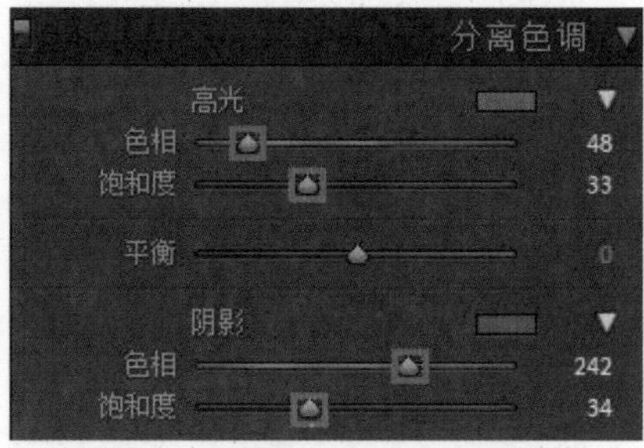

◎ 图 B3-33

打开“细节”面板，添加图像“锐化”，增强图像的质感和层次，消除图像上的噪点，让图像变得干净，如图 B3-34 所示。

打开“校准”面板，“红原色”偏橙色，降低“饱和度”，“绿原色”的“色相”改变一些，“蓝原色”偏青色，增加“饱和度”，如图 B3-35 所示。

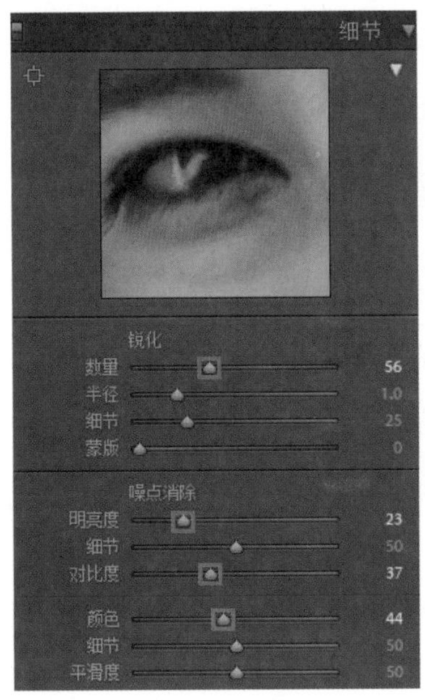

◎ 图 B3-34

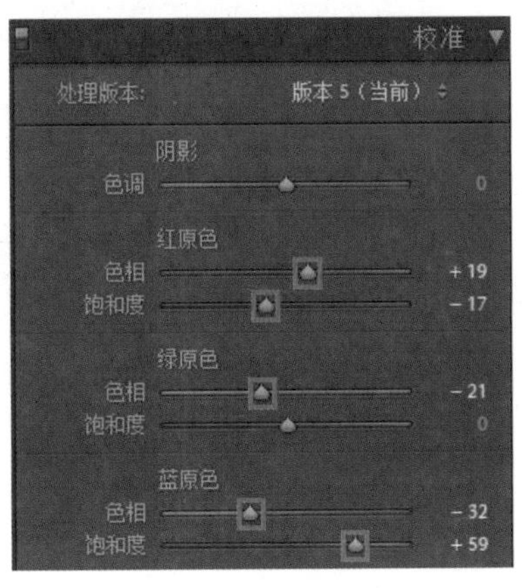

◎ 图 B3-35

调整完毕，看一下前后对比图的效果，如图 B3-36 所示。

◎ 图 B3-36

B3.5　调出城市黑金风格

这节课给大家分享 Lightroom Classic 怎么调整黑金风格，这种风格的颜色基本为暖色，暖色的色相全部往金色偏移。

言归正传，我们开始调整，先看一下原图，如图 B3-37 所示。

◎ 图 B3-37

先分析一下图像，黑金风格的主色调是暖色，这张图的色彩明显颜色缺失，红色和黄色的饱和度不够。

有了调整思路和方向，我们开始调整，先定“黑白场”，控制图像的影调，提高“阴影”，降低“高光”，增加“对比度”，降低“曝光度”，增加一点“纹理”和“清晰度”，如图 B3-38 所示。

打开 HSL 面板，将“红色”和“橙色”的“色相”滑块向右拖动，再把“黄色”和“绿色”的“色相”滑块向左拖动，通过这些调整就可以将暖色的色彩进行统一，完成前期的金色，如图 B3-39 所示。

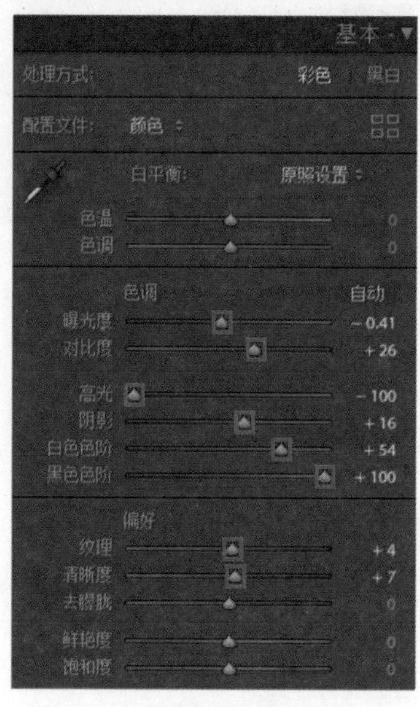

◎ 图 B3-38

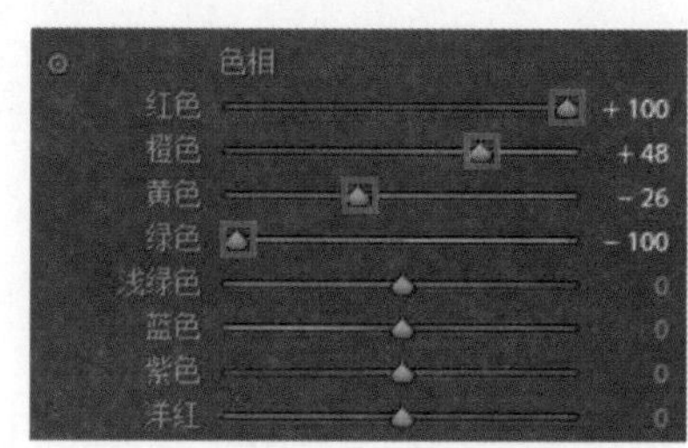

◎ 图 B3-39

调整“饱和度”，增加“黄色”和“橙色”的“饱和度”，降低“绿色”和“蓝色”的“饱和度”，将“浅绿色”“紫色”“洋红”的“饱和度”降低为 -100，形成黑金风格中的黑色效果，如图 B3-40 所示。

调整“明亮度”的技巧一般是提亮暖色，压暗冷色，实现冷暖明度分离，增加光感和层次感。

提高“红色”“橙色”“黄色”的“明亮度”，降低“浅绿色（青色）”和“蓝色”的“明亮度”，如图 B3-41 所示。

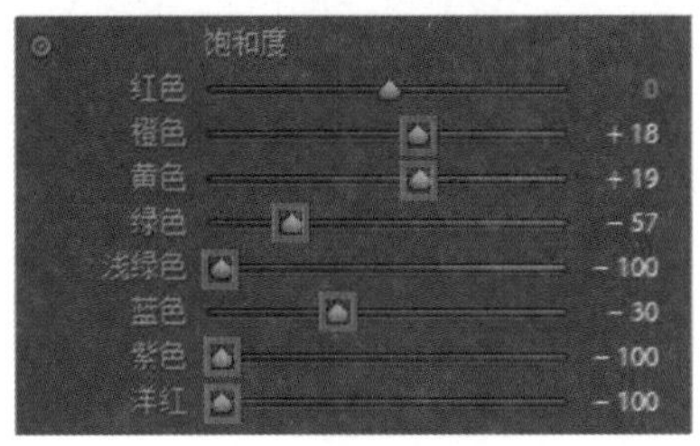

◎ 图 B3-40

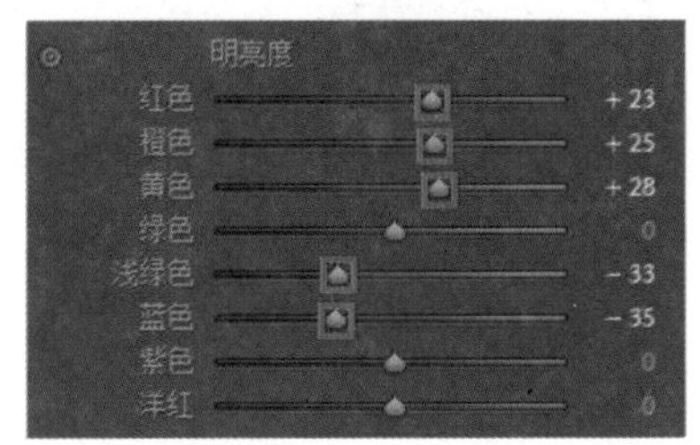

◎ 图 B3-41

按 M 键，打开“渐变滤镜”，给天空和水添加暗蓝色，再次按 M 键即可关闭“渐变滤镜”，如图 B3-42 所示。

◎ 图 B3-42

打开“效果”面板，给图像增加“暗角”效果，如图 B3-43 所示。

打开“细节”面板，给图像增加“锐化”效果，强化图像的质感，如图 B3-44 所示。

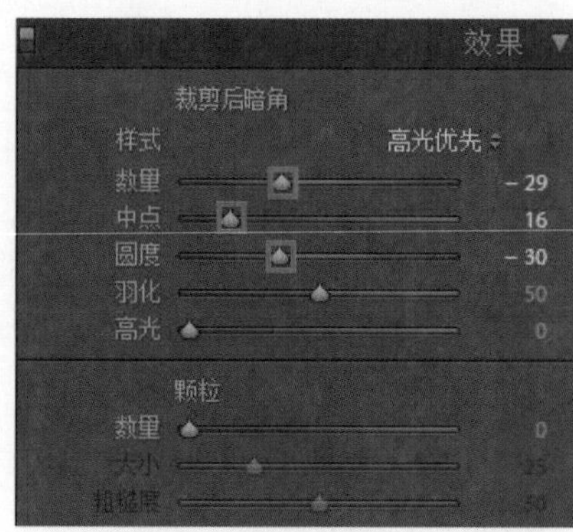

◎ 图 B3-43

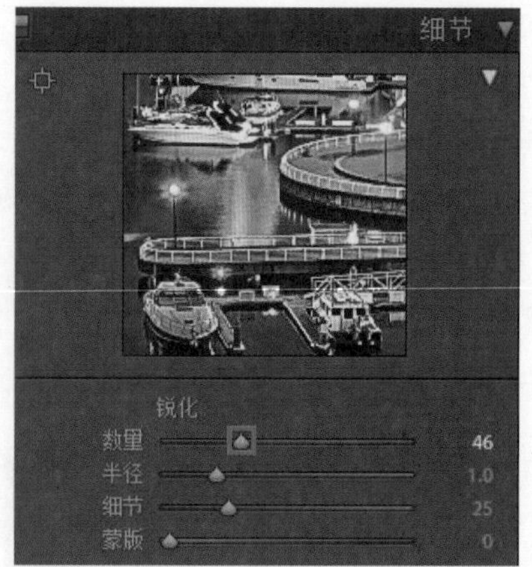

◎ 图 B3-44

黑金风格基本调整完毕，方法很简单，多去练习，灵活掌握调整的方法。调整完毕，看一下前后对比图的效果，如图 B3-45 所示。

◎ 图 B3-45

B3.6 夜景调色

夜景调色需要注意的就是噪点和颜色的过度，把控每个细节很关键。

夜景拍摄，因为光线不足，再加上相机的感光度调得过高，图像就会产生大量的噪点，所以在拍摄夜景时，最好带辅助光源拍摄。

开始调整，先看一下需要调整的夜景原图，如图 B3-46 所示。

◎ 图 B3-46

调整前先分析一下图像，这是一张海边的外景夜景，原图前期使用了辅助光源补光，整体的光线还是可以的，需要调整的主要是影调的把控和色调的调整。

打开“基本”面板，先定“黑白场”，提高“阴影”，降低“高光”，增加“对比度”，降低“曝光度”，这些调整是为了控制图像整体的影调，如图 B3-47 所示。

打开 HSL 面板，先调整“饱和度”，降低“红色”的“饱和度”，去除因夜景光线造成的肤色太红。环境的杂色影响了人物肤色通透，降低“橙色”的“饱和度”，继续控制人物肤色的纯度。增加“黄色”和“紫色”的“饱和度”，强化图像上的灯光色彩，“洋红”的“饱和度”降到 -100，彻底地去除多余的杂色，如图 B3-48 所示。

调整“明亮度”，提高“红色”和“橙色”的“明亮度”，强化人物肤色的光影层次，如图 B3-49 所示。

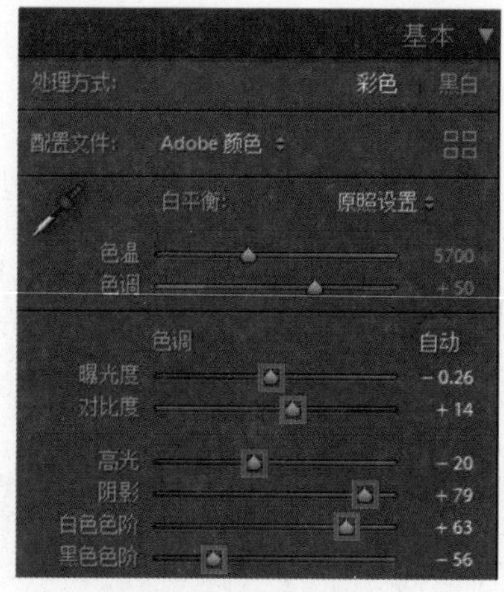

◎ 图 B3-47

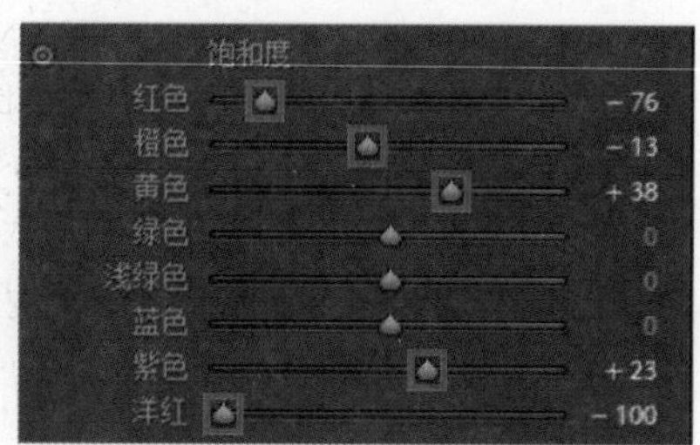

◎ 图 B3-48

打开“分离色调”面板，给“高光”和“阴影”添加暖色效果，如图 B3-50 所示。

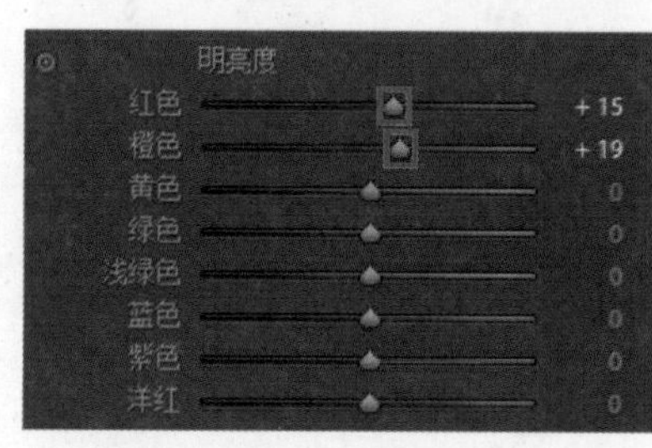

◎ 图 B3-49

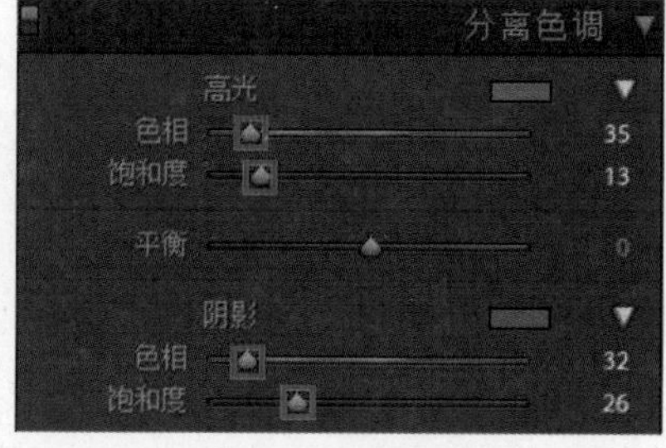

◎ 图 B3-50

打开“细节”面板，去除图像上多余的噪点，如图 B3-51 所示。

打开“效果”面板，增加图像的暗角效果，突出人物主体，如图 B3-52 所示。

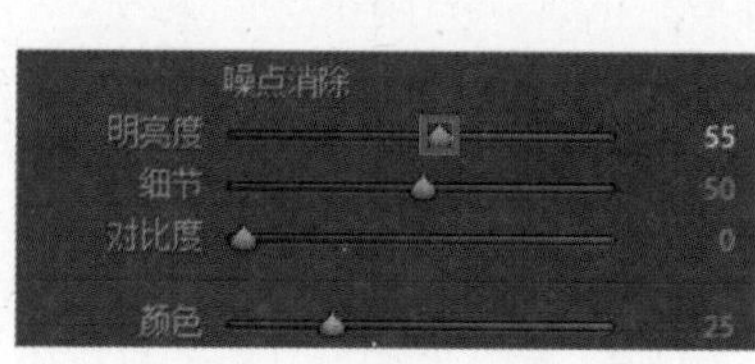

◎ 图 B3-51

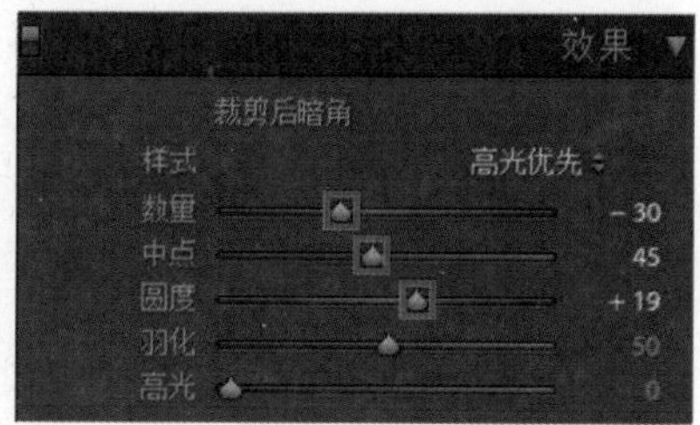

◎ 图 B3-52

打开“校准”面板，增加“蓝原色”的“饱和度”，通透人物肤色，强化图像的前后层次和对比，改变“绿原色”的“色相”，让图像的颜色更漂亮，如图 B3-53 所示。

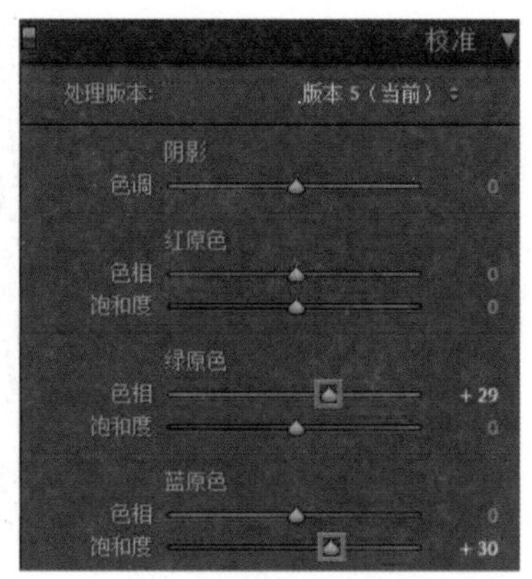

◎ 图 B3-53

调整完毕，看一下前后对比图的效果，如图 B3-54 所示。

◎ 图 B3-54

B4 课

电影调色

走向后期高手的通道

B4.1　调出电影色调

电影色调有很多种，这样的色调很多人都比较喜欢，颜色很容易被人接受，这节课给大家分享一个实战最强、最实用的电影色调。先看一下这节课用的原图，如图 B4-1 所示。

我们开始调整，将原图导入 Lightroom Classic 中，打开“基本”面板，调整影调，先定“黑白场”，提高“阴影”，降低“高光”，降低“对比度”柔化图像，增加一点“曝光度”，改变“色温”，色温偏暖（色温数值大概在 5407），改变一下色调，增加“鲜艳度”和“饱和度”，如图 B4-2 所示。

◎ 图 B4-1

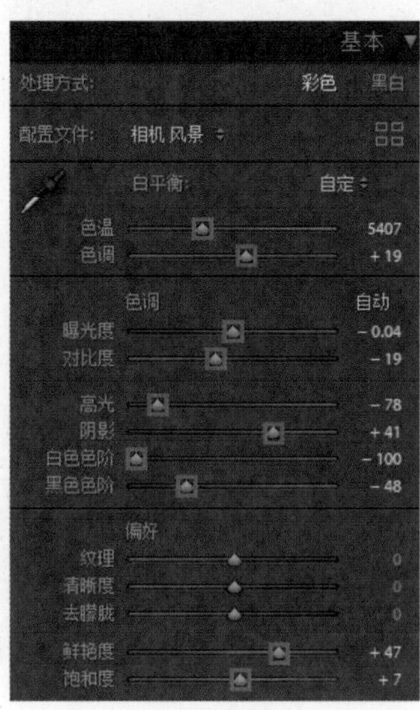

◎ 图 B4-2

打开“色调曲线”面板，调整图像的对比，如图 B4-3 所示。

打开 HSL 面板，先改变“红色”和“橙色”的“色相”，让颜色向电影色靠近，如图 B4-4 所示。

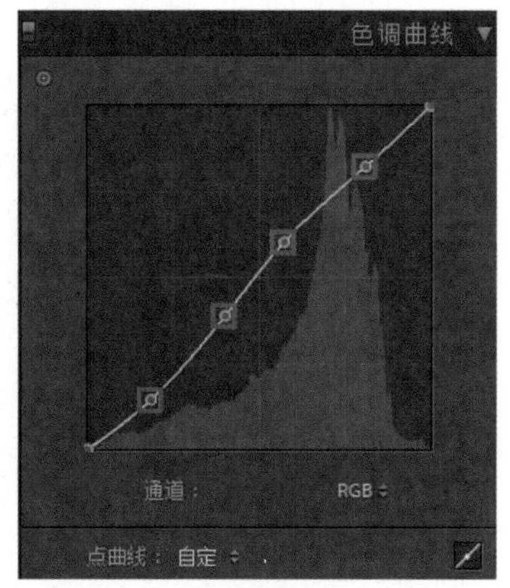

◎ 图 B4-3

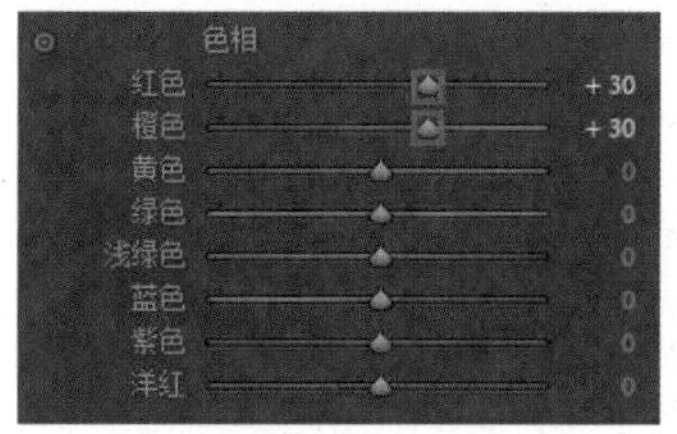

◎ 图 B4-4

调整“饱和度”，降低“红色”和“橙色”的“饱和度”，让肤色更干净，如图 B4-5 所示。

调整“明亮度”，提高“红色”和“橙色”的“明亮度”，增加图像的颜色光感，如图 B4-6 所示。

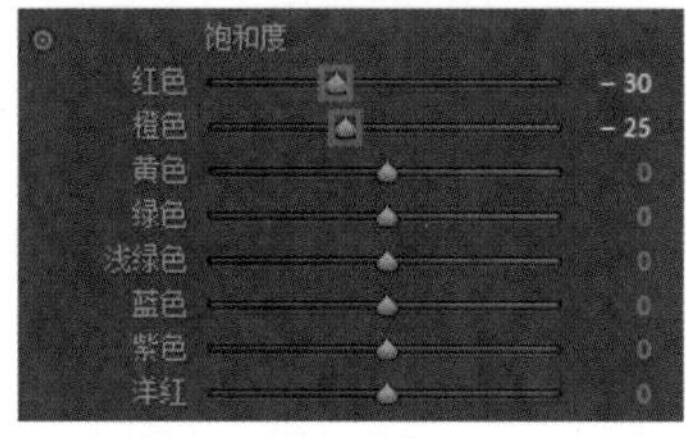

◎ 图 B4-5

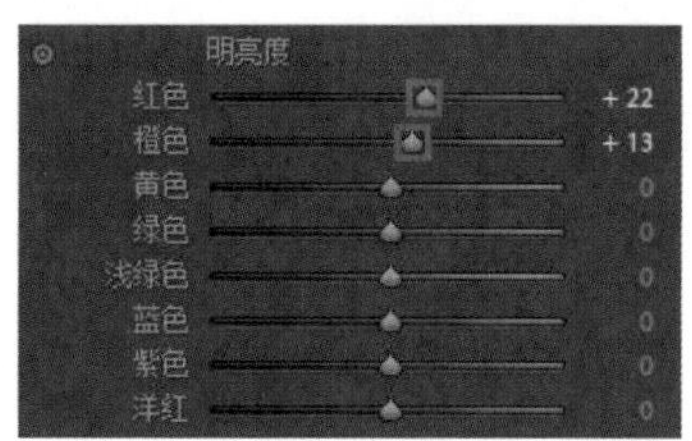

◎ 图 B4-6

打开“分离色调”面板，“高光”和“阴影”加青色，强化电影色调，如图 B4-7 所示。

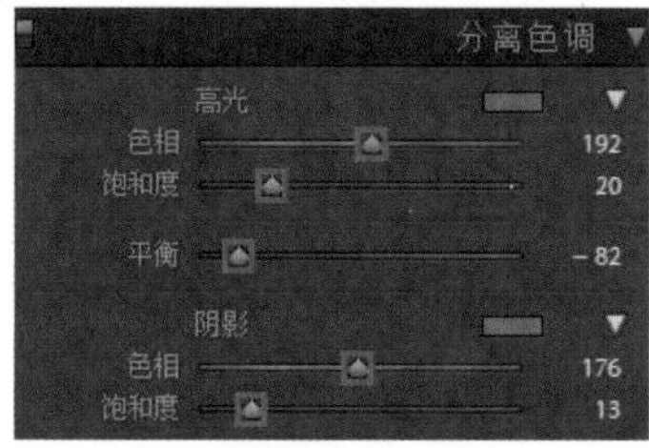

◎ 图 B4-7

打开“校准”面板，改变“阴影”色调，偏洋红色，调整“红原色”的“色相”偏橙色，增加“饱和度”，调整“绿原色”的“色相”偏青色，降低“饱和度”，调整“蓝原色”的“色相”偏青色，增加“饱和度”，如图 B4-8 所示。

再打开“色调曲线”面板，选择“蓝色通道”，暗部添加蓝色，如图 B4-9 所示。

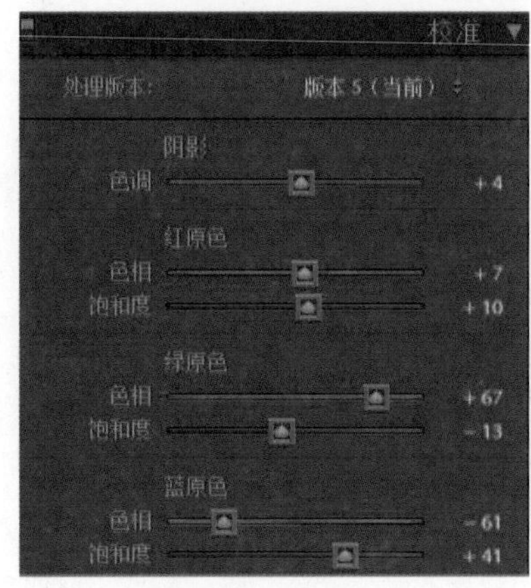

◎ 图 B4-8

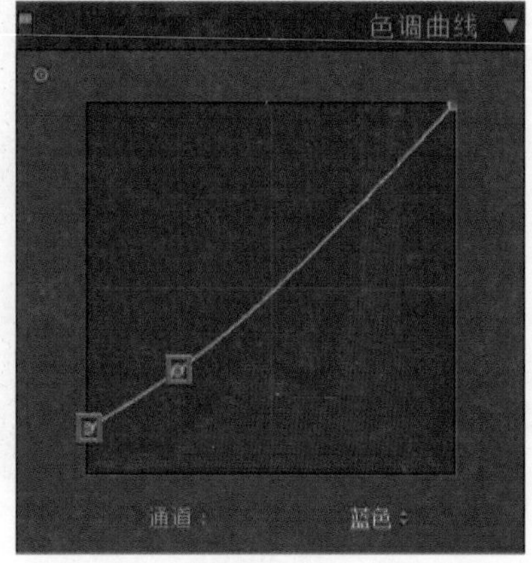

◎ 图 B4-9

调整完毕，看一下前后对比图的效果，如图 B4-10 所示。

◎ 图 B4-10

B4.2　调出非主流色调

这节课给大家讲非主流色调，这种色调以各种特殊色彩和另类的视觉表达，供观者欣赏。非主流色调是多样化的，因色调的特殊性运用的领域比较广，有很多人喜欢这样的色调。下面就开始调整，先看一下原图，如图 B4-11 所示。

◎ 图 B4-11

打开“基本”面板，先定“黑白场”，提高“阴影”，降低“高光”，增加“对比度”，降低“曝光度”，改变“色温”，让色温偏冷一点，改变一点“色调”，降低“鲜艳度”和“饱和度”，如图 B4-12 所示。

打开“色调曲线”面板，调整图像的对比，如图 B4-13 所示。

基本
处理方式：彩色 黑白
配置文件：颜色
白平衡：自定
色温 −8
色调 +14
色调 自动
曝光度 −0.33
对比度 +27
高光 −100
阴影 +16
白色色阶 +45
黑色色阶 +39
偏好
纹理 0
清晰度 0
去朦胧 0
鲜艳度 −10
饱和度 −13

◎ 图 B4-12

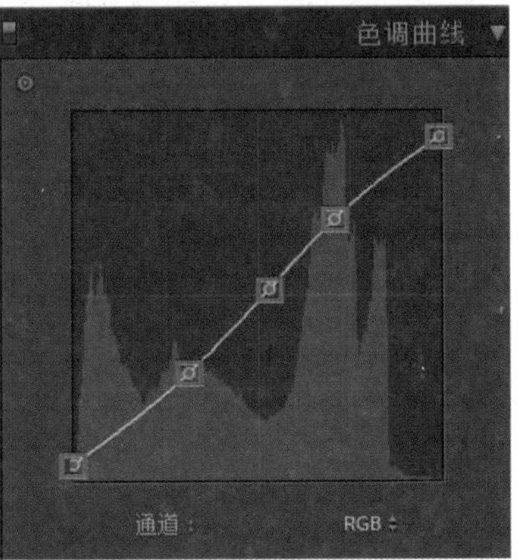

◎ 图 B4-13

打开 HSL 面板，调整“色相”，“红色”的“色相”偏向紫色，“橙色”的“色相”偏向红色，“黄色”的“色相”偏向橙色，“绿色”的“色相”偏向黄色，“浅绿色（青色）”的“色相”偏向蓝色，“蓝色”的“色相”偏向紫色，如图 B4-14 所示。

调整“饱和度”，降低“红色”和“橙色”的“饱和度”，提高“黄色”“绿色”“浅绿色（青色）”“蓝色”的“饱和度”，将“紫色”和“洋红”调到 -100，这样调整的目的就是彻底删掉不需要的颜色，强化黄色、绿色、浅绿色（青色）和蓝色的色彩，让冷色靠后，暖色向前，增加冷暖对比，强化前后层次，如图 B4-15 所示。

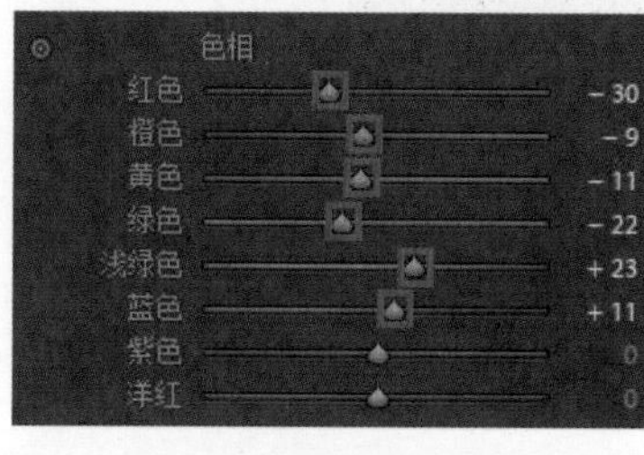

◎ 图 B4-14

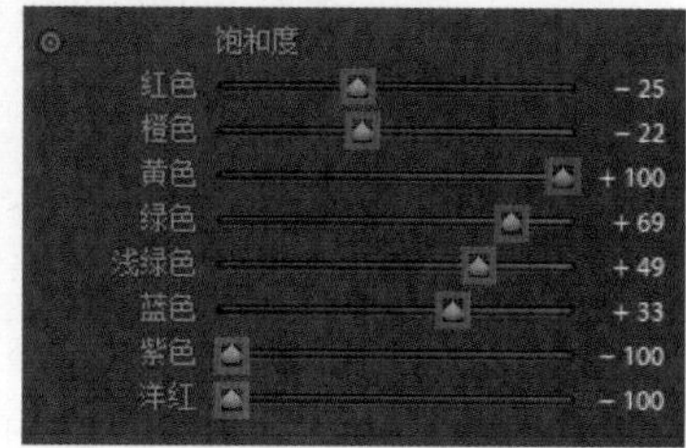

◎ 图 B4-15

调整“明亮度”，增加“红色”“橙色”“黄色”“浅绿色（青色）”的“明亮度”，让色彩更有穿透性，层次更干净，降低“绿色”和“蓝色”的“明亮度”，让整体的层次对比进一步加强，如图 B4-16 所示。

打开“分离色调”面板，“高光”加暖色，“阴影”加冷色，继续强化图像的冷暖对比和层次，如图 B4-17 所示。

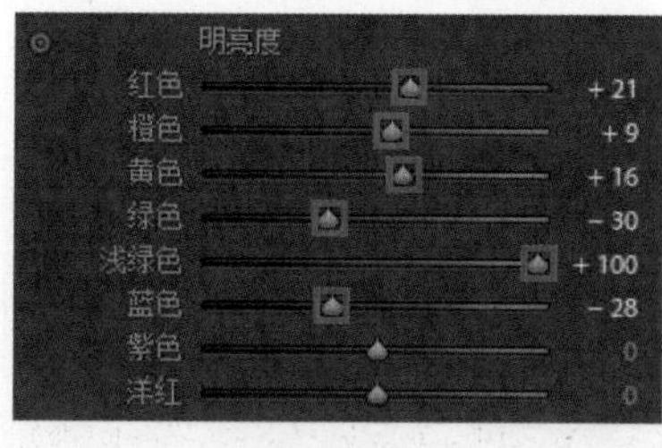

◎ 图 B4-16

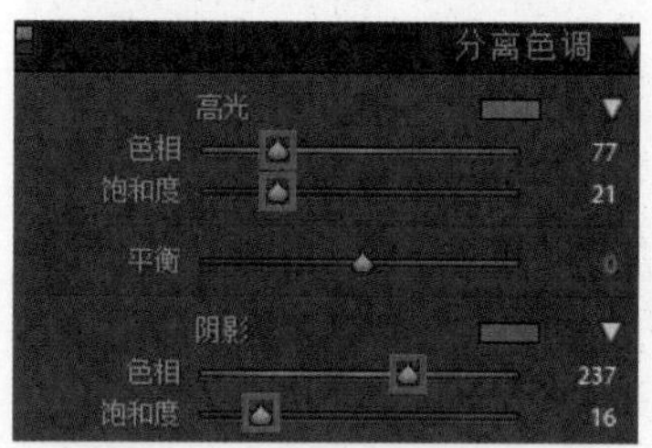

◎ 图 B4-17

打开“细节”面板，强化图像质感，消除噪点，如图 B4-18 所示。

打开“校准”面板，改变“阴影”的“色调”为 -100，“红原色”的“色相”偏橙色，降低“饱和度”，“绿原色”的“色相”偏青，增加“饱和度”，“蓝原色”的“色相”偏青，增加“饱和度”，彻底地拉大冷暖对比，强化前后层次，让图像突出主体，如图 B4-19 所示。

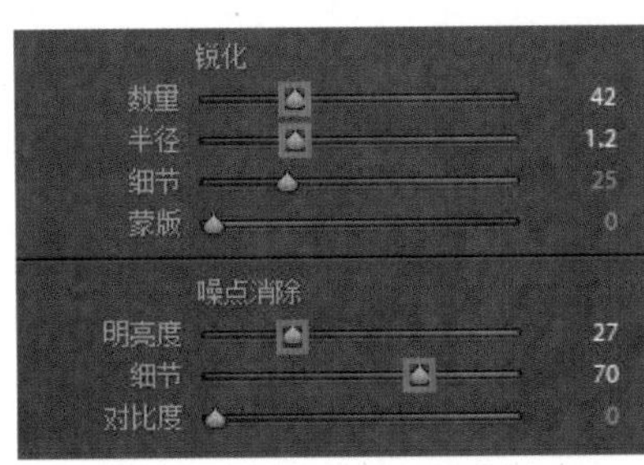

◎ 图 B4-18

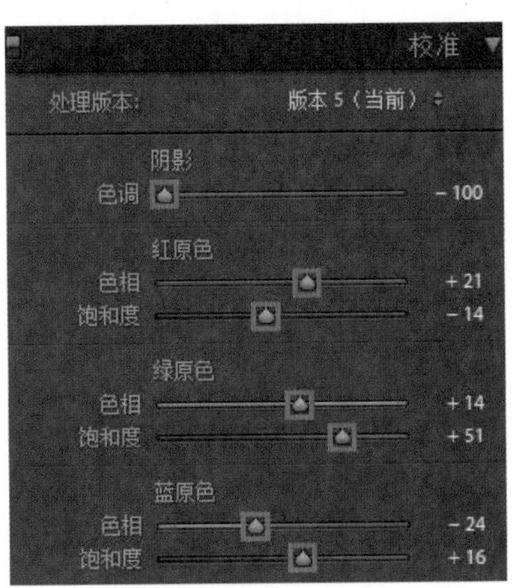

◎ 图 B4-19

调整完成，看一下前后对比图的效果，如图 B4-20 所示。

◎ 图 B4-20

B4.3 调出好莱坞亮黄风格

这节课大家一起学习好莱坞亮黄风格的调色技法，这样的风格适合于内景和外景，关键的知识点是把控好人物的肤色和图像上的黄色，很轻松就可以调整出来，打开原图，如图 B4-21 所示。

直接进入主题，开始调整。打开“基本”面板，先定“黑白场”，提高“阴影”，降低“高光”，增加“对比度”，添加少许的“纹理”和“清晰度”，增加“鲜艳度”，降低“饱和度”，这些调整是为了控制图像整体的影调，如图 B4-22 所示。

◎ 图 B4-21

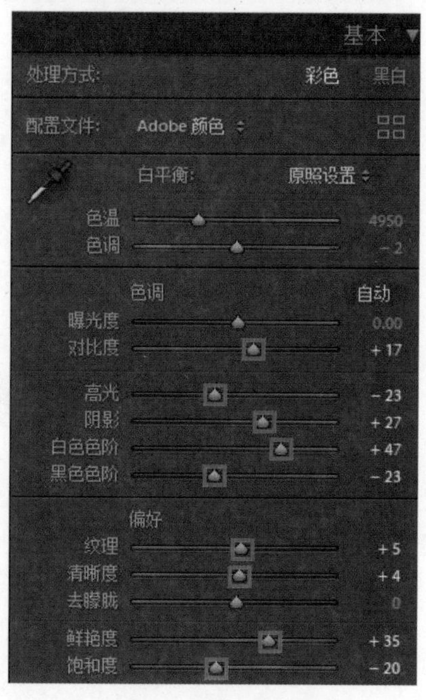

◎ 图 B4-22

打开“色调曲线”面板，选择“蓝色通道”，高光加黄，暗部加蓝，增加图像的互补色，如图 B4-23 所示。

打开 HSL 面板，调整“色相”，“橙色”的“色相”偏黄，“黄色”的“色相”偏橙，目的是让黄色的色彩过渡自然，防止黄色的明度过高和太艳丽，导致图像很脏，如图 B4-24 所示。

调整“饱和度”，增加“红色”的“饱和度”，控制人物嘴唇的颜色，降低“橙色”的“饱和度”，控制人物的肤色，增加“黄色”的“饱和度”，给图像增加好莱坞亮黄风格的基色，如图 B4-25 所示。

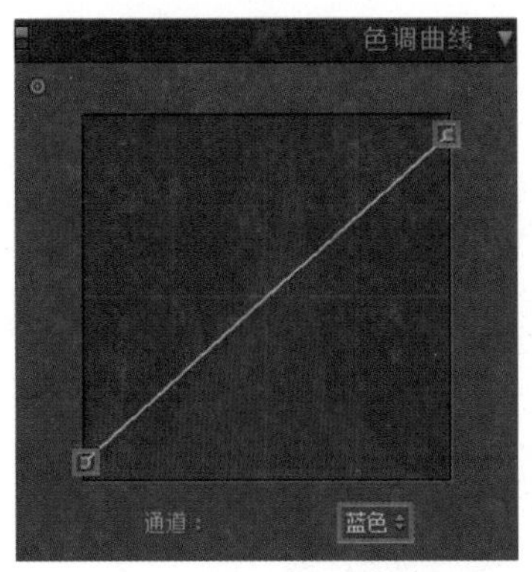

◎ 图 B4-23

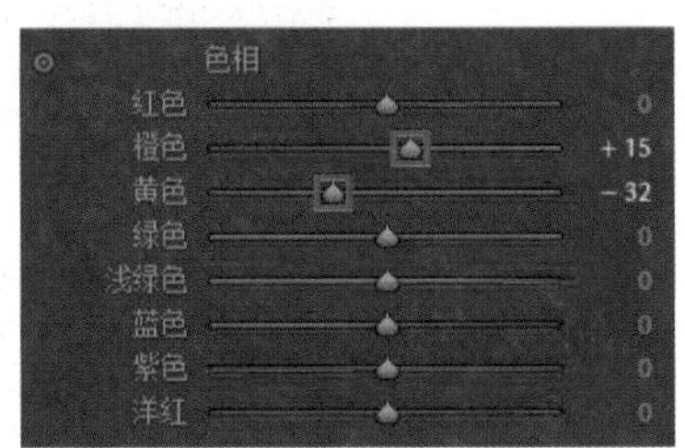

◎ 图 B4-24

调整“明亮度”，提高“红色”“橙色”“黄色”的“明亮度”，强化颜色的明暗层次，如图 B4-26 所示。

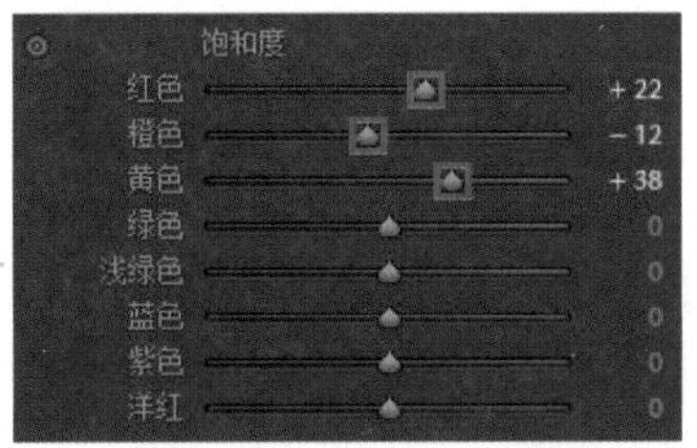

◎ 图 B4-25

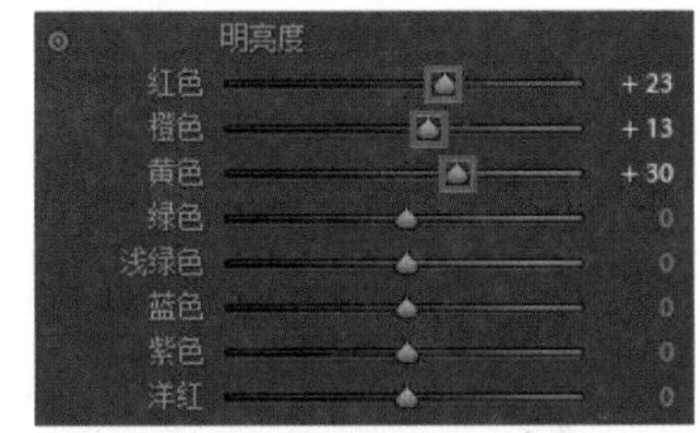

◎ 图 B4-26

打开“分离色调”面板，“高光”和“阴影”全部添加黄色，颜色的选择可以记住它的数值，因为这些黄色比较柔和，色彩的过渡比较自然。

“高光”黄色的数值为 54，“阴影”黄色的数值为 58，“饱和度”增加的大小，根据调色的图像的不同，可灵活地调整。

调整好“高光”和“阴影”的“色相”以后，需要把“平衡”滑块拖动到 -100，让色彩过渡，自然融合，如图 B4-27 所示。

打开“细节”面板，强化图像的质感和降低图像的杂色，如图 B4-28 所示。

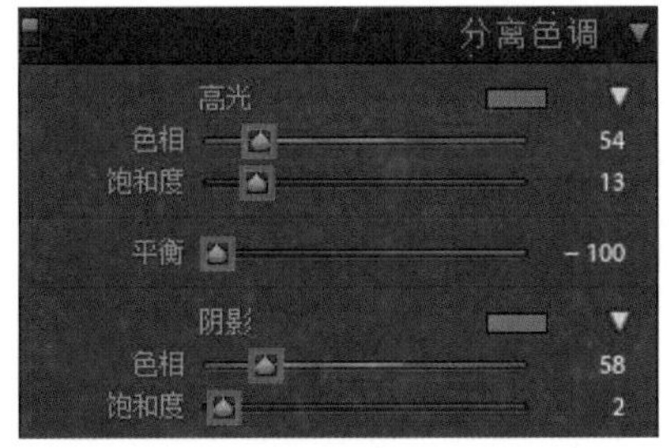

◎ 图 B4-27

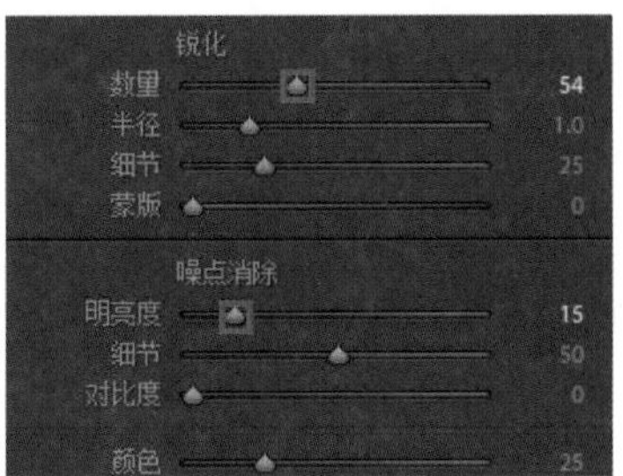

◎ 图 B4-28

打开“校准”面板，“红原色”降低“饱和度”，“蓝原色”增加“饱和度”，目的是让整体颜色更加通透，如图 B4-29 所示。

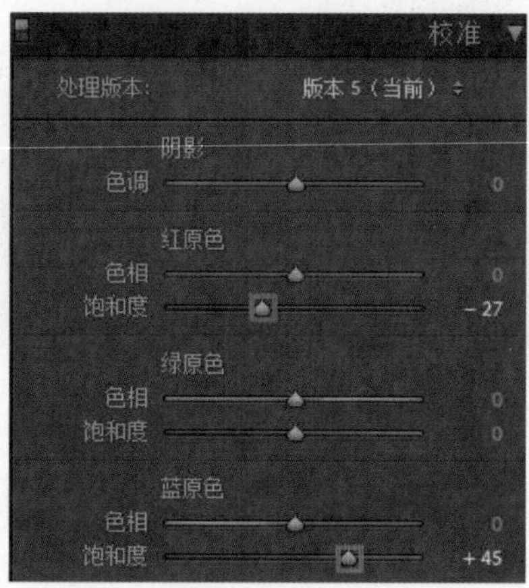

◎ 图 B4-29

调整完毕，看一下前后对比图的效果，如图 B4-30 所示。

◎ 图 B4-30

B4.4 调出好莱坞褪色风格

本节给大家分享的是褪色风格，色彩以低饱和为主，肤色干净通透，其调整方法很好掌握，现在就开始调整吧，先看一下原图，如图 B4-31 所示。

◎ 图 B4-31

打开“基本”面板，先定“黑白场”，提高“阴影”，降低“高光”，增加“对比度”，给图像添加少许“纹理”和“清晰度”。这些调整是为了控制图像的影调，降低“鲜艳度”的目的是去除多余的杂色，总结起来就是先减色再加色，让色彩更干净，后续方便调色，如图 B4-32 所示。

打开 HSL 面板，调整“饱和度”，增加“橙色”“黄色”“绿色”的“饱和度”，给肤色添加色彩，去除图像上的蓝色、紫色和洋红色，让图像更干净，如图 B4-33 所示。

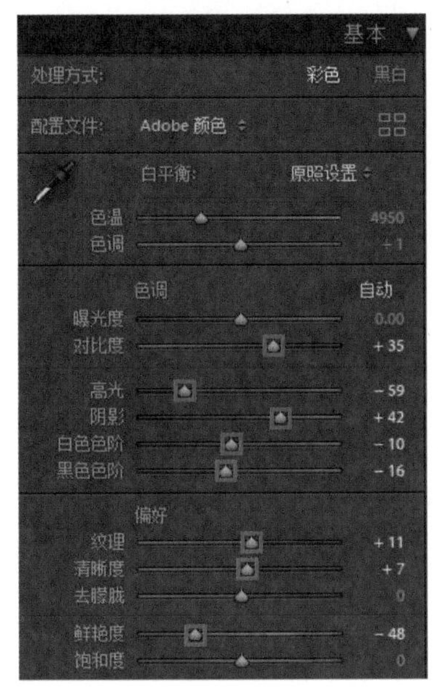

◎ 图 B4-32

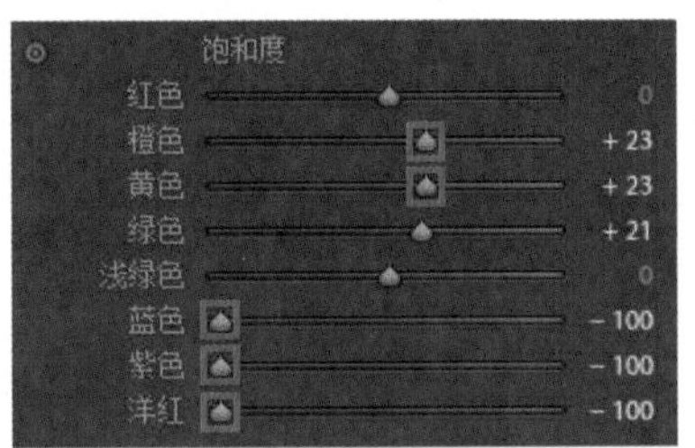

◎ 图 B4-33

调整“明亮度”，增加“橙色”和“黄色”的“明亮度”，让颜色的层次更分明，如图 B4-34 所示。

打开“校准”面板，“阴影”的“色调”偏青，改变“绿原色”的“色相”，降低“饱和度”，改变“蓝原色”的“色相”，增加“饱和度”，调整这些的目的是让色彩更通透，如图 B4-35 所示。

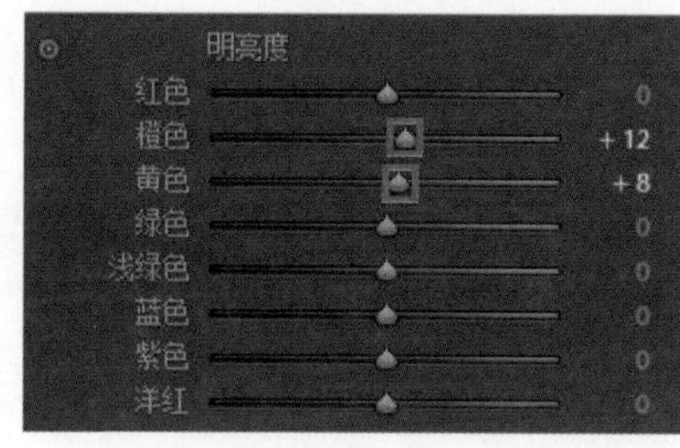

◎ 图 B4-34

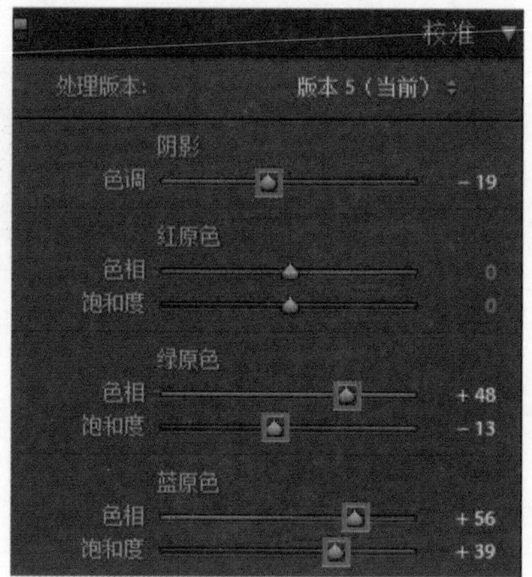

◎ 图 B4-35

调色完成，看一下前后对比图的效果，如图 B4-36 所示。

◎ 图 B4-36

B5 课

风格切换

这个格调我喜欢

B5.1 调出欧美风格色调

这节课一起学习欧美风格的调色，近几年追捧这种色调的人越来越多，欧美风格有很多种，现在分享一个技法供大家学习和探讨。先看原图，如图 B5-1 所示。

开始动手调整，我们用的是 JPEG 格式的图像，打开“基本”面板，先定“黑白场”，提高“阴影”，降低“高光”，增加“对比度”，降低“曝光度”，改变一点“色温”和“色调”，这是为了控制影调。

增加“纹理”和“清晰度”，强化图像质感，降低“鲜艳度”和“饱和度”，目的是减色，让颜色干净，后续好调色，如图 B5-2 所示。

◎ 图 B5-1

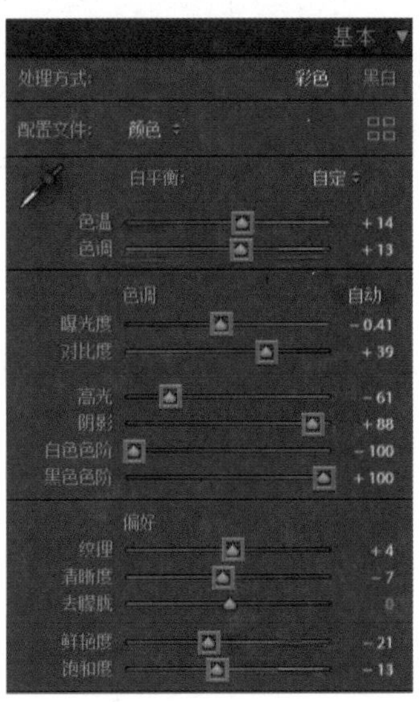

◎ 图 B5-2

打开“色调曲线”面板，RGB 复合通道调整图像对比，选择“蓝色通道”，“高光”加蓝，暗部加蓝，给图像定基调，如图 B5-3 所示。

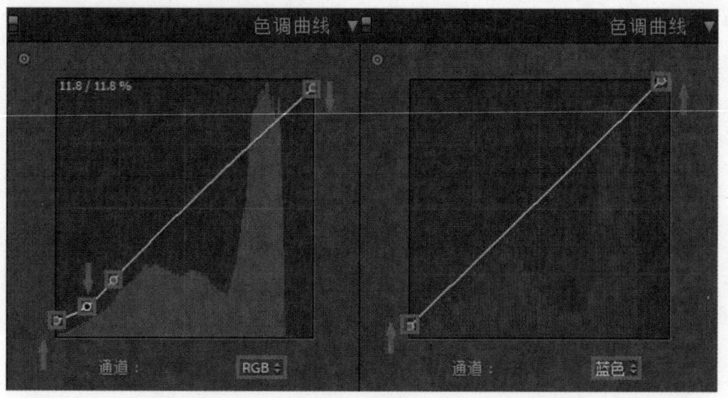

◎ 图 B5-3

打开 HSL 面板，调整“红色”的“色相”，让颜色偏橙色，如图 B5-4 所示。

调整“饱和度”，增加“红色”的“饱和度”，给图像增加色彩氛围。降低“橙色”“黄色”“绿色”“浅绿色（青色）”“蓝色”的“饱和度”，“紫色”和“洋红”彻底地减掉为 -100，我们需要的颜色都不能太艳丽，所以需要把颜色的饱和度降下来，如图 B5-5 所示。

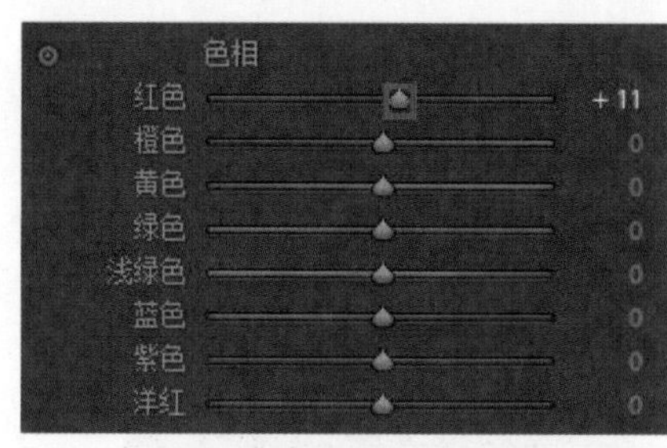

◎ 图 B5-4

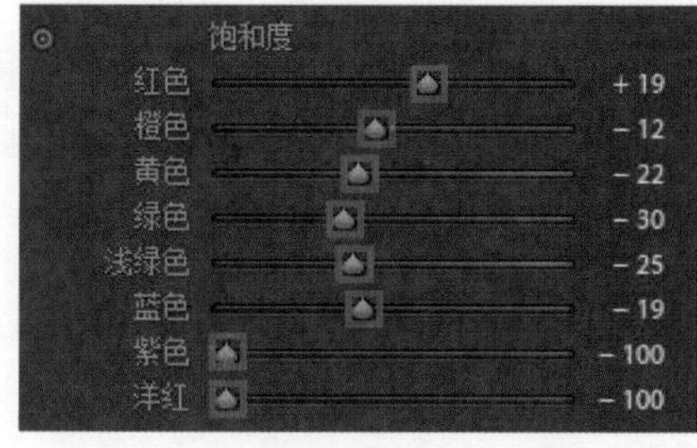

◎ 图 B5-5

调整“明亮度”，增加“红色”“橙色”“黄色”“绿色”“浅绿色（青色）”的“明亮度”，强化颜色的明暗对比。降低“蓝色”的“明亮度”，目的是将图像上的车牌的蓝色调整暗下来，如图 B5-6 所示。

打开“分离色调”面板，“阴影”加冷色，增加“饱和度”，如图 B5-7 所示。

打开“细节”面板，添加“锐化”，增加图像的质感，减少图像的噪点，让图像更干净，如图 B5-8 所示。

打开“效果”面板，给图像添加“颗粒”，这个操作可以消除图像的断层和弥补质感的损失，如图 B5-9 所示。

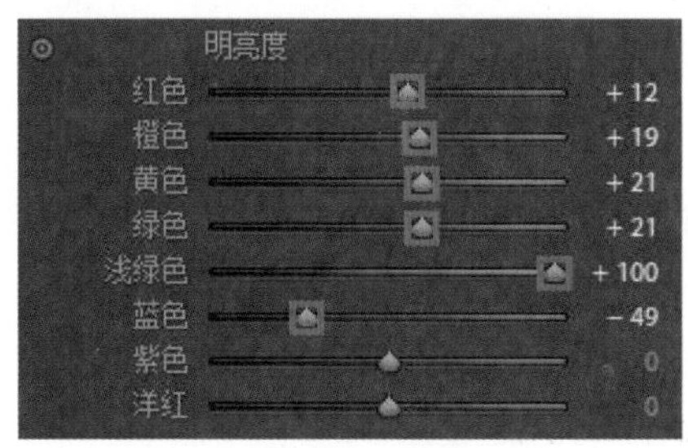

◎ 图 B5-6

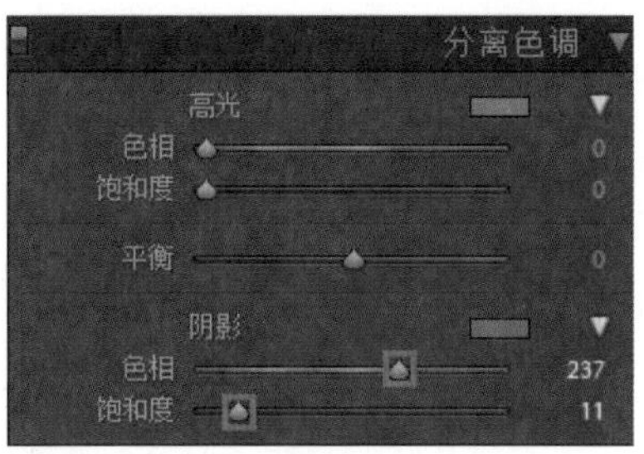

◎ 图 B5-7

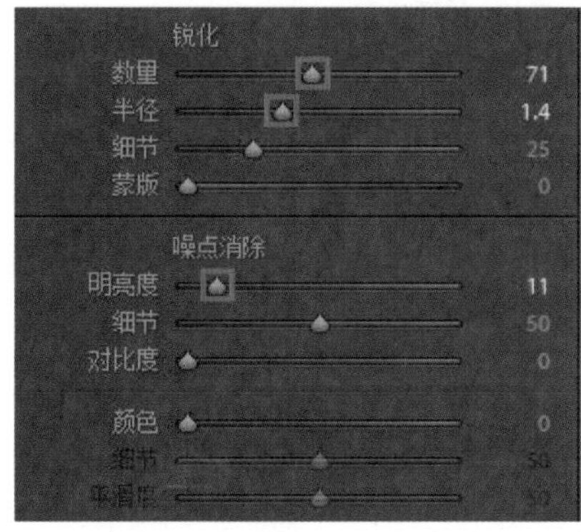

◎ 图 B5-8

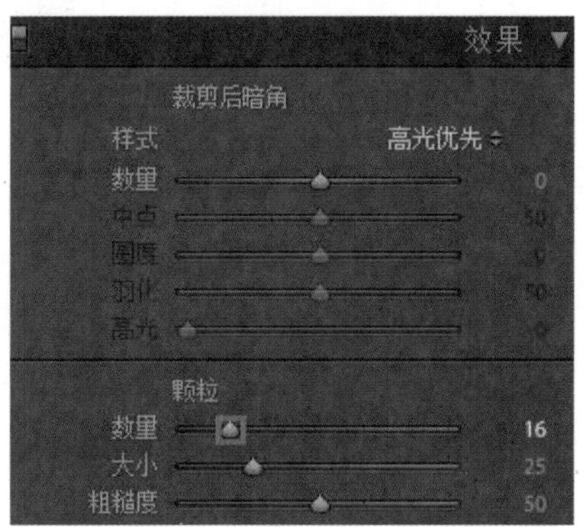

◎ 图 B5-9

调整完毕，看一下前后对比图的效果，如图 B5-10 所示。

◎ 图 B5-10

B5.2 调出偏暗抑郁色调

这节课学习偏暗抑郁色调的调整，这种色调以青色为主，冷暖对比强烈，先看一下原图，如图 B5-11 所示。

◎ 图 B5-11

开始调整，打开“基本”面板，先定“黑白场”，提高“阴影”，降低“高光”，增加“对比度”，降低一点“曝光度”，改变一点“色调”，定前期的影调很重要。

增加一点“纹理”，强化图像的质感，增加“鲜艳度”，少许地控制一下色调，也就是前期的色彩铺垫，如图 B5-12 所示。

打开“色调曲线”面板，调整图像整体的对比，如图 B5-13 所示。

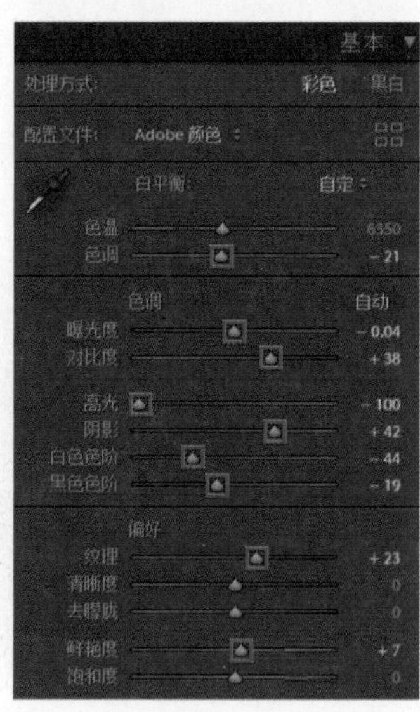

◎ 图 B5-12

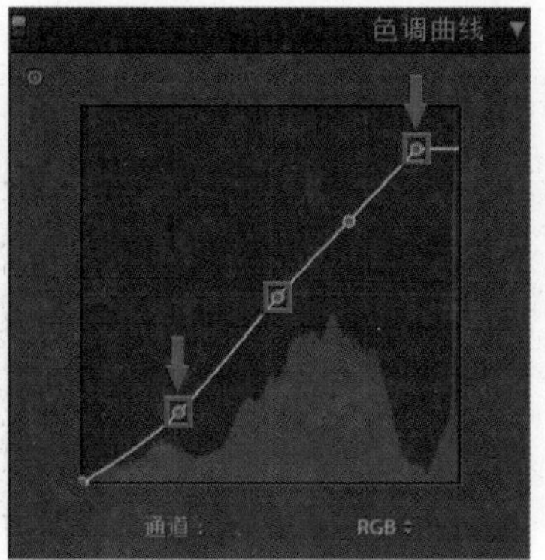

◎ 图 B5-13

打开HSL面板，调整“色相”，“红色”的“色相”偏紫色，“橙色”的“色相”偏红色，“黄色”的“色相”偏橙色，“绿色”的“色相”偏黄色，“浅绿色（青色）”的“色相”偏绿色，“蓝色”的“色相”偏青色，将颜色控制在红、橙、黄、绿、青的范围内，不超过青色，如图B5-14所示。

调整“饱和度”，降低“红色”“橙色”“黄色”“绿色”的“饱和度”，增加“蓝色”的“饱和度”，设置“紫色”和“洋红”的“饱和度”为-100，如图B5-15所示。

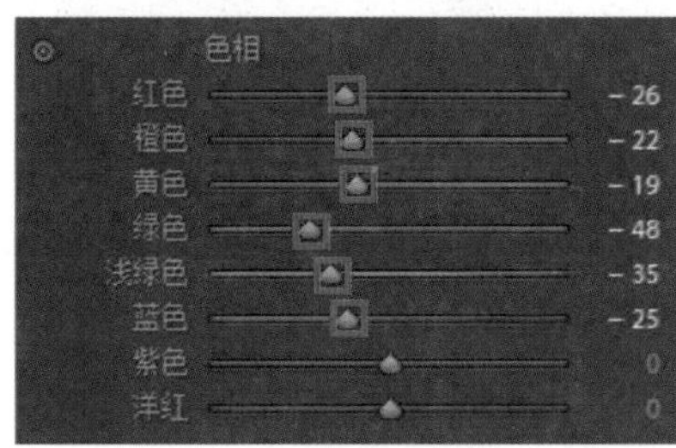

◎ 图 B5-14

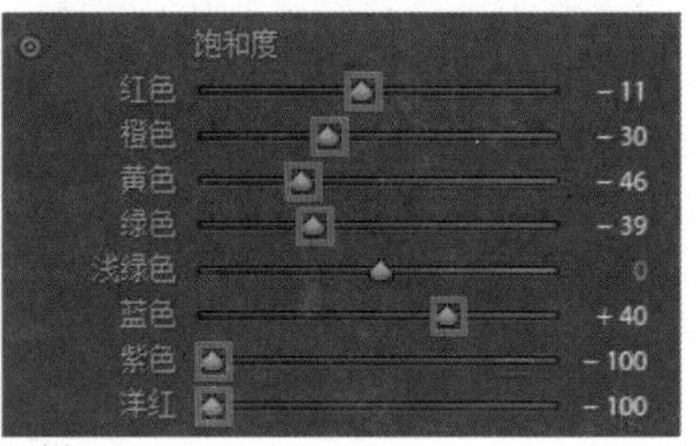

◎ 图 B5-15

调整“明亮度”，提高“红色”“橙色”“绿色”“浅绿色（青色）”的“明亮度”，给色彩添加光感。降低“蓝色”的“明亮度”，以控制男士服装的颜色不要过于明亮；降低“黄色”的“明亮度”，以强化图像冷暖对比，增加前后层次，如图B5-16所示。

打开“分离色调”面板，给“高光”和“阴影”添加青色，增加“饱和度”，确定基础色，如图B5-17所示。

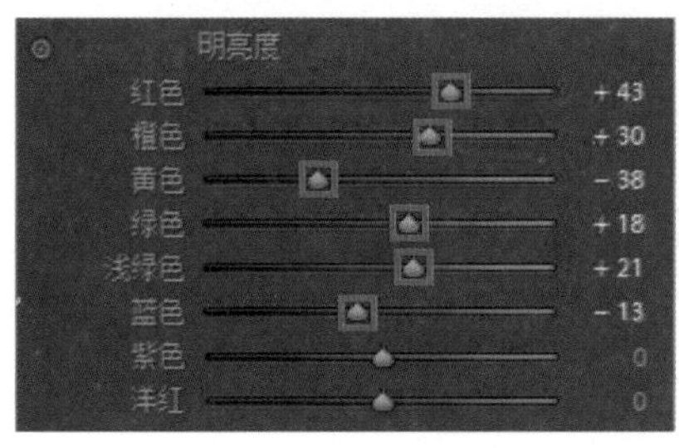

◎ 图 B5-16

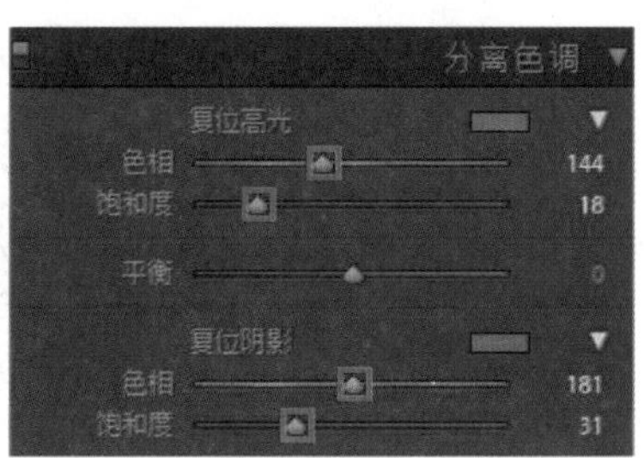

◎ 图 B5-17

打开“细节”面板，增加“锐化”，给图像添加质感，去除图像噪点，使图像更干净，如图B5-18所示。

打开“校准”面板，改变“绿原色”的“色相”为偏青色并增加“饱和度”，同时“蓝原色”也增加“饱和度”，使图像通透，如图B5-19所示。

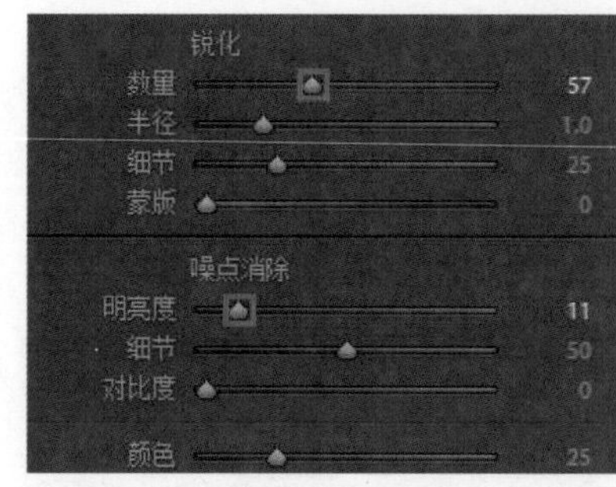

◎ 图 B5-18

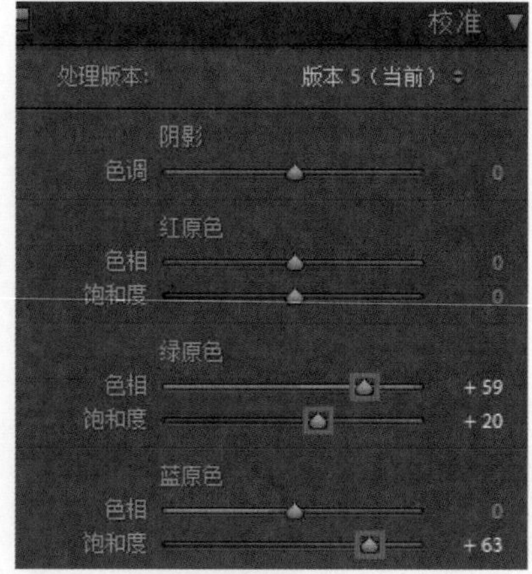

◎ 图 B5-19

调整完成，看一下前后对比图的效果，如图 B5-20 所示。

◎ 图 B5-20

B5.3 调出偏绿的日系风格

这节课学习日系风格调色，日系色调有各种小清新效果，干净通透的风格吸引了很多人，它的色调基本为青橙、青黄、青绿、青蓝色、青红色等。

这里给大家分享的技法是偏绿的日系风格，既然已经知道了日系风格大概的色调方向，那我们就开始调整吧！打开图像，看原图，如图 B5-21 所示。

◎ 图 B5-21

打开“基本”面板，先定“黑白场”，提高“阴影”，降低“高光”，增加“对比度”，降低“曝光度”，这是为了控制影调，如图 B5-22 所示。

打开“色调曲线”面板，调整图像的对比，如图 B5-23 所示。

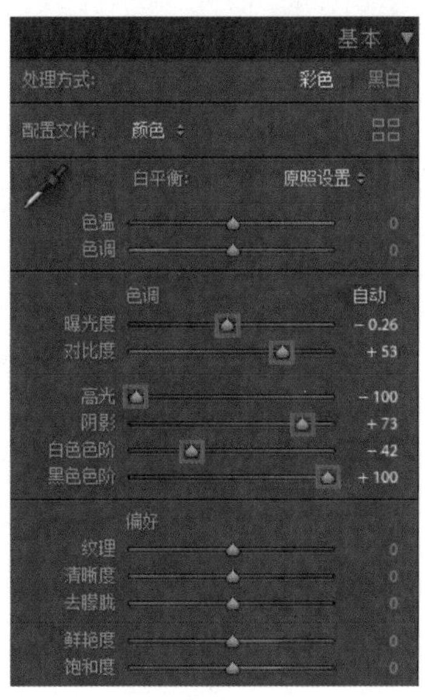

◎ 图 B5-22

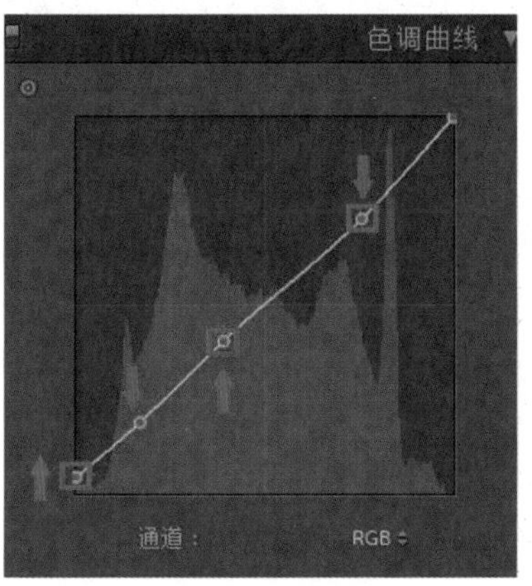

◎ 图 B5-23

打开 HSL 面板，调整“色相”，“红色”的“色相”偏紫色，“橙色”的“色相”偏一点红，如图 B5-24 所示。

调整“饱和度”，增加“红色”的“饱和度”，降低“橙色”和“黄色”的“饱和度”，如图 B5-25 所示。

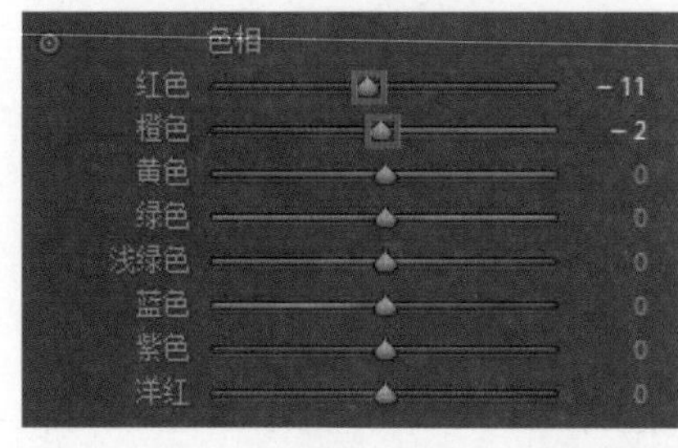

◎ 图 B5-24

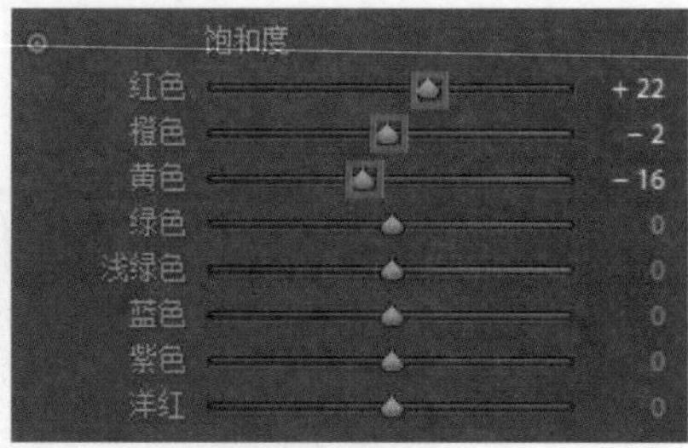

◎ 图 B5-25

调整“明亮度”，降低“红色”的“明亮度”，提高“橙色”和“黄色”的“明亮度”，强化图像的颜色层次，如图 B5-26 所示。

打开“分离色调”面板，“高光”和“阴影”添加青色，如果选择不好色彩，可以参考笔者的色彩数值，“高光”的“色相”为 235，“阴影”的“色相”为 205。调整好色彩后，再平衡一下颜色，如图 B5-27 所示。

打开“细节”面板，给图像进行“锐化”，增强质感，如图 B5-28 所示。

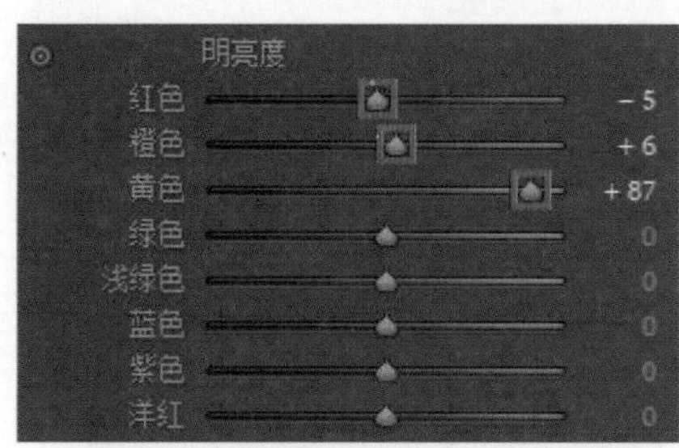

◎ 图 B5-26

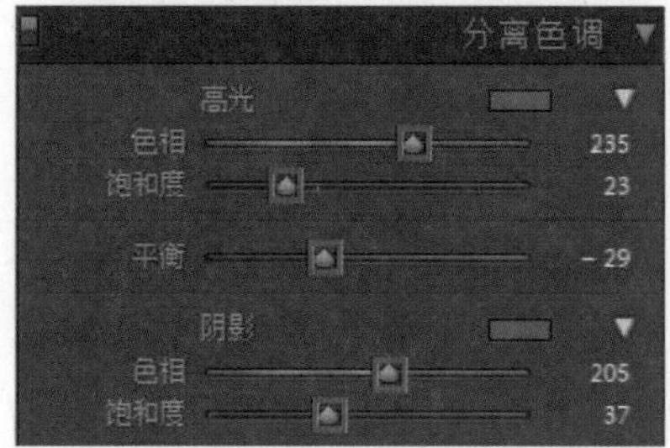

◎ 图 B5-27

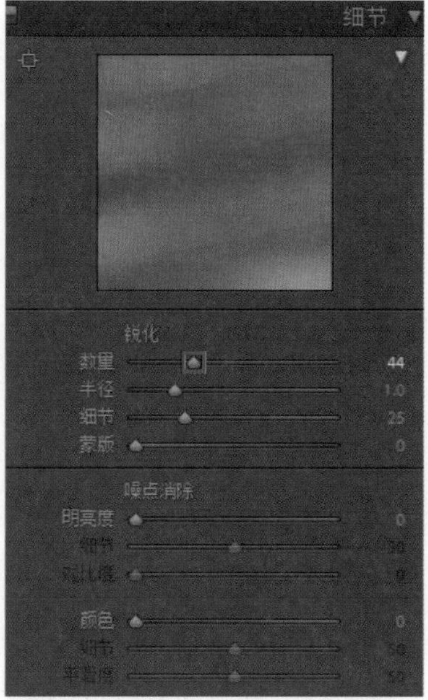

◎ 图 B5-28

打开“校准”面板，降低“红原色”的“饱和度”，改变“蓝原色”的“色相”偏青一点，增加“饱和度”，让整体图像的颜色更通透，如图 B5-29 所示。

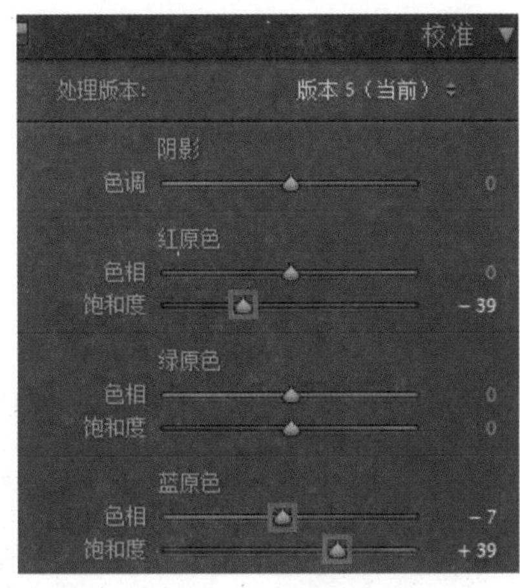

◎ 图 B5-29

调整完成，看一下前后对比图的效果，如图 B5-30 所示。

◎ 图 B5-30

B5.4 调出清新私房色调

这节课分享一个简单快捷的调色技法，调出清新私房色调。打开原图，导入 Lightroom Classic，先看一下原图，如图 B5-31 所示。

打开“基本”面板，先定“黑白场”，提高“阴影”，降低“高光”，增加“对比度”，降低一点“曝光度”，增加一点“纹理”，给图像增加质感，这些是为了控制影调。提高“鲜艳度”，降低“饱和度”，铺垫前期的色彩基调，如图 B5-32 所示。

◎ 图 B5-31

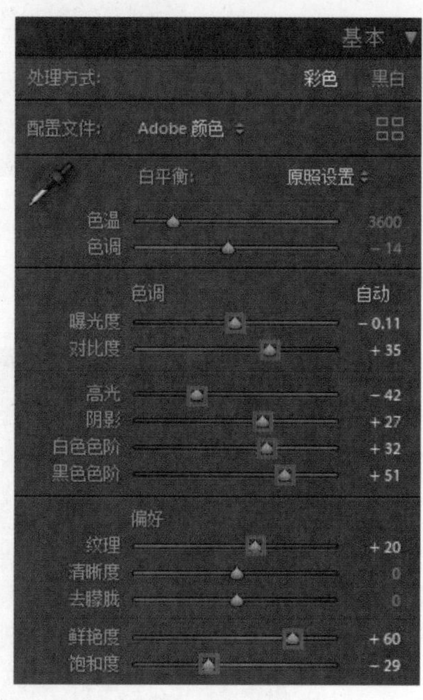

◎ 图 B5-32

打开 HSL 面板，调整“饱和度”，降低“橙色”和“黄色”的“饱和度”，使色彩柔和，如图 B5-33 所示。

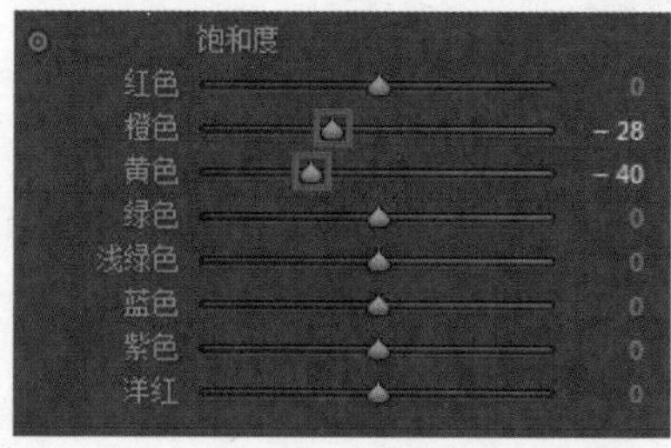

◎ 图 B5-33

调整“明亮度”，提高“橙色”和“黄色”的“明亮度”，强化橙色和黄色的层次，如图 B5-34 所示。

打开“细节”面板，锐化图像，增加质感，如图 B5-35 所示。

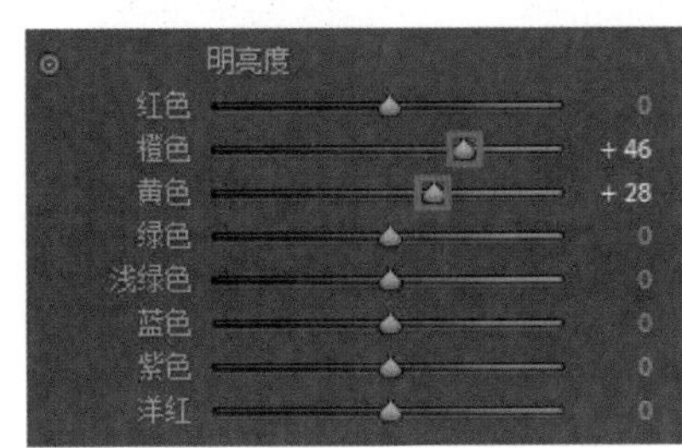

◎ 图 B5-34

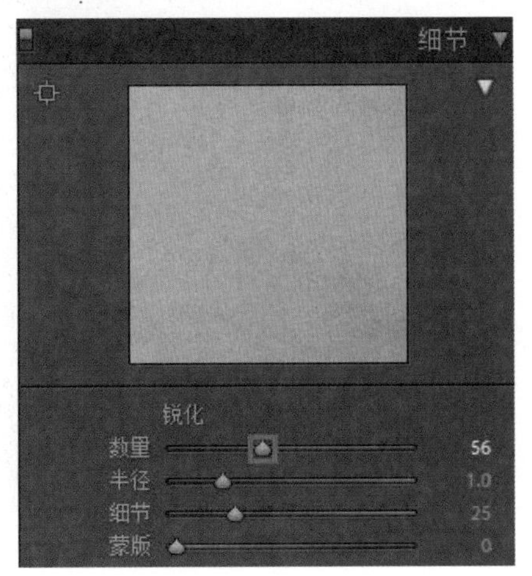

◎ 图 B5-35

打开“效果”面板，给图像添加暗角效果，如图 B5-36 所示。

打开“校准”面板，增加“蓝原色”的“饱和度”为+100，将“绿原色”的“色相”调整到纯青色，“红原色”的“色相”偏橙色，降低“饱和度”，让整个图像的色彩通透，如图 B5-37 所示。

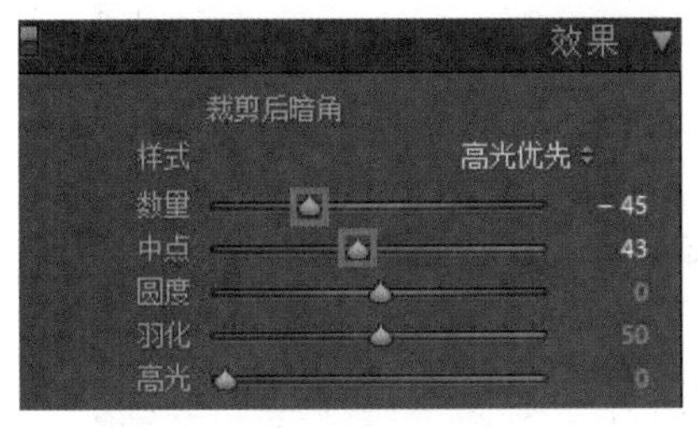

◎ 图 B5-36

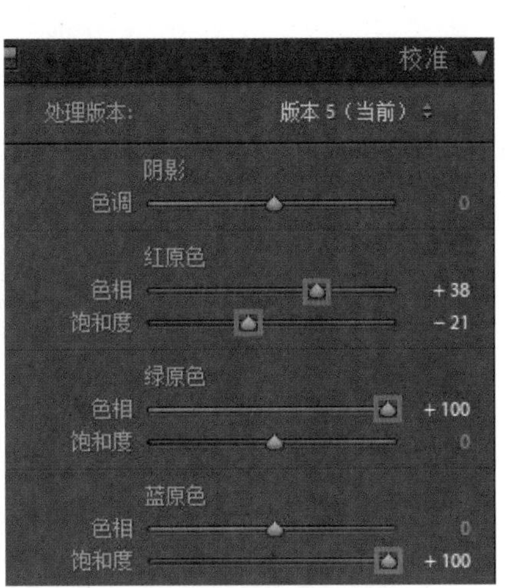

◎ 图 B5-37

调整完成，看一下前后对比图的效果，如图 B5-38 所示。

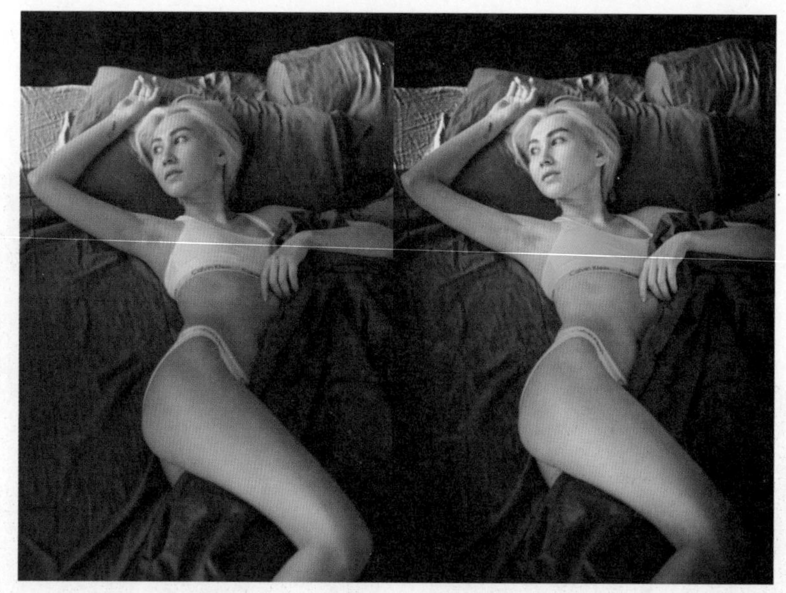

◎ 图 B5-38

B5.5 调出日系偏青色小清新

这节课给大家分享一下日系偏青色小清新的调色技法。简单明了，直接开始调整，先看一下原图，如图 B5-39 所示。

◎ 图 B5-39

开始调色，打开“基本”面板，先定“黑白场”，提高“阴影”，降低“高光”，降低“对比度”柔化图像。降低一点“曝光度”，在调整曝光时要灵活把控力度，不要让图像太亮。增加“纹理”，给图像添加质感，调整时根据图像的不同，灵活地控制调整质感的力度。调整“去朦胧”，去除图像上的灰度。需要注意的是，调整时数值不要过大，否则容易造成图像对比太生硬，如图 B5-40 所示。

打开 HSL 面板，调整“色相”，“红色”的“色相”偏橙色，“橙色”的“色相”偏黄色，“黄色”的“色相”偏绿色，“红色”“橙色”“黄色”的“色相”全部都进一位，向青色靠拢，如图 B5-41 所示。

调整“饱和度”，增加“红色”的“饱和度”，给人物的肤色添加健康红润的色彩。降低“橙色”和“黄色”的“饱和度”，通透肤色，让颜色过渡柔和，如图 B5-42 所示。

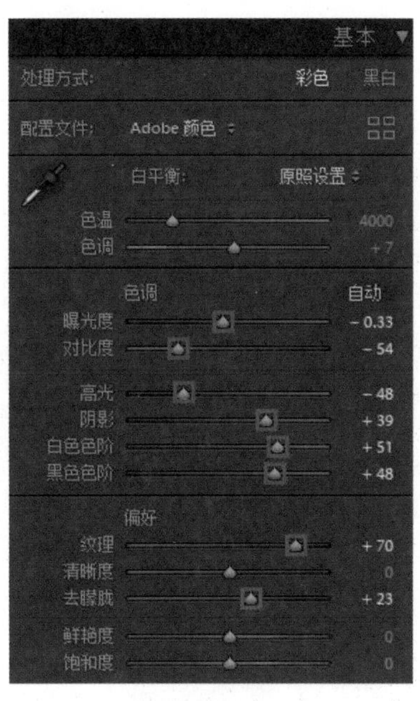

◎ 图 B5-40

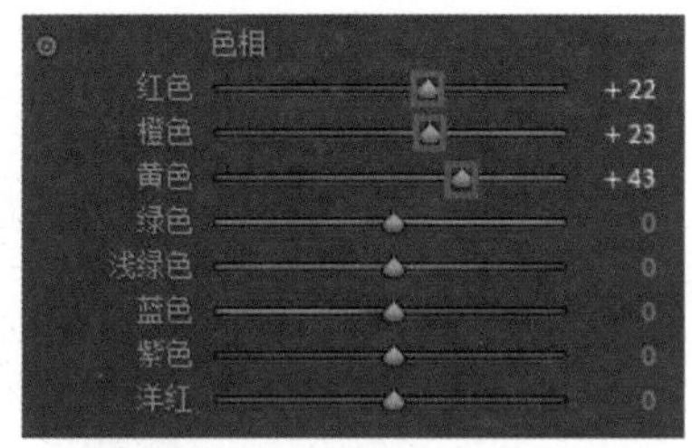

◎ 图 B5-41

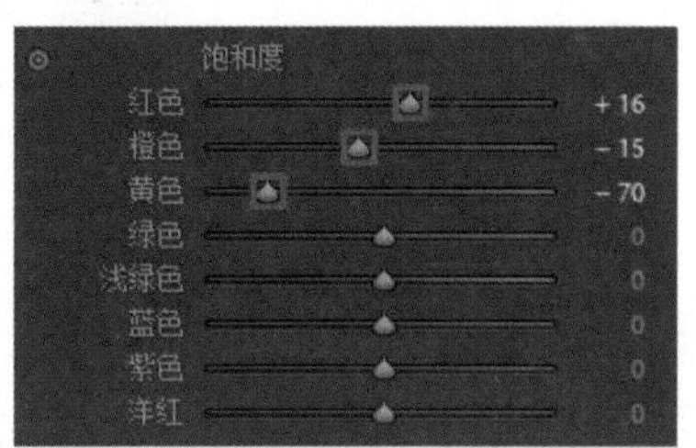

◎ 图 B5-42

调整“明亮度”，提高“橙色”和“黄色”的“明亮度”，给色彩添加光感，也就是说，让色彩有明暗之分，层次感更强，如图 B5-43 所示。

打开“分离色调”面板，“高光”添加青色，增加“饱和度”，“阴影”加青色，增加“饱和度”，给图像添加偏青色小清新的主色调。如果把控不好色彩，可以借鉴笔者的色彩数值，“高光”的“色相”为 208，“阴影”的“色相”为 112，调整这两个数值后，色彩会比较好看，如图 B5-44 所示。

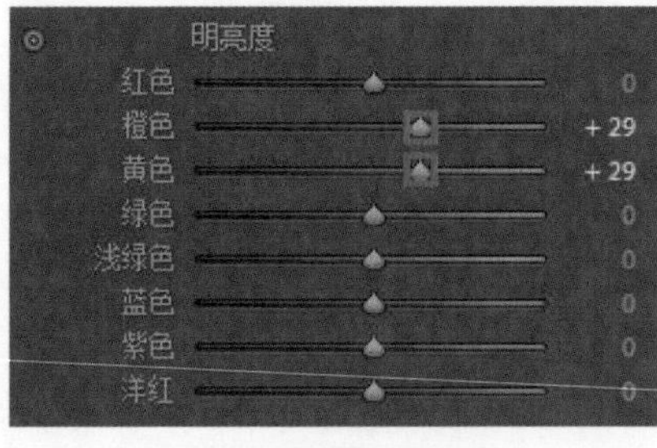

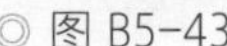

◎ 图 B5-43

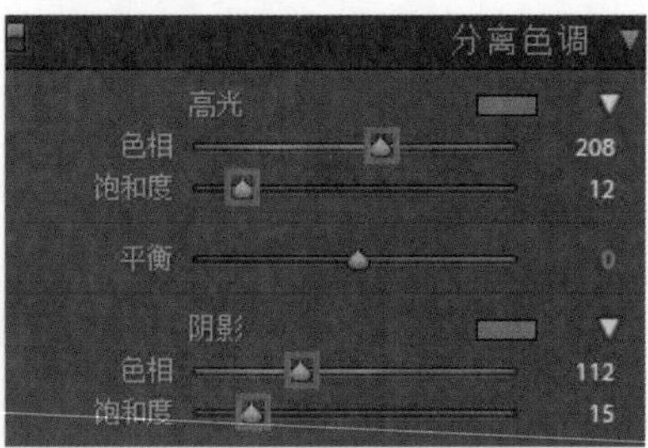

◎ 图 B5-44

打开“校准”面板，“阴影”的“色调”偏点红，“红原色”的“色相”偏点橙色，降低“饱和度”，不要让红色太艳丽。“绿原色”的“色相”调整到+100，降低一点“饱和度”，给图像添加红润肤色。“蓝原色”的“色相”偏青色，增加“饱和度”，让整个图像更加通透干净，如图 B5-45 所示。

调色完成，看一下前后对比图的效果，如图 B5-46 所示。

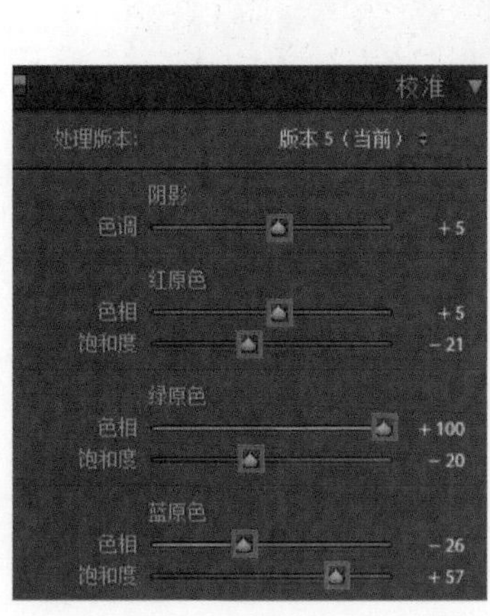

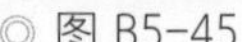

◎ 图 B5-45

◎ 图 B5-46

B5.6 调出时尚红棕色复古色调

这节课学习调整时尚红棕色复古色调。简单明了，直奔主题，打开我们需要调整的图像，先看原图，如图 B5-47 所示。

打开“基本”面板，先定“黑白场”，提高“阴影”，降低“高光”，增加“对比度”，提高“曝光度”，“色温”最好定到 5000，“色调”偏绿。降低“去朦胧”，给图像增加灰度，这也是调出红棕色复古色调的关键步骤。降低“饱和度”，减淡色彩，为后续调色打基础，如图 B5-48 所示。

◎ 图 B5-47

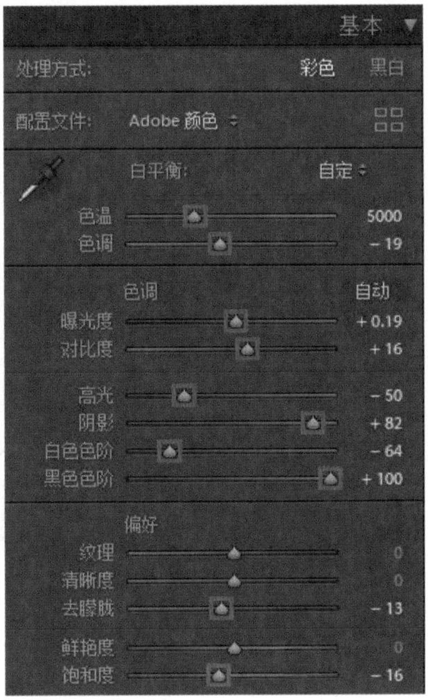

基本

处理方式：彩色 黑白

配置文件：Adobe 颜色

白平衡：自定

色温 5000

色调 −19

色调 自动

曝光度 +0.19

对比度 +16

高光 −50

阴影 +82

白色色阶 −64

黑色色阶 +100

偏好

纹理 0

清晰度 0

去朦胧 −13

鲜艳度 0

饱和度 −16

◎ 图 B5-48

打开“色调曲线”面板，调整图像整体的对比，如图 B5-49 所示。

打开 HSL 面板，调整“色相”，“红色”的“色相”偏橙色，“橙色”的“色相”偏红，“绿色”的“色相”调到纯绿色，将色调向棕色靠拢，如图 B5-50 所示。

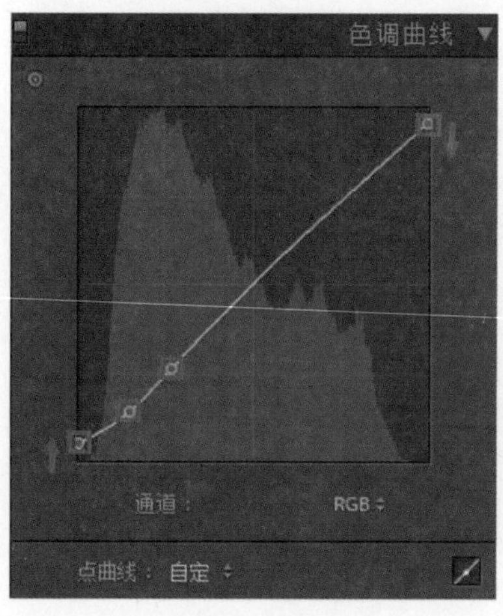

◎ 图 B5-49

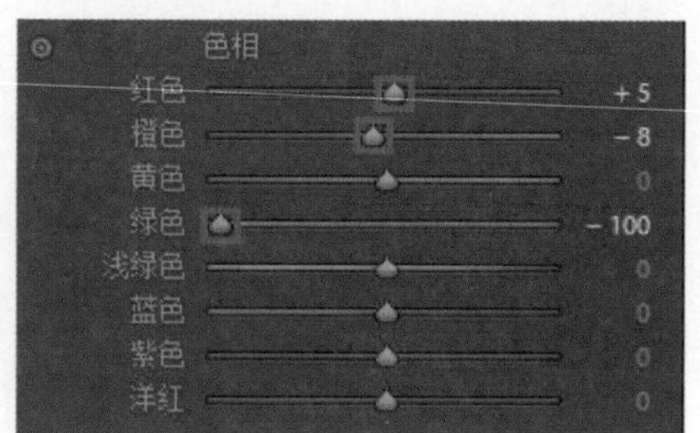

◎ 图 B5-50

调整“饱和度”，降低“红色”“橙色”“黄色”的“饱和度”，加强棕色的色彩纯度。前期控制了色彩的色相，这里再调整一下“饱和度”，让棕色更加明显，如图 B5-51 所示。

调整“明亮度”，降低“红色”的“明亮度”，增加“橙色”“黄色”“绿色”的“明亮度”，让这些色彩更加干净通透，如图 B5-52 所示。

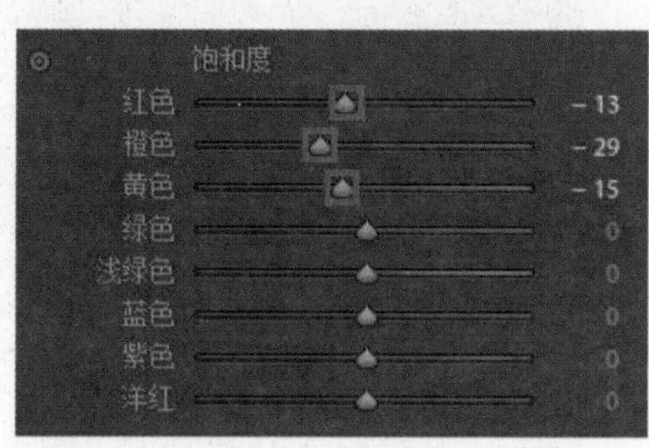

◎ 图 B5-51

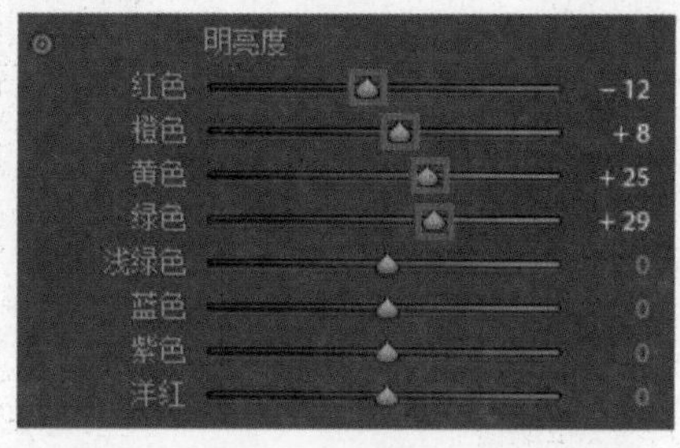

◎ 图 B5-52

打开“细节”面板，给图像添加质感层次和去除图像的噪点，如图 B5-53 所示。

打开“校准”面板，“红原色”的“色相”偏橙色，降低“饱和度”，目的是不要让色彩太浓郁。“绿原色”的“色相”偏黄色，增加“饱和度”，强化棕色。“蓝原色”的“色相”偏青，增加“饱和度”，确定棕色的色调，如图 B5-54 所示。

色彩基调的把控就在于“三原色通道”之间的配合相融，色彩和色彩的调和很重要。调色时不要急于求成，对于不同的图像，要灵活地把握调整的力度，多加练习，熟能生巧。

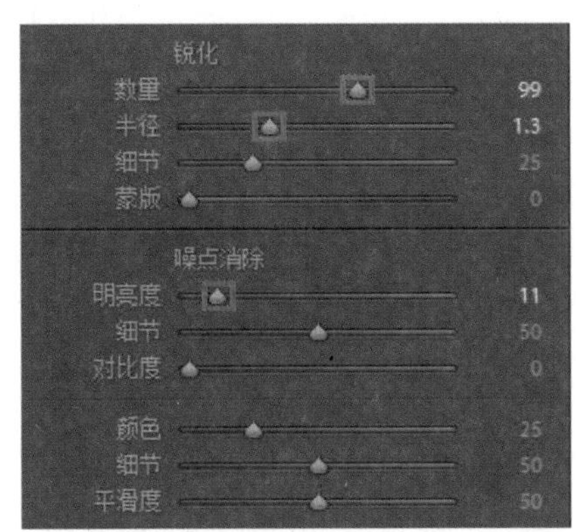

◎ 图 B5-53

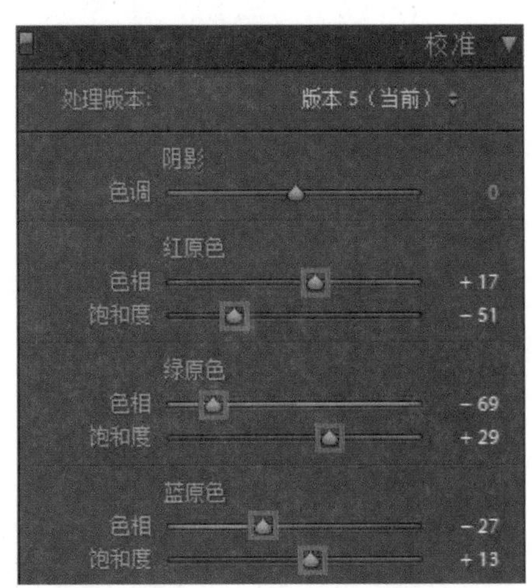

◎ 图 B5-54

调整完成，看一下前后对比图的效果，如图 B5-55 所示。

◎ 图 B5-55

B5.7 Insta 高级灰旅拍人像色调

这节课学习新的调色方法，直接开始实战调色，先看一下原图，如图 B5-56 所示。

打开“基本”面板，先定“黑白场”，提高“阴影”，降低“高光”，增加“对比度”，增加点“曝光度”，这些调整的目的是控制影调。增加“清晰度”和“去朦胧”，目的是给图像增加质感的同时，把图像的灰度也控制一下，不让图像太灰。降低“鲜艳度”和“饱和度”，目的是铺垫前期的色调基础，方便后续调色和加色，如图 B5-57 所示。

◎ 图 B5-56

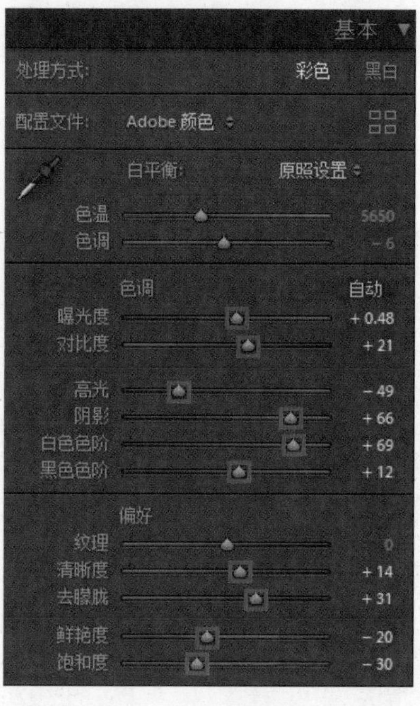

◎ 图 B5-57

打开“色调曲线”面板，这节课笔者用的软件版本是 9.4，不管是哪个版本的软件，调整的方法和技法都是通用的，千万不要走入误区。版本不同，软件界面会有一些差异，但是基本的调色方法是不会有差别的，使用软件的方法也是不会有变化的。

笔者建议大家最好使用最新版本的软件，跟上时代的步伐和软件更新的节奏。

选择“复合通道”，调整图像的对比，如图 B5-58 所示。

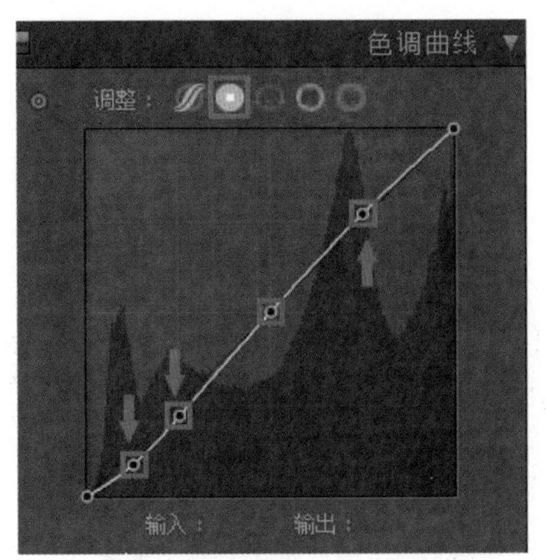

◎ 图 B5-58

打开 HSL 面板，调整“饱和度”，增加“橙色”的“饱和度”，控制图像的人物肤色和与肤色相似的颜色。降低“红色”“黄色”“绿色”“浅绿色（青色）”“蓝色”“紫色”“洋红”的“饱和度”，目的是将图像上的这些颜色全部调整下去，不让这些颜色影响整个画面的效果。“红色”“黄色”“绿色”“浅绿色（青色）”“蓝色”“紫色”“洋红”的“饱和度”减低之后，图像高级灰的感觉就出来了。需要注意的是，控制颜色时不要将颜色全部减掉，把颜色的“饱和度”降低变淡就可以了，如果将颜色减干净，就变成黑白了，因此把控“饱和度”一定要适度，如图 B5-59 所示。

调整“明亮度”，增加图像的光感，调整时除了把“黄色”的“明亮度”压低，其他颜色全部提高。

也许有人会问，为啥要将黄色降低？因为黄色的颜色明度和饱和度是最高、最艳丽的，所以需要把“黄色”的“明亮度”压低，如图 B5-60 所示。

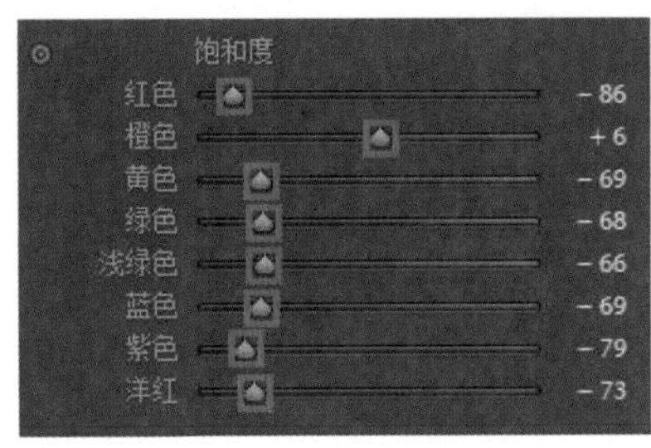

◎ 图 B5-59

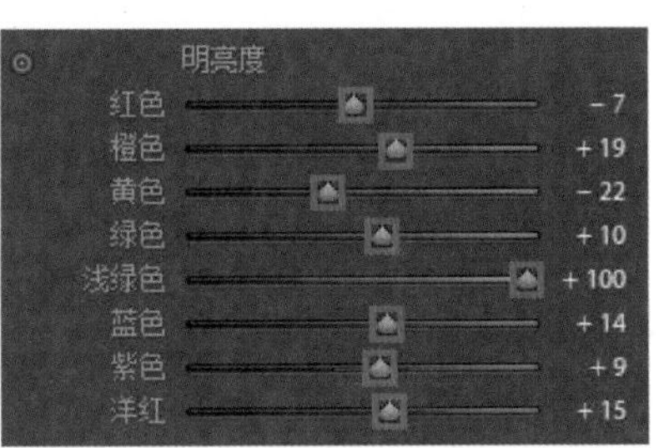

◎ 图 B5-60

色调已经调整完毕，我们没有用太复杂的调色方法，以最简单的调整思路使技法达到最好的效果，希望读者多加练习，掌握本节课的调色方法。我们看一下

调色前后的对比图，如图 B5-61 所示。

◎ 图 B5-61

B5.8 INS 风简约轻奢高级灰色调

INS 风现在比较流行，这节课就给大家分享其中一种的调色技法。开始动手调整，先看一下原图，如图 B5-62 所示。

打开“基本”面板，先定“黑白场”，提高“阴影”，降低“高光”，增加“对比度”，提高“曝光度”，控制图像的影调。增加“纹理”，给图像添加质感，少许地添加“鲜艳度”，控制一下基础色调，如图 B5-63 所示。

打开“色调曲线”面板，选择“复合通道”，调整图像的高光和暗部的对比，可以说，这里调整的是色调的方向，如图 B5-64 所示。

打开 HSL 面板，调整“色相”，“黄色”调整偏橙色，“绿色”偏黄，“紫色”偏蓝，“洋红”也偏蓝，先定好前期的基础色，如图 B5-65 所示。

◎ 图 B5-62

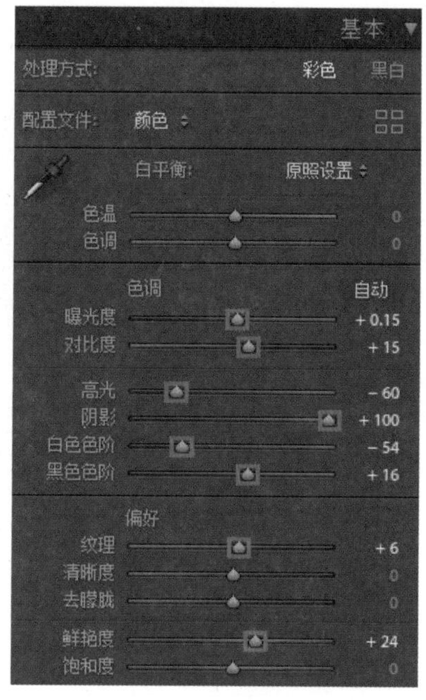

◎ 图 B5-63

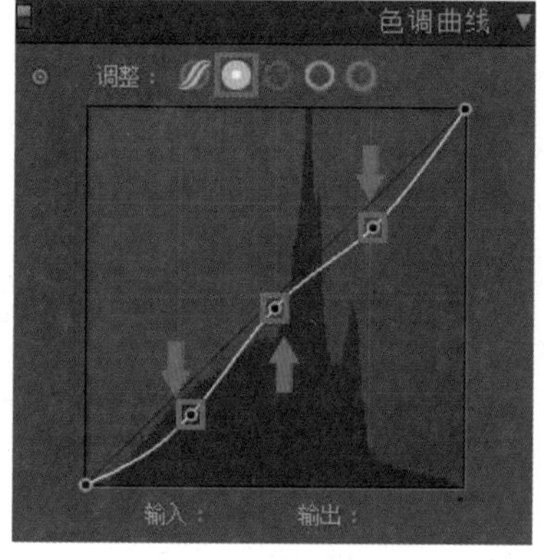

◎ 图 B5-64

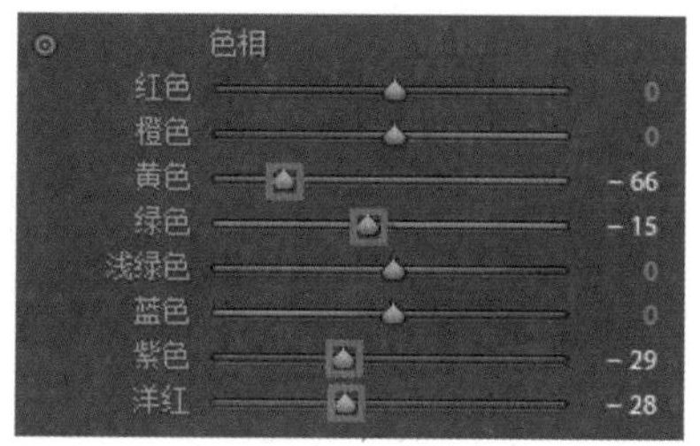

◎ 图 B5-65

调整“饱和度”，除“红色”的“饱和度”增加外，其他所有的颜色必须降低“饱和度”，“紫色”和“洋红”必须减掉水分，使紫色和洋红色的色彩变淡，因为紫色和洋红色会影响整个色调的效果。色彩的“饱和度”太高，很难调出本节课的 INS 风色调，如图 B5-66 所示。

调整“明亮度”，我们需要突出“红色”和“浅绿色（青色）”的“明亮度”，这两种颜色的明度必须增加光感层次，“绿色”和“蓝色”明度压低，强化冷色的明暗。“紫色”和“洋红”通过“饱和度”的调整，色彩很淡了，需要压暗，进一步让图像的整体色彩过渡柔和，如图 B5-67 所示。

◎ 图 B5-66

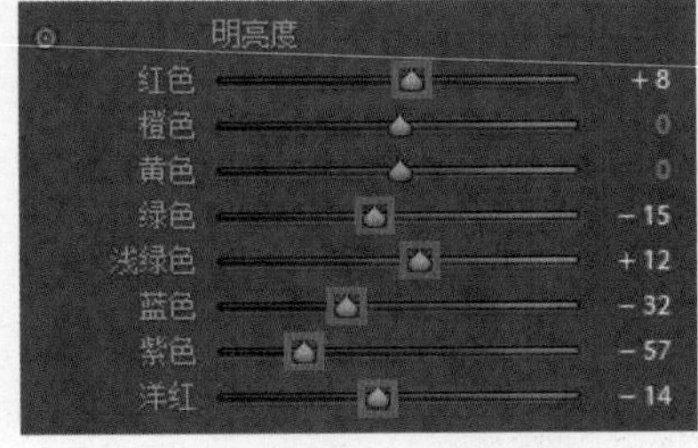

◎ 图 B5-67

打开“分离色调”面板，“高光”的“色相”控制到青色范围，“平衡”偏暖色，“阴影”同样控制到青色的范围，增加“饱和度”，主色调调整完成，如图 B5-68 所示。

打开“细节”面板，给图像添加质感层次，去除图像杂色和颜色之间过渡的杂色，如图 B5-69 所示。

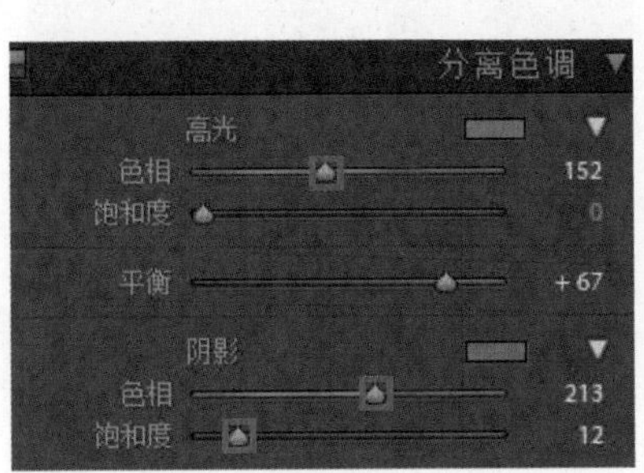

◎ 图 B5-68

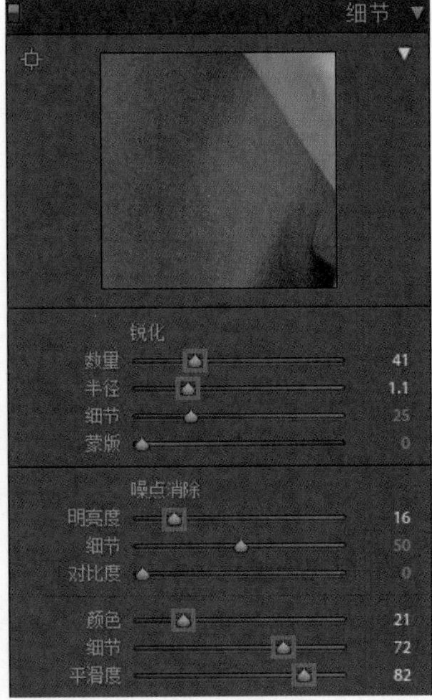

◎ 图 B5-69

调色完毕，看一下前后对比图的效果，如图 B5-70 所示。

◎ 图 B5-70

B5.9 INS 风街头情绪电影色调

在 B5.8 节笔者分享了一个 INS 风调色方法，本节课继续给大家讲另一种 INS 风色调——INS 风街头情绪电影色调。直接讲知识点，先看原图，如图 B5-71 所示。

调色讲究一针见血，不走弯路，越简单越好。打开“基本”面板，先定“黑白场”，控制影调，提高“阴影”，降低“高光”，增加“对比度”和“曝光度”，“色温”大概控制在 4900 ~ 5000，“色调”偏暖。给图像增加“清晰度”，数值不宜过大，去除图像的灰度，调整一下“去朦胧”，增加图像的“鲜艳度”，降低“饱和度”，少许地控制一下“色调”，如图 B5-72 所示。

打开“色调曲线”面板，选择“复合通道”，调整图像的整体对比，如图 B5-73 所示。

打开 HSL 面板，调整“色相”，“红色”的“色相”偏橙色，“黄色”的“色相”偏橙色，渲染图像基调的色彩氛围，如图 B5-74 所示。

◎ 图 B5-71

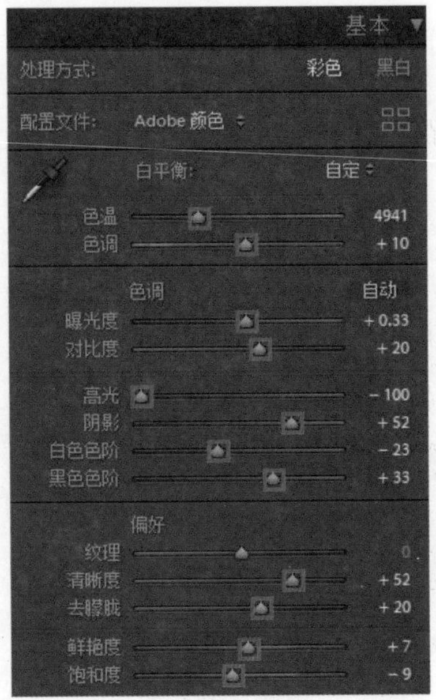

◎ 图 B5-72

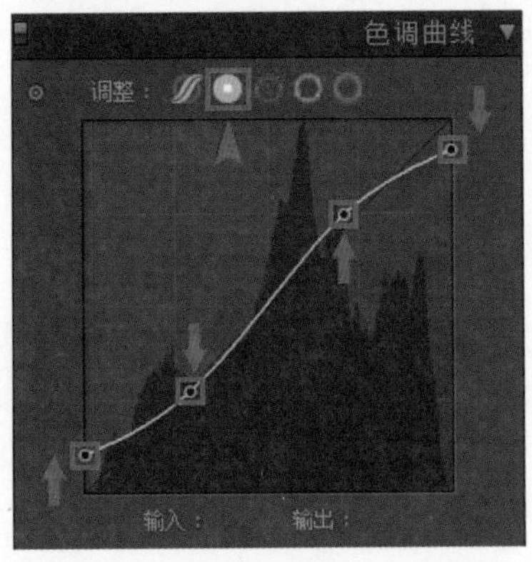

◎ 图 B5-73

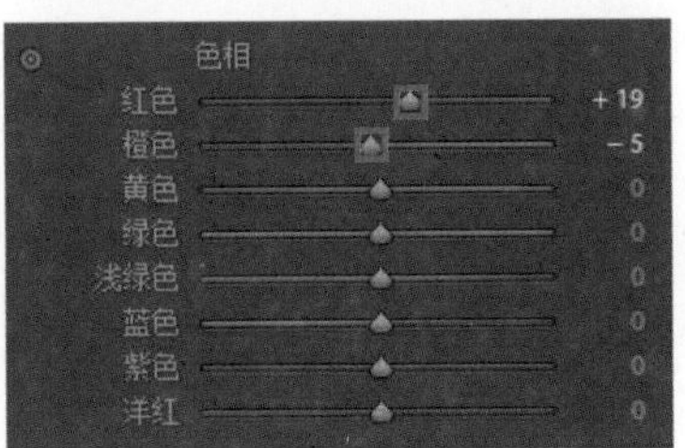

◎ 图 B5-74

调整“饱和度”，除“红色”的“饱和度”不调整，其他色彩全部降低“饱和度”，减少色彩的鲜艳度，突出 INS 风电影色调，如图 B5-75 所示。

调整“明亮度”，压暗“红色”，不让红色颜色太亮，少许地提高“橙色”“黄色”“浅绿色（青色）”的“明亮度”，强化颜色的明暗对比，如图 B5-76 所示。

打开“分离色调”面板，“高光”的“色相”不变，只增加“饱和度”即可，“阴影”的“色相”改为蓝色，增加“饱和度”，强化图像的冷暖对比，如图 B5-77 所示。

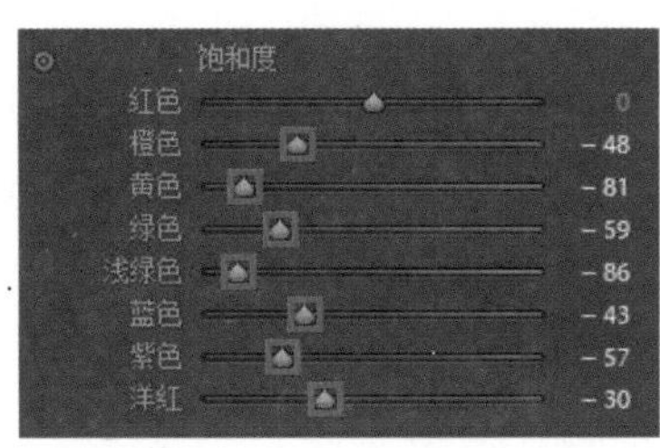

◎ 图 B5-75

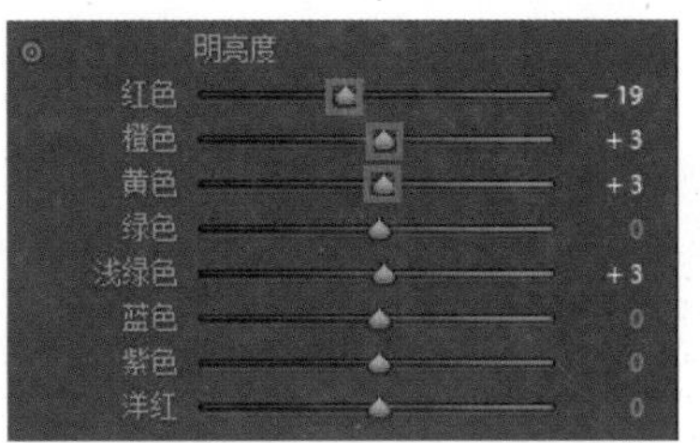

◎ 图 B5-76

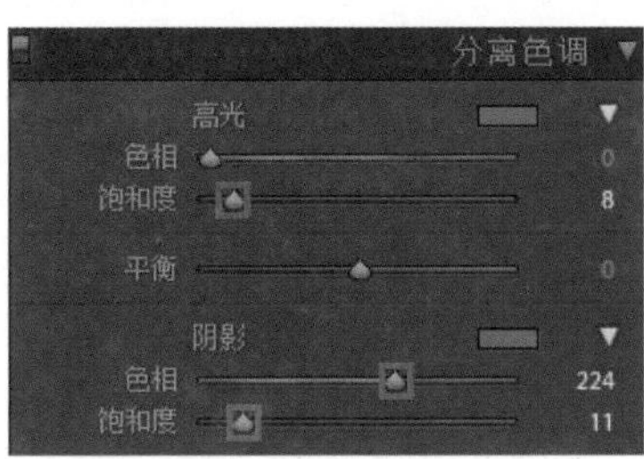

◎ 图 B5-77

打开“细节”面板，给图像增加质感和去除噪点，如图 B5-78 所示。

打开“校准”面板，改变“红原色”的“色相”偏橙色，增加“饱和度”，改变“绿原色”的“色相”偏青色，降低“饱和度”，改变“蓝原色”的“色相”偏青色，降低“饱和度”。利用三原色的色彩范围，控制整个图像的颜色变化，确定主色调，达到通透的色彩效果，如图 B5-79 所示。

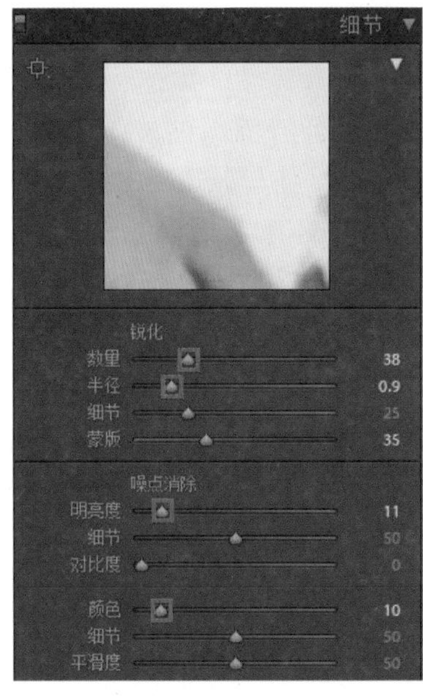

◎ 图 B5-78

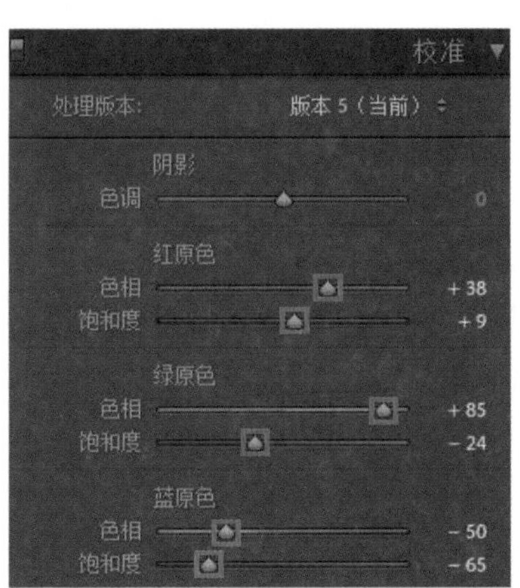

◎ 图 B5-79

调色完成，看一下前后对比图的效果，如图 B5-80 所示。

◎ 图 B5-80

B5.10 VSCO Cam 人像色调

本节课讲 VSCO Cam 人像色调，这也是当今比较流行的一种色调，先看一下原图，如图 B5-81 所示。

打开“基本”面板，先定“黑白场”，提高“阴影”，降低“高光”，提高一点“曝光度”，“色温”控制在 4000 ~ 4200，改变一点“色调”，偏一点洋红色，增加一点“清晰度”，如图 B5-82 所示。

打开“色调曲线”面板，选择“复合通道”，调整图像的整体对比，如图 B5-83 所示。

打开 HSL 面板，调整“饱和度”，只控制人物肤色的饱和度，降低“橙色”的“饱和度”即可，如图 B5-84 所示。

调整“明亮度”，提高“橙色”的“明亮度”，让人物的肤色有光感层次，如图 B5-85 所示。

打开“分离色调”面板，“高光”的“色相”选择绿色，增加“饱和度”，

“阴影”的“色相”选择青色，增加“饱和度”，目的是确定图像的主色调，如图 B5-86 所示。

◎ 图 B5-81

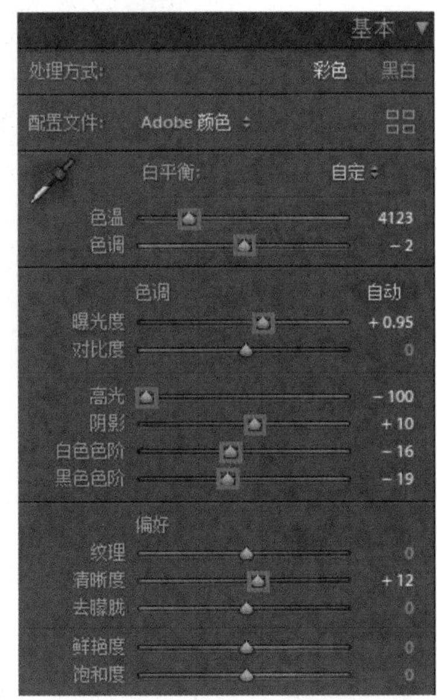

◎ 图 B5-82

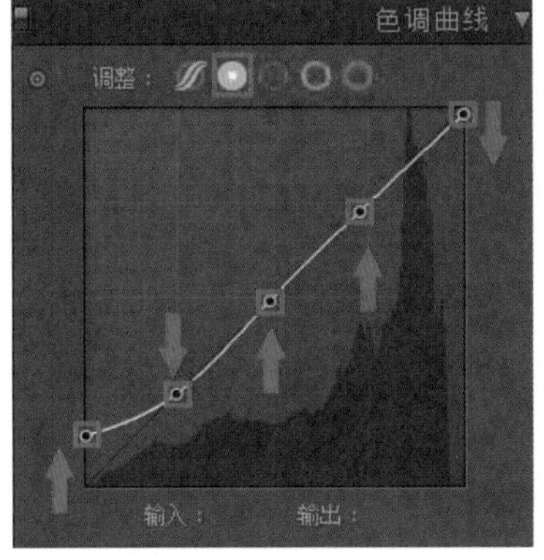

◎ 图 B5-83

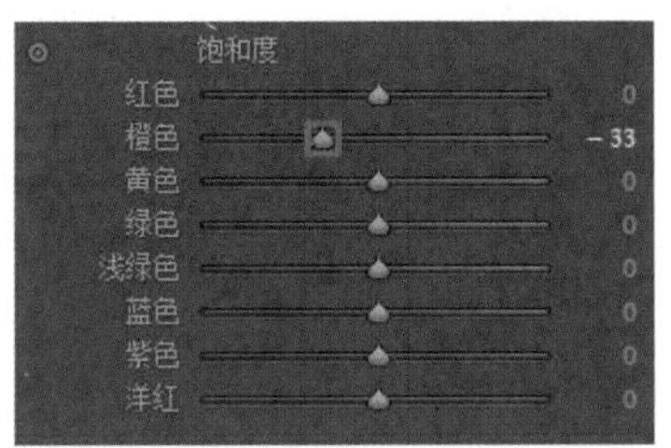

◎ 图 B5-84

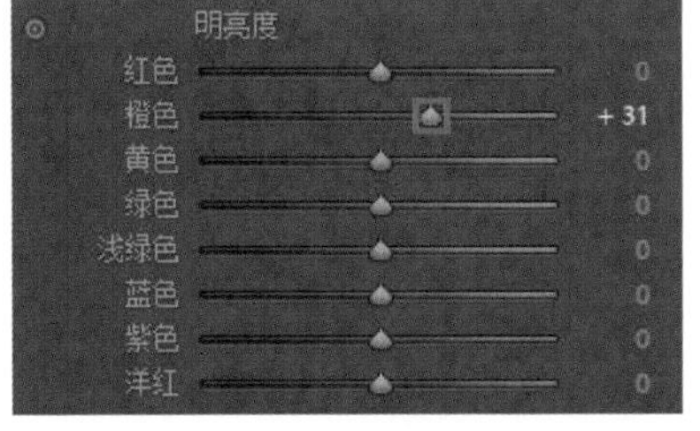

◎ 图 B5-85

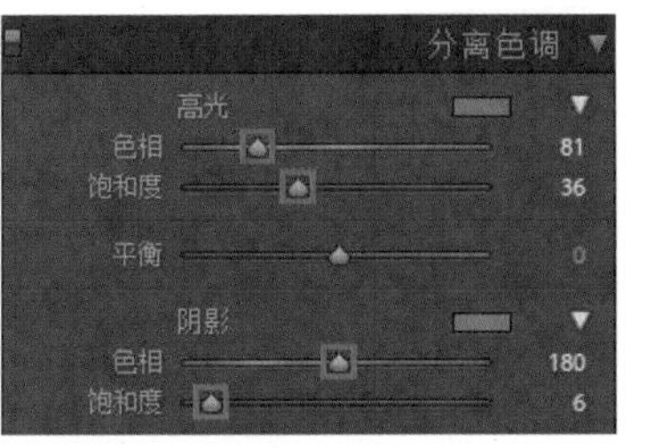

◎ 图 B5-86

打开“细节”面板，去除图像的噪点，如图 B5-87 所示。

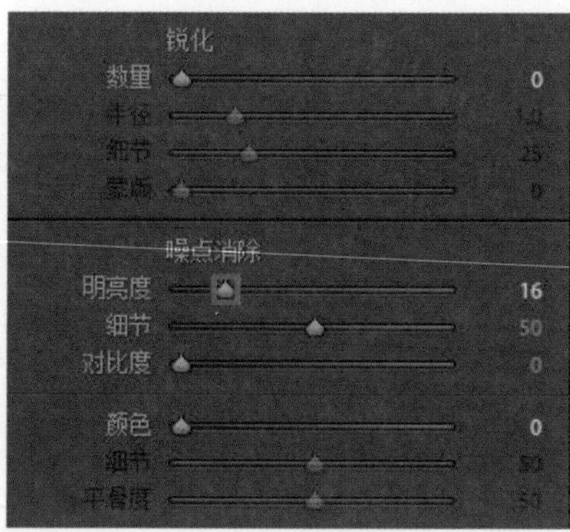

◎ 图 B5-87

调色完成，看一下前后对比图的效果，如图 B5-88 所示。

◎ 图 B5-88

B5.11 VSCO Cam A4 色调

本节课学习一个流行的色调，其名字叫作 VSCO Cam A4 色调，该色调干净通透，色彩过渡柔和，喜欢它的人比较多，现在把调色的方法分享给大家。先看原图，如图 B5-89 所示。

◎ 图 B5-89

打开“基本”面板，先定“黑白场”，提高“阴影”，降低“高光”，增加一点“对比度”，提高一点“曝光度”，“色温”偏暖，“色调”偏洋红色。增加“纹理”和“清晰度”，给图像增加质感，增加“鲜艳度”，降低“饱和度”，如图 B5-90 所示。

打开“色调曲线”面板，调整图像的整体对比，如图 B5-91 所示。

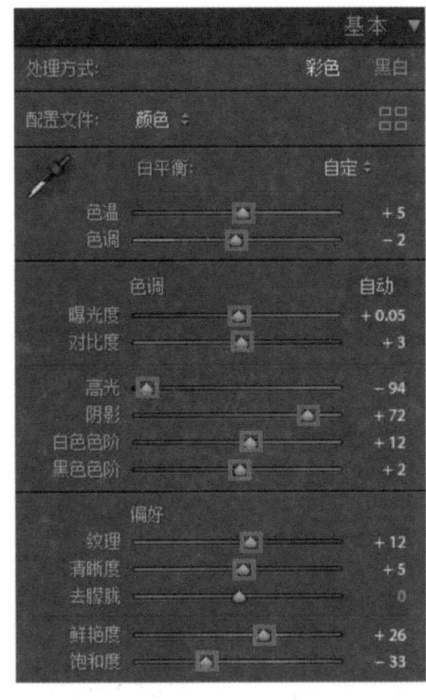

◎ 图 B5-90

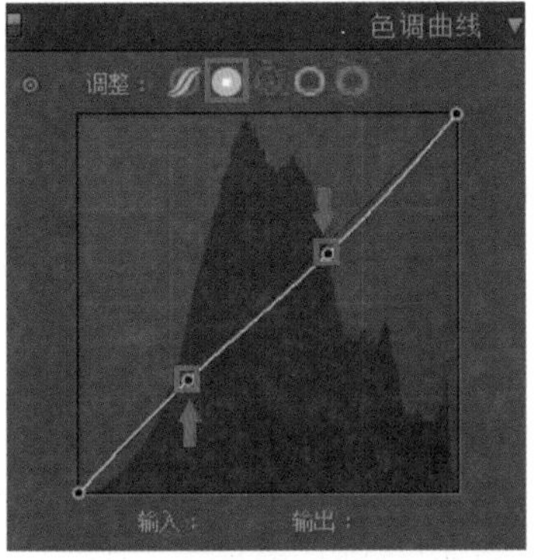

◎ 图 B5-91

打开 HSL 面板，调整“色相”，“红色”偏橙色，“橙色”偏红色，“黄色”偏橙色，“绿色”偏黄色，“蓝色”偏青色，如图 B5-92 所示。

调整“饱和度”，使所有颜色的“饱和度”全部降低，让色彩过渡柔和，如图 B5-93 所示。

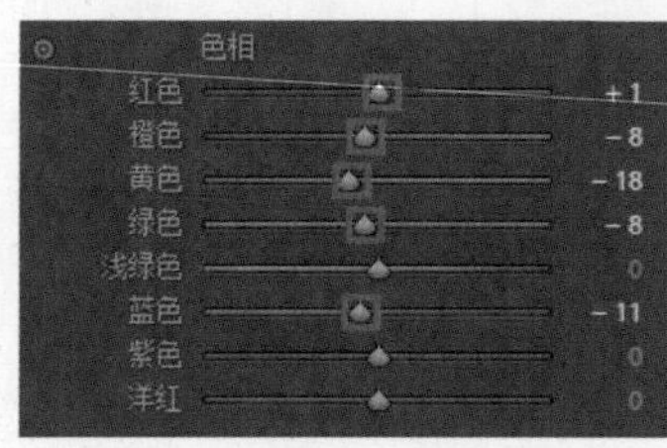

◎ 图 B5-92

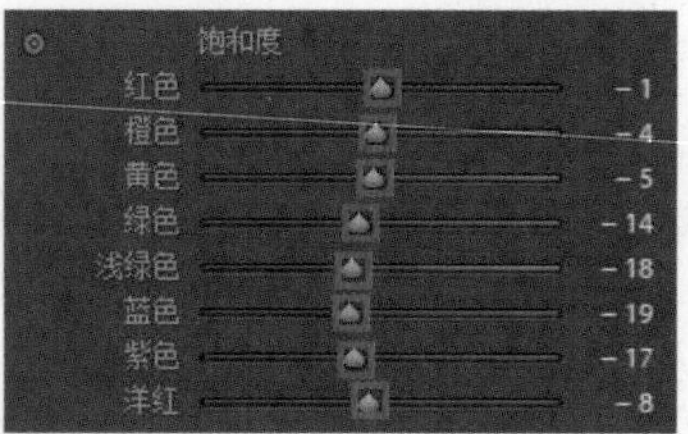

◎ 图 B5-93

调整“明亮度”，降低一点“红色”“黄色”“绿色”“蓝色”“紫色”的“明亮度”，提高“橙色”的“明亮度”，使人物的肤色通透干净，如图 B5-94 所示。

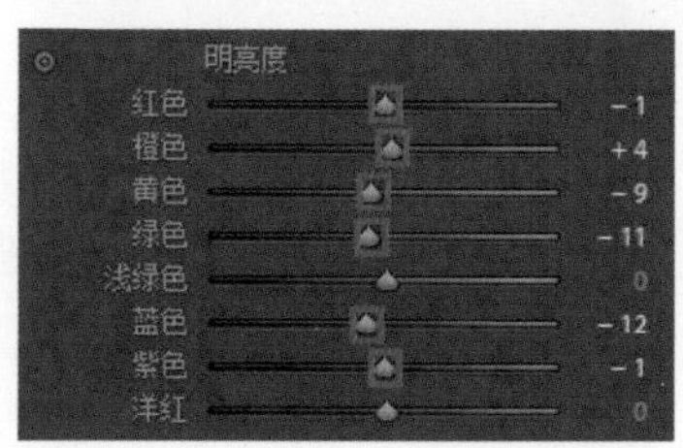

◎ 图 B5-94

打开“细节”面板，给图像增加质感和去除图像的噪点，如图 B5-95 所示。

打开“校准”面板，“红原色”的“色相”偏橙色，降低“饱和度”。“绿原色”的“色相”不变，“饱和度”+1。“蓝原色”的“色相”不变，“饱和度”-3，如图 B5-96 所示。

◎ 图 B5-95

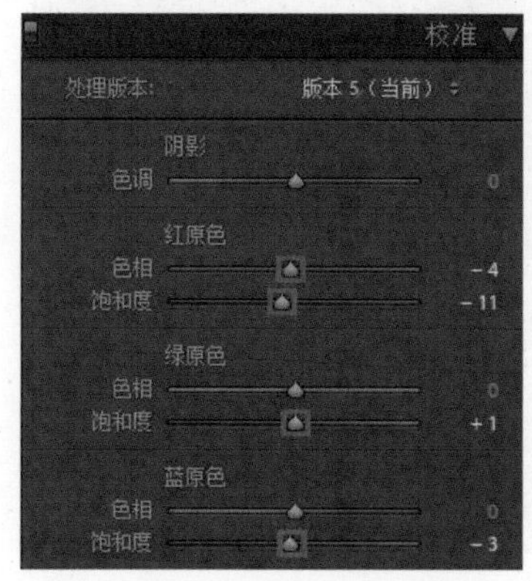

◎ 图 B5-96

调色完成，看一下前后对比图的效果，如图 B5-97 所示。

◎ 图 B5-97

B5.12 经典电影胶片色调

电影色调有很多种，本节课学习经典电影胶片色调，直接看原图，如图 B5-98 所示。

◎ 图 B5-98

打开“基本”面板，先定“黑白场”，提高“阴影”，降低“高光”，降低“对比度”柔化图像，降低一点“曝光度”，影调控制完毕。增加“清晰度”和“去朦胧”，以增加图像质感，去除一部分灰度，提高“鲜艳度”，降低“饱和度”，如图 B5-99 所示。

前期的影调和色调的控制很关键，根据不同的图像曝光，调整时要灵活变通。

打开“色调曲线”面板，调整图像的整体对比，如图 B5-100 所示。

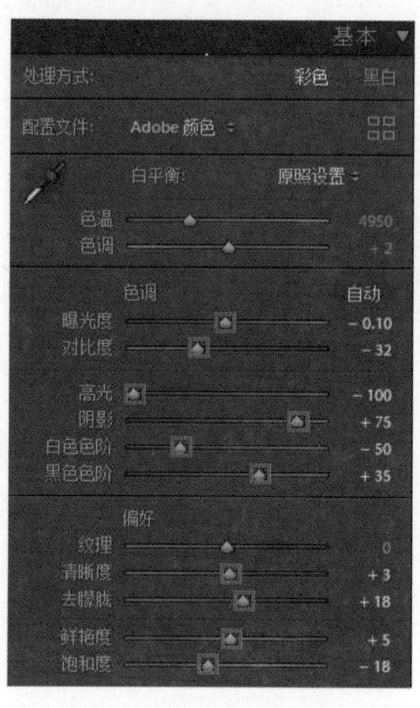

◎ 图 B5-99

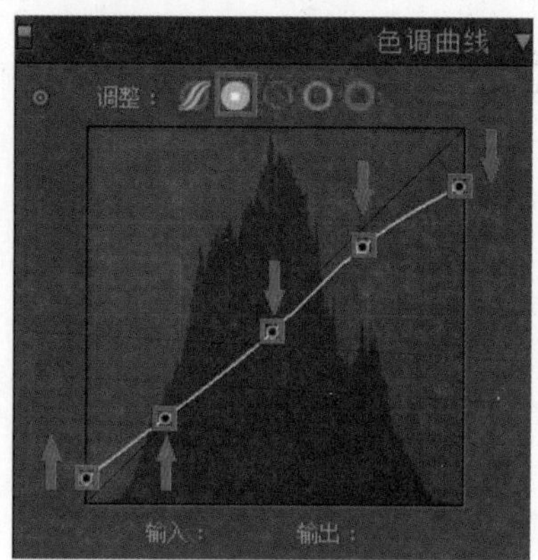

◎ 图 B5-100

打开 HSL 面板，调整“色相”，“红色”偏洋红色，“橙色”偏红色，“黄色”偏橙色，“绿色”偏青色，“浅绿色”偏绿色，“蓝色”偏青色，“紫色”偏红色，“洋红”偏红色，确定图像的基础色，如图 B5-101 所示。

调整“饱和度”，降低“红色”“绿色”“浅绿色”的“饱和度”，让这些色彩不要太浓郁。增加“黄色”“蓝色”“紫色”“洋红”的“饱和度”，渲染冷暖色彩的融合氛围，如图 B5-102 所示。

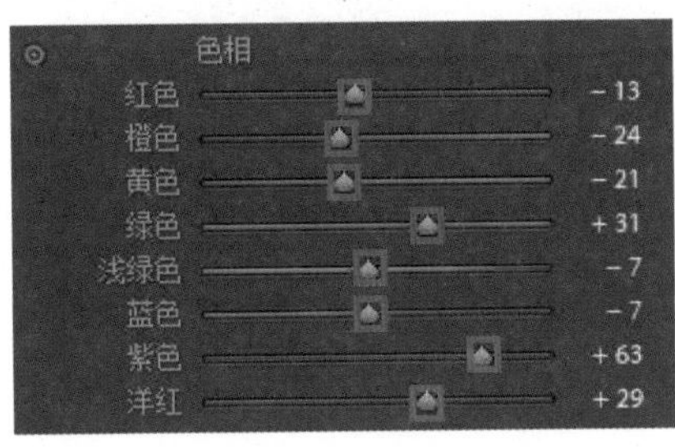

◎ 图 B5-101

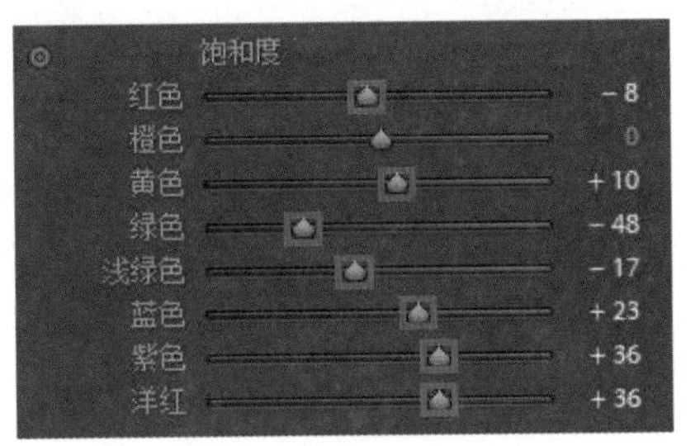

◎ 图 B5-102

调整“明亮度”，我们需要突出的色彩是黄和绿，所以“黄色”和“绿色”的“明亮度”要强，其他色彩全部需要压暗，这张图像上的气球的颜色比较多，不能让色彩的“明亮度”太突出，如图 B5-103 所示。

打开“分离色调”面板，改变“高光”的“色相”为冷色，也就是蓝色，其目的是降低“高光”区域的暖色。将“阴影”的“色相”改为暖色，选择橙黄色就可以了，增加一点“饱和度”，让图像的整体冷暖过渡柔和，如图 B5-104 所示。

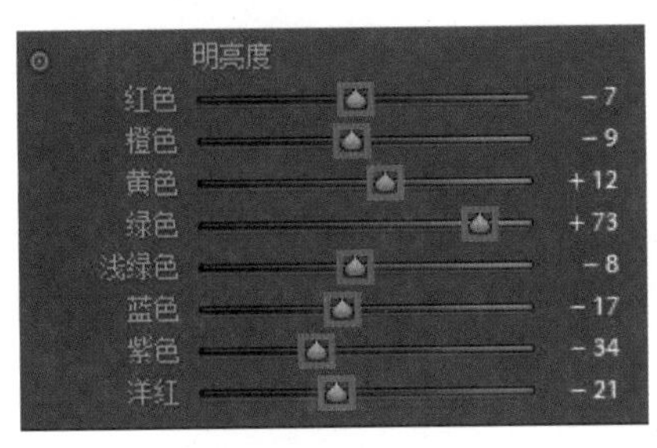

◎ 图 B5-103

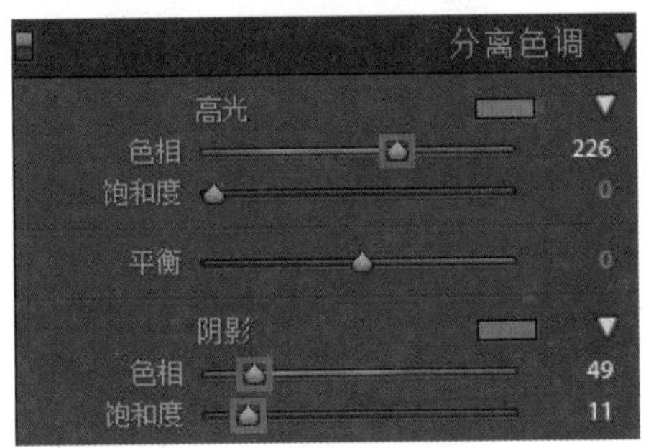

◎ 图 B5-104

打开“细节”面板，给图像增加质感和去除图像的噪点，如图 B5-105 所示。

打开“校准”面板，“色调”调整偏洋红色，“红原色”的“色相”偏橙色，降低“饱和度”。“绿原色”的“色相”偏青色，降低“饱和度”。“蓝原色”的“色相”偏青色，降低“饱和度”，如图 B5-106 所示。

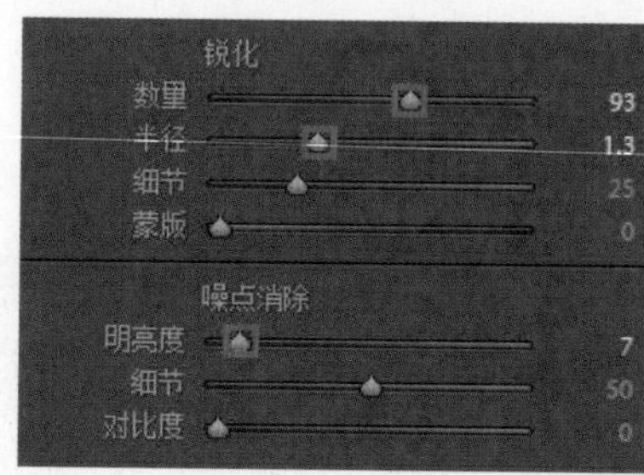

◎ 图 B5-105

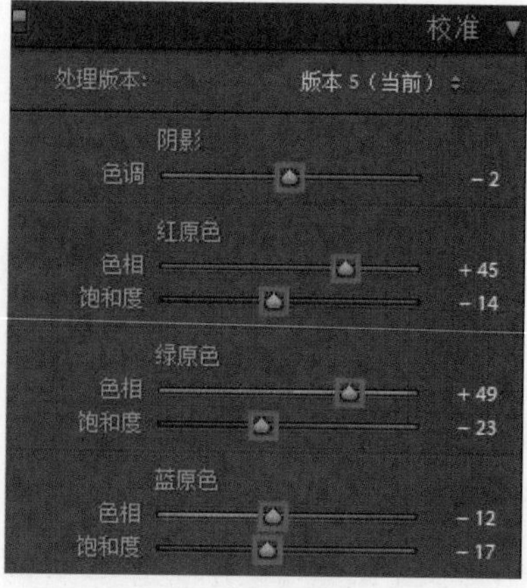

◎ 图 B5-106

调整完毕，看一下前后对比图的效果，如图 B5-107 所示。

◎ 图 B5-107

B5.13 中性灰色调

这节课分享一个中性灰色调的调色技法，该方法通用性高，适合各种场景的调色，直接上原图，如图 B5-108 所示。

打开“基本”面板，这种中性灰色调基本不用定“黑白场”。影调上的对比不能过大，不调整为佳，因为我们需要图像的灰度。降低“高光”为 -100，提高“曝光度”，降低“清晰度”和“饱和度”，柔和色调，图像的灰度会让质感和细节更多，色彩更丰富，如图 B5-109 所示。

◎ 图 B5–108

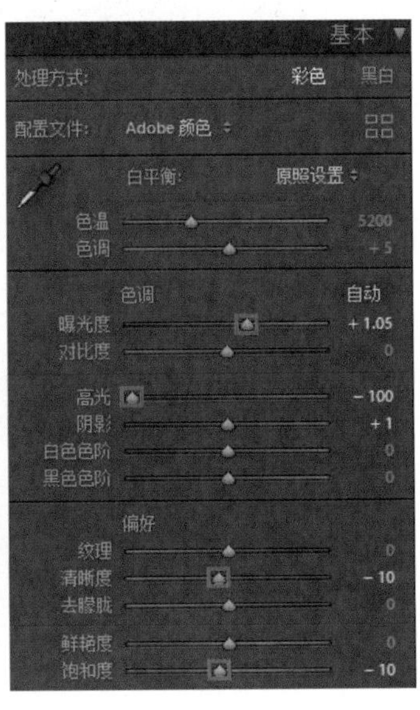

◎ 图 B5–109

打开“色调曲线”面板，给图像暗部增加灰度，如图 B5-110 所示。

打开 HSL 面板，调整“色相”，“红色”的“色相”偏橙色，“橙色”的“色相”偏红色，“黄色”的“色相”偏橙色，“绿色”的“色相”偏黄色，“浅绿色”的“色相”偏蓝色，“蓝色”的“色相”偏青色，“紫色”的“色相”偏红色，“洋红”的“色相”偏红色。通过色相控制好基础色调，如图 B5-111 所示。

调整“饱和度”，增加“红色”“橙色”“黄色”的“饱和度”，控制一下人物的肤色，其实就是暖色全部加“饱和度”，冷色全部降低“饱和度”，如图 B5-112 所示。

调整“明亮度”，整个图像色彩的“明亮度”不宜过高，我们要中性灰的效果，必须把色彩的明亮度控制住，如图 B5-113 所示。

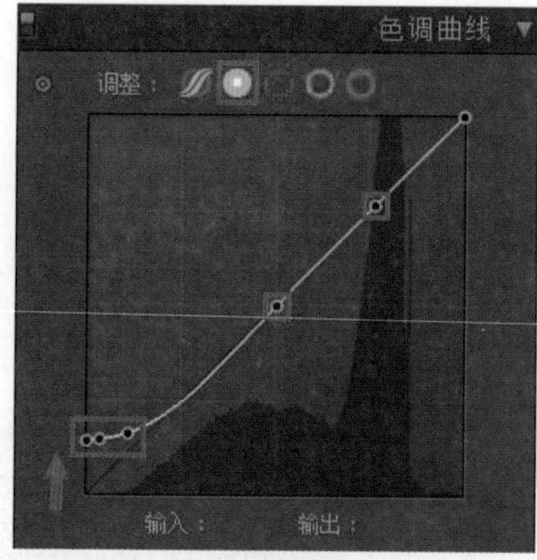

◎ 图 B5-110

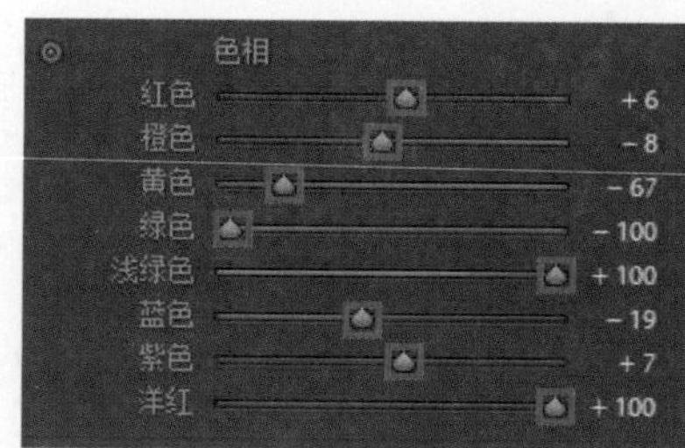

◎ 图 B5-111

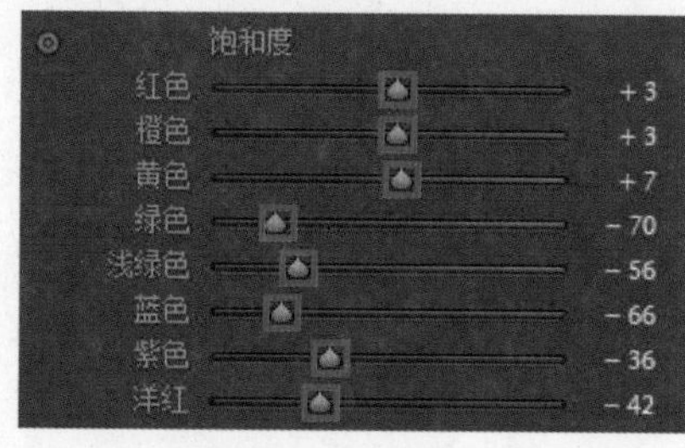

◎ 图 B5-112

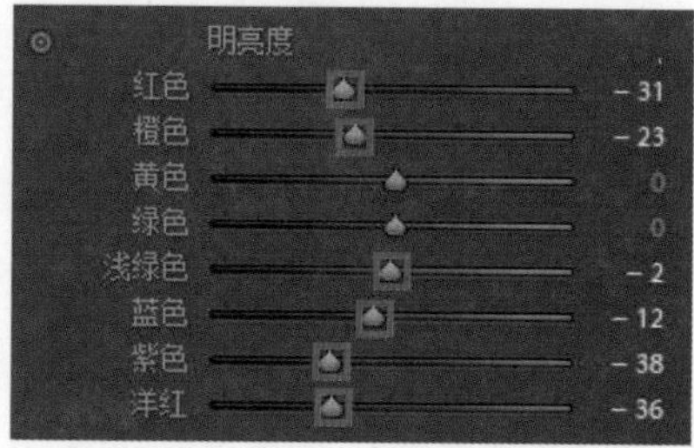

◎ 图 B5-113

打开“细节”面板，给图像添加质感，去除颜色的噪点，如图 B5-114 所示。

打开“校准”面板，调整“阴影”的“色调”偏青色，“红原色”的“色相”偏紫色，“绿原色”调整一点“色相”，“蓝原色”的“色相”偏青色，如图 B5-115 所示。

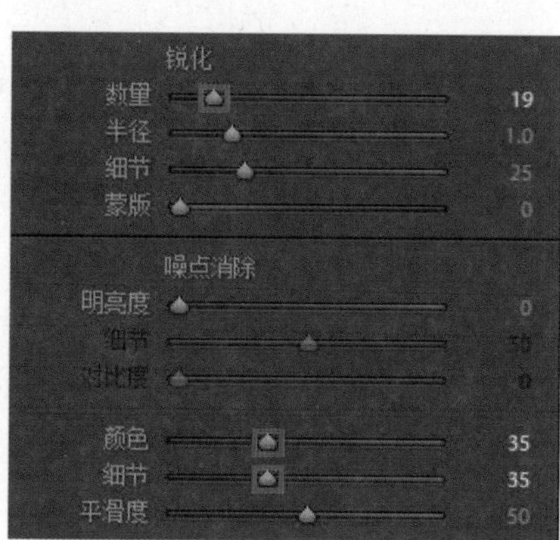

◎ 图 B5-114

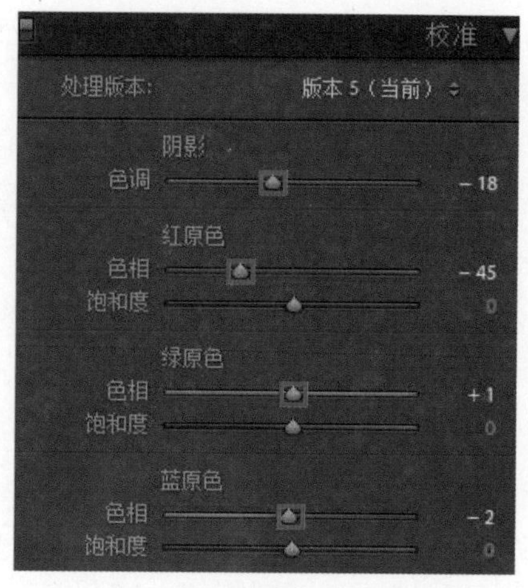

◎ 图 B5-115

调色完成，看一下前后对比图的效果，如图 B5-116 所示。

◎ 图 B5-116

B5.14 磨砂 VSCO 电影胶片色调

本节课学习磨砂 VSCO 电影胶片色调，我们开始调整吧，先展示一下原图，如图 B5-117 所示。

◎ 图 B5-117

打开“基本”面板，先定“黑白场”，将“色温”控制在 4400 左右，颜色基本为冷色，再改变一点色调。增加“曝光度”和“对比度”，提高“阴影”，降低“高光”，影调控制完毕。降低“鲜艳度”和“饱和度”，后续调色好控制色调，如图 B5-118 所示。

打开“色调曲线”面板，给暗部增加灰度，如图 B5-119 所示。

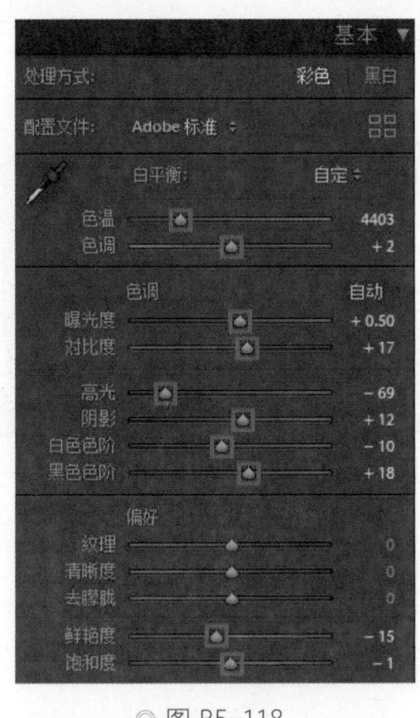

◎ 图 B5-118

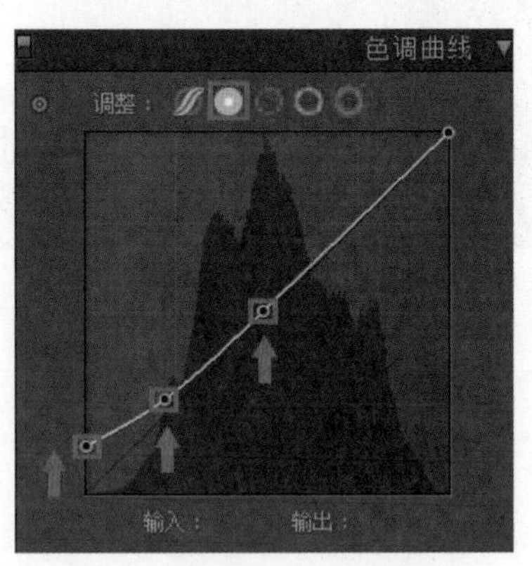

◎ 图 B5-119

打开 HSL 面板，调整“色相”，“红色”的“色相”偏橙色，“橙色”的“色相”偏黄色，“黄色”的“色相”偏橙色，“绿色”的“色相”偏青色，“蓝色”

的“色相”偏青色，“紫色”和“洋红”的“色相”偏红色，将颜色全部控制在红、橙、青色的范围内，如图 B5-120 所示。

调整“饱和度”，将全图的色彩“饱和度”全部降低，让色彩过渡柔和，如图 B5-121 所示。

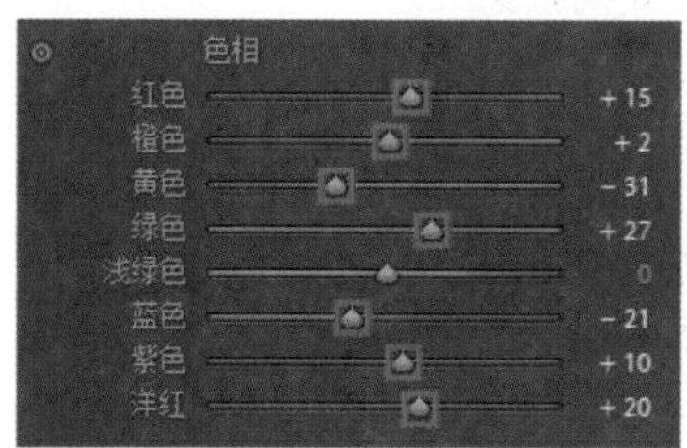

◎ 图 B5-120

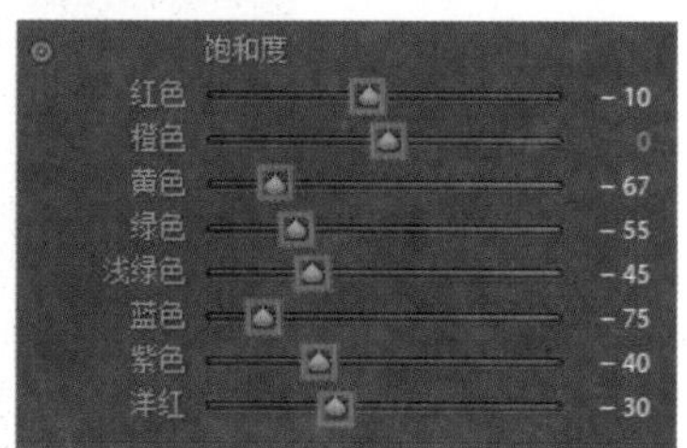

◎ 图 B5-121

调整“明亮度”，这种色调色彩的“明亮度”不宜过高，所以必须压低色彩的“明亮度”，如图 B5-122 所示。

打开“分离色调”面板，“阴影”的“色相”调整为红色，增加“饱和度”，如图 B5-123 所示。

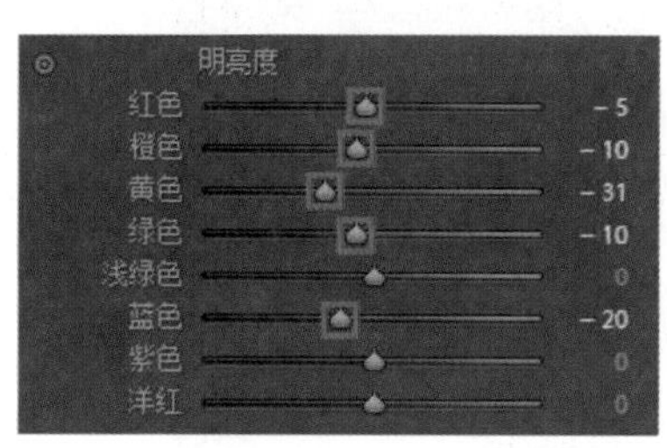

◎ 图 B5-122

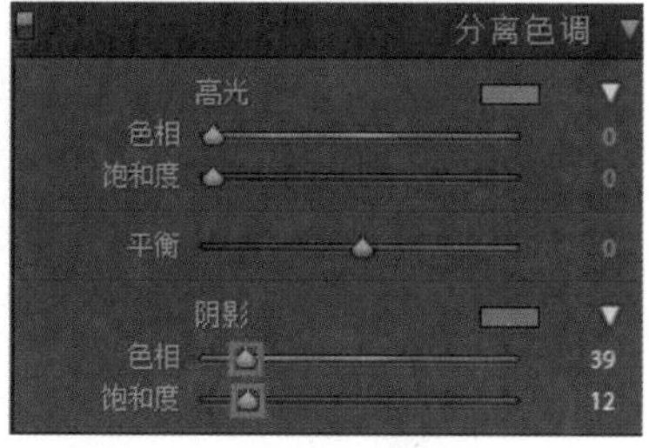

◎ 图 B5-123

打开“细节”面板，给图像增加质感层次，如图 B5-124 所示。

打开“效果”面板，给图像增加“颗粒”效果，如图 B5-125 所示。

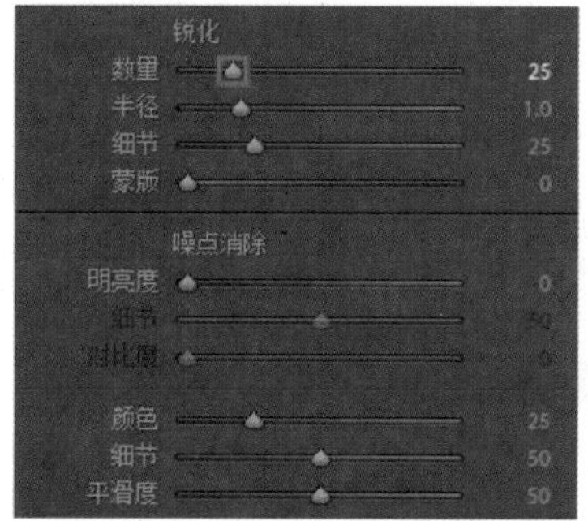

◎ 图 B5-124

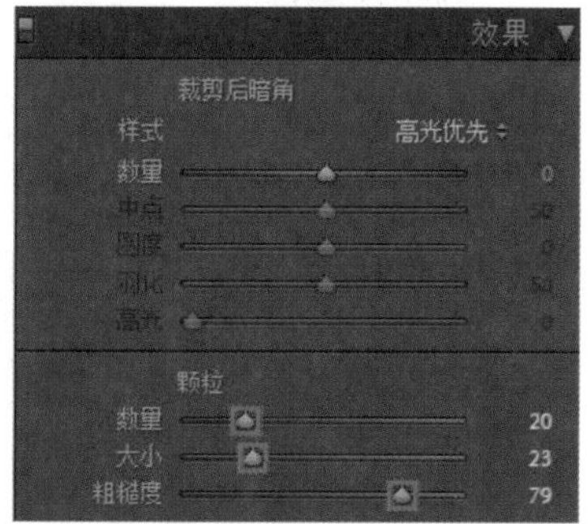

◎ 图 B5-125

打开“校准”面板，设置“阴影”的“色调”偏洋红色、“红原色”的“色相”偏橙色，增加“饱和度”，如图 B5-126 所示。

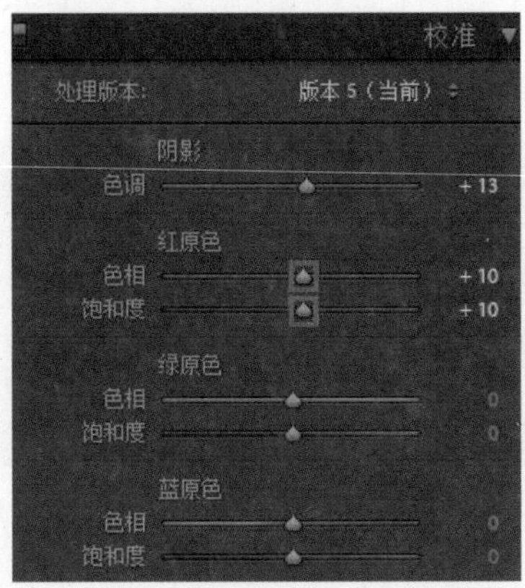

◎ 图 B5-126

调整完毕，看一下前后对比图的效果，如图 B5-127 所示。

◎ 图 B5-127

B5.15 莫兰迪灰色调

这节课一起学习莫兰迪灰色调的调整技法，直奔主题，开始调整。先看一下原图，如图 B5-128 所示。

◎ 图 B5-128

这是一张夜景图，打开“基本”面板，先定“黑白场”，提高“阴影”和“高光”，降低“对比度”，增加“曝光度”，“色温”控制在 5100 左右，“色调”偏洋红色。这样调整给了图像足够的灰度，目的就是还原更多的细节，铺垫好主色调的基础。接下来增加“清晰度”和“去朦胧”，一个是加图像的锐度，一个是去除多余的灰度。增加“鲜艳度”，降低“饱和度”，如图 B5-129 所示。

打开“色调曲线”面板，调整图像的整体对比，如图 B5-130 所示。

打开 HSL 面板，调整“色相”，“红色”的“色相”偏紫色，“橙色”的“色相”偏黄一点，“黄色”的“色相”偏橙色，“绿色”的“色相”偏青色，“蓝色”的“色相”偏紫色，“洋红”的“色相”偏红色，如图 B5-131 所示。

调整“饱和度”，把除“蓝色”之外所有颜色的“饱和度”全部降低，“蓝色”是要增加“饱和度”的，因为需要控制图像上的蓝色小灯的色彩，如图 B5-132 所示。

调整“明亮度”，需要突出暖色的光感，所以提高了“橙色”“黄色”“绿色”“洋红”的“明亮度”。为什么这里不提高“红色”的“明亮度”呢？因为人物的服装为“红色”，它的“明亮度”太高，会损失太多层次，所以选择将其压暗。同时“浅绿色（青色）”“蓝色”“紫色”必须要压暗“明亮度”，主要是为了控制图像上的蓝色小灯的颜色层次，如图 B5-133 所示。

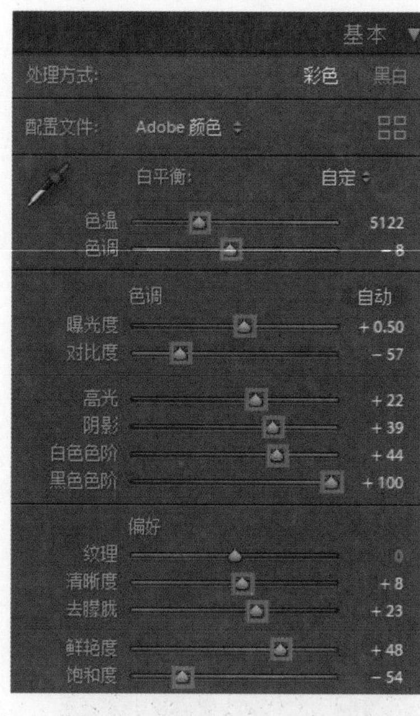

◎ 图 B5-129

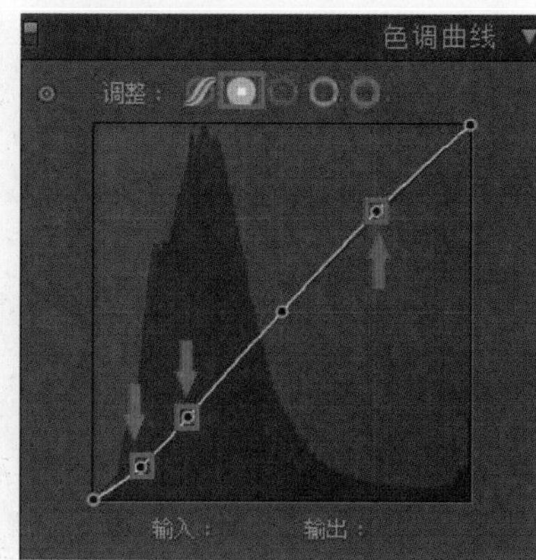

◎ 图 B5-130

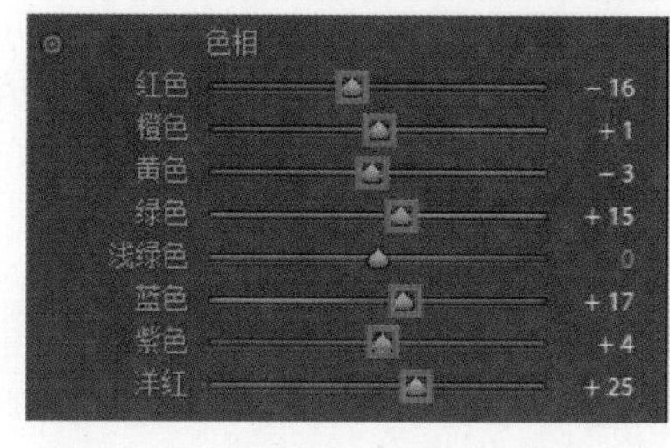

◎ 图 B5-131

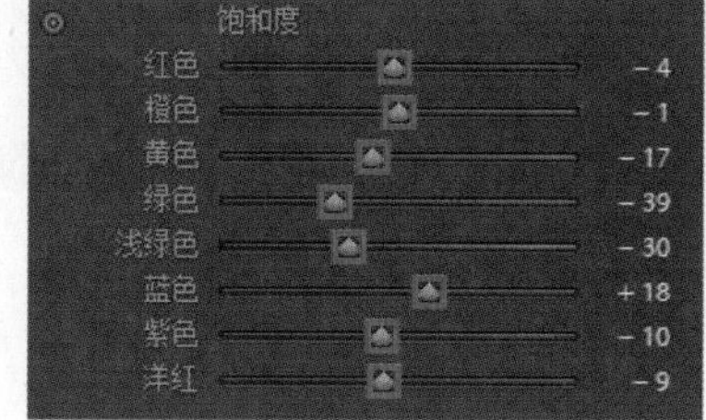

◎ 图 B5-132

打开“细节”面板，给图像添加“锐化”效果，去除噪点，如图 B5-134 所示。

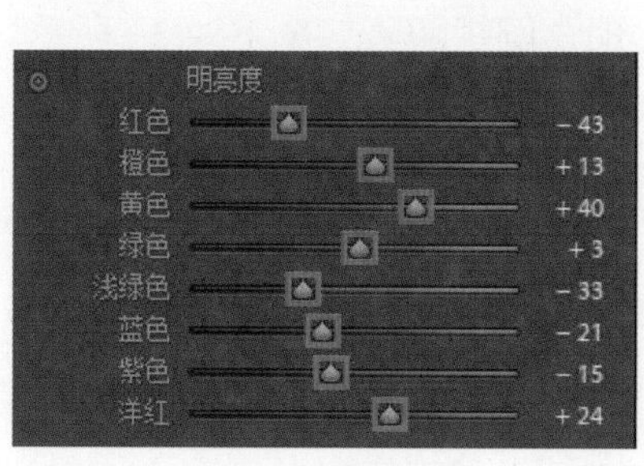

◎ 图 B5-133

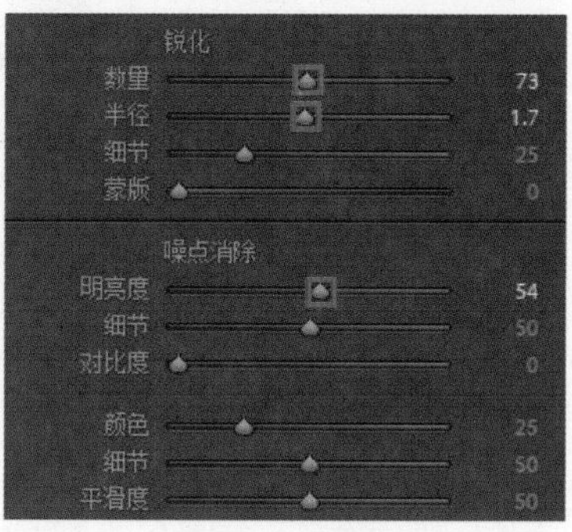

◎ 图 B5-134

打开“效果”面板，给图像添加“颗粒”，如图 B5-135 所示。

◎ 图 B5-135

打开“校准”面板，设置“红原色”的“色相”偏橙色，“绿原色”的“色相”偏洋红色并降低“饱和度”，“蓝原色”的“色相”偏青色，降低“饱和度”，如图 B5-136 所示。

调整完成，看一下前后对比图的效果，如图 B5-137 所示。

校准
处理版本：版本 5（当前）
阴影
色调 0
红原色
色相 +22
饱和度 0
绿原色
色相 +40
饱和度 −25
蓝原色
色相 −35
饱和度 −15

◎ 图 B5-136

◎ 图 B5-137

B5.16 森系人像 VSCO 色调

这节课学习森系人像 VSCO 色调，这种色调简单易学，色彩漂亮。开始调整，先看原图，如图 B5-138 所示。

◎ 图 B5-138

打开“基本”面板，先定“黑白场”，提高“阴影”，降低“高光”，降低“对比度”，提高“曝光度”，先控制影调。将“色温”控制在 5100 左右，改变一点“色调”，偏洋红色一些。增加“清晰度”和“去朦胧”，给图像增加质感，去除多余的灰度。增加“鲜艳度”，降低“饱和度”，让颜色融合和过渡自然，如图 B5-139 所示。

打开“色调曲线”面板，调整图像的整体对比度，如图 B5-140 所示。

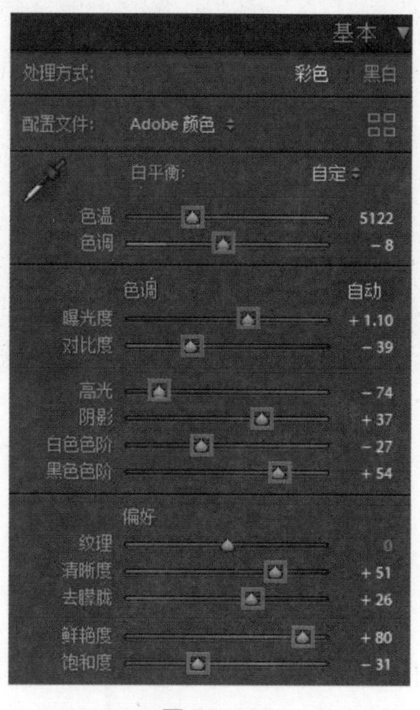

◎ 图 B5-139

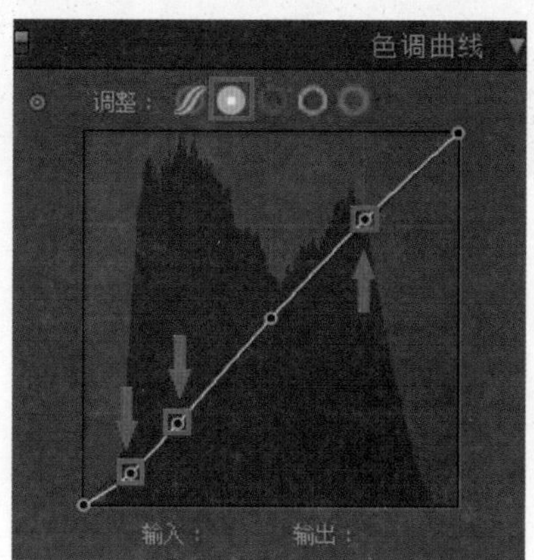

◎ 图 B5-140

打开 HSL 面板，调整“色相”，“红色”的“色相”偏紫色，“橙色”的“色相”偏红色，“黄色”的“色相”偏橙色，“绿色”的“色相”偏青色，“蓝色”的“色相”偏紫色，“紫色”的“色相”偏蓝色，“洋红”的“色相”偏红色，如图 B5-141 所示。

调整“饱和度”，人物服装的“蓝色”增加“饱和度”，其他颜色的“饱和度”都需要降低，色彩要平和，如图 B5-142 所示。

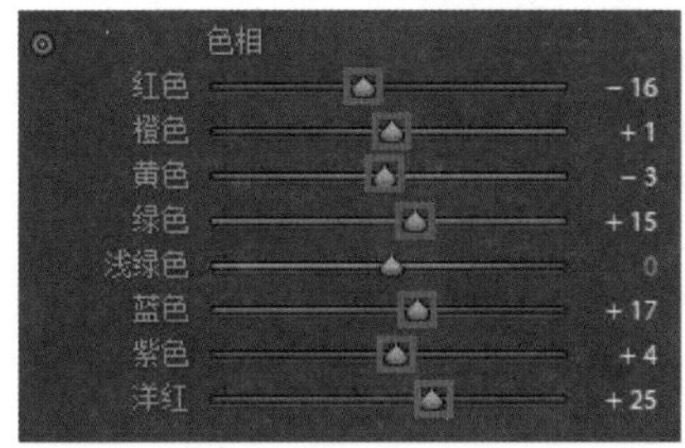

◎ 图 B5-141

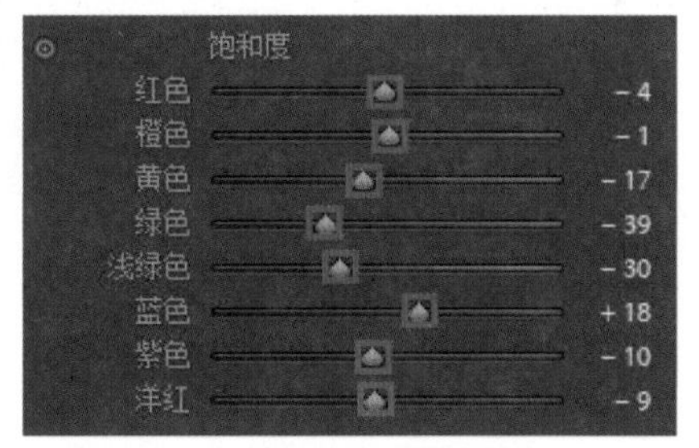

◎ 图 B5-142

调整“明亮度”，色彩的“明亮度”突出“黄色”“绿色”“橙色”“洋红”，其他色彩降低“明亮度”，如图 B5-143 所示。

打开“细节”面板，锐化图像，去除噪点，如图 B5-144 所示。

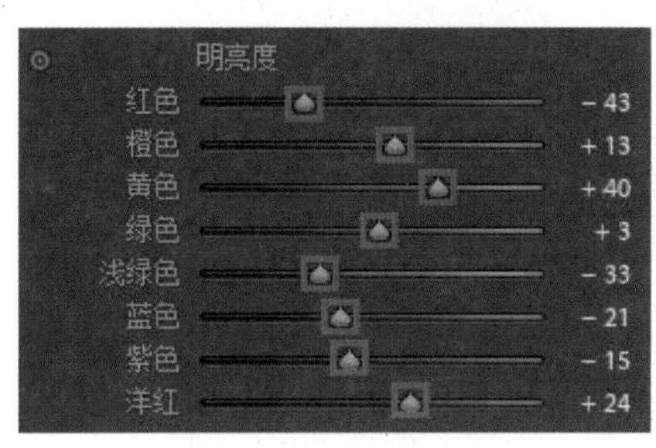

◎ 图 B5-143

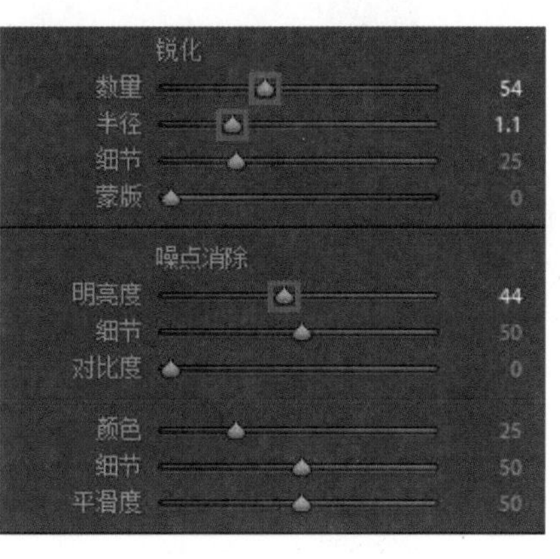

◎ 图 B5-144

打开“校准”面板，设置“红原色”的“色相”偏橙色，“绿原色”的“色相”偏洋红色并降低“饱和度”，“蓝原色”的“色相”偏青色并降低“饱和度”，如图 B5-145 所示。

以上调整的目的是让整体的图像干净通透，冷暖对比强烈，加强图像的层次。

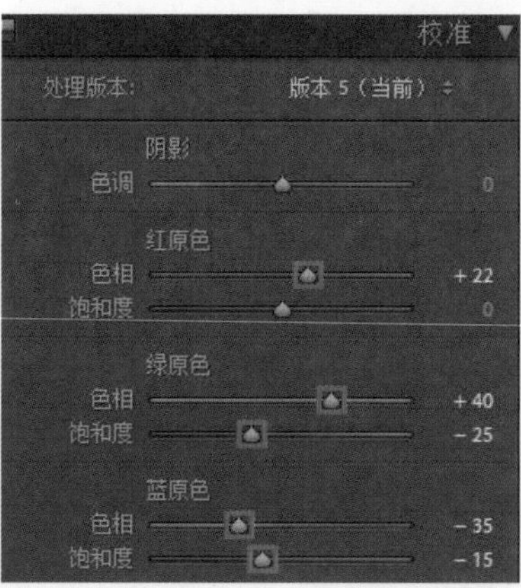

◎ 图 B5-145

调色完毕，看一下前后对比图的效果，如图 B5-146 所示。

◎ 图 B5-146

B6 课

调色思路解析

抽丝剥茧领会精髓

B6.1 仿胶片色思路解析

本节课与大家分享怎么模仿一个自己喜欢的色调。以胶片色为例，首先要找到一张自己喜欢的图片，我们先看一张从网络上找到的参考图，如图 B6-1 所示。

◎ 图 B6-1

图中的颜色可分为“高光”和“暗部”加冷色，“色相”控制为暖色，暖色为黄色、橙色，冷色为青色、淡蓝色。植物的绿色可以忽略，根据我们分析的颜

色，大体上可以以“高光”加冷、“暗部”加冷去模仿着调色。

开始调整，将参考图和准备调整的图像全部导入 Lightroom Classic 中，在“修改照片”面板选择中间工作区域左下方的图标单击画红圈的小三角，选择“参考视图”左右或者上下，将参考图放置到左侧的工作区内，如图 B6-2 所示。

◎ 图 B6-2

有了参考图，根据分析的颜色，就可以开始调色了。首先定“黑白场”，会发现参考图有一些灰度，所以早期调整时需要控制好“对比度”，模仿调色要有想法，会分析图像的关键色彩。因为使用的图像不同，前期的曝光和色温差别也很大，尽可能地模仿到 80% 的相似度就很不错了，模仿色调分享的就是思路，希望对大家有所帮助，如图 B6-3 所示。

打开“色调曲线”面板，选择“红色通道”，直接将“高光”加青色，如图 B6-4 所示。

选择“绿色通道”，将“高光”加绿色，如图 B6-5 所示。

选择“蓝色通道”，高光添加少许的蓝色，如图 B6-6 所示。

打开 HSL 面板，调整“色相”，“橙色”的“色相”偏黄色，“黄色”的“色相”偏橙色，这样调整主要是为了控制人物的肤色，如图 B6-7 所示。

调整“饱和度”，加“红色”控制人物的裙子，减“橙色”控制人物的肤色，加“黄色”控制远处的植物的颜色，加“浅绿色（青色）”和“蓝色”控制图像的建筑和围栏的颜色，如图 B6-8 所示。

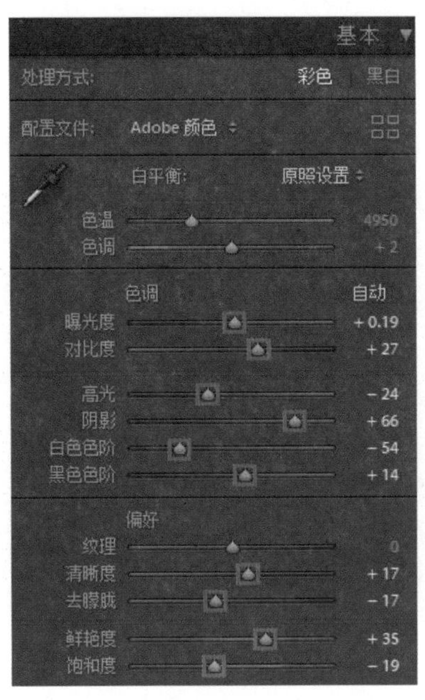

◎ 图 B6-3

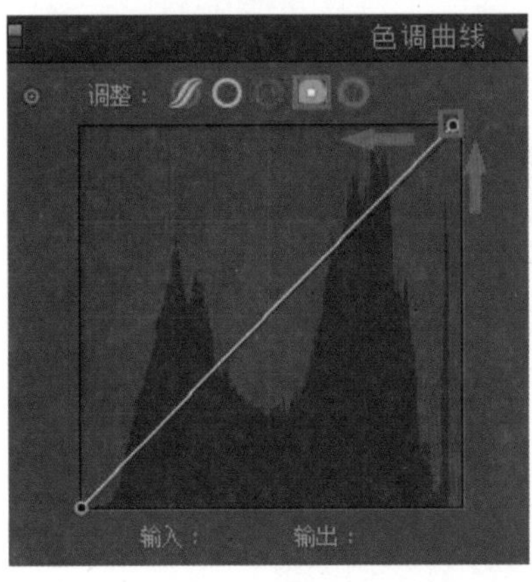

◎ 图 B6-4

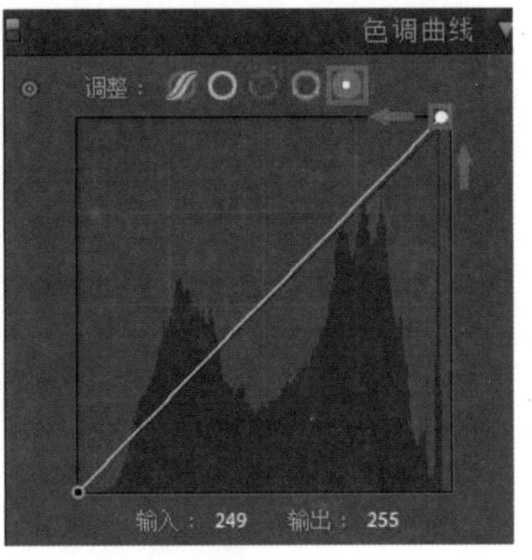

◎ 图 B6-5

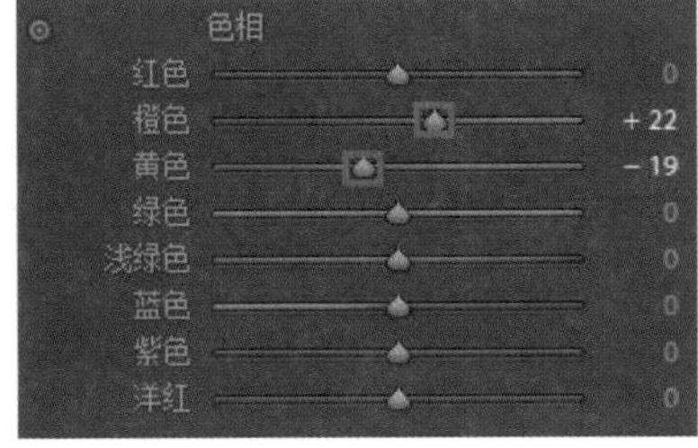

◎ 图 B6-6

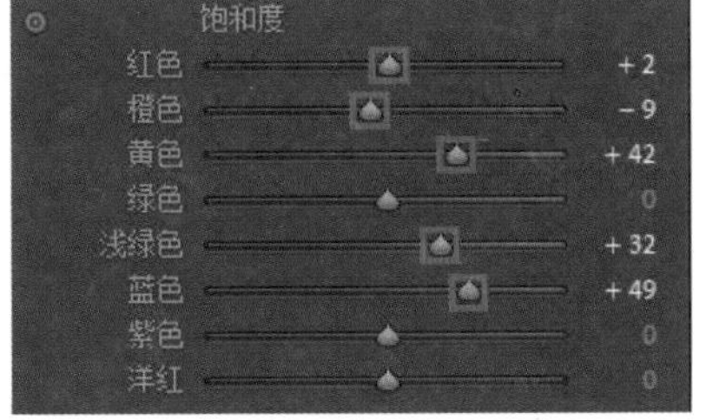

◎ 图 B6-7

◎ 图 B6-8

调整“明亮度”，注意控制人物肤色，提高“橙色”的“明亮度”，让肤色更通透，如图 B6-9 所示。

打开“效果”面板，给图像增加颗粒，强化胶片效果，如图 B6-10 所示。

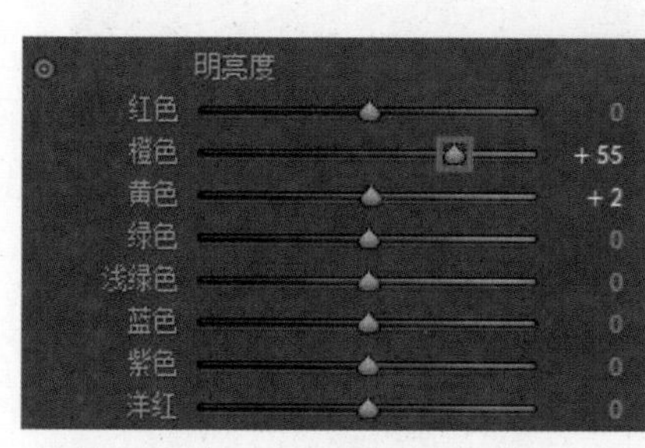

◎ 图 B6-9

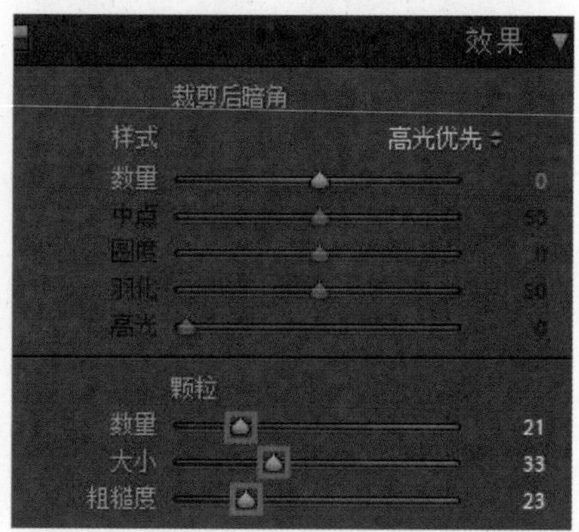

◎ 图 B6-10

打开“校准”面板，“绿原色”的“色相”偏橙色，增加“饱和度”，控制人物的肤色偏橙色。“蓝原色”增加“饱和度”，给图像增加黄色，通透图像，如图 B6-11 所示。

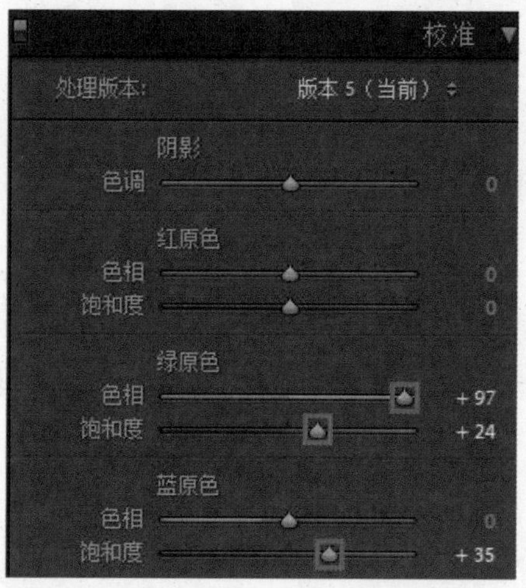

◎ 图 B6-11

模仿色调完成，只要抓住色调的关键点，调色并不难。看一下最终效果，如图 B6-12 所示。

◎ 图 B6-12

B6.2 仿网红古风色调思路解析

本节课分享怎么模仿网红古风色调，首先把参考图和待调色的图同时导入 Lightroom Classic 中，在工作区单击参考视图，具体操作方法在 B6.1 节课已经给大家讲解过。先看一下我们需要调整的色调，如图 B6-13 所示。

◎ 图 B6-13

左图是参考图，从图像上看到的颜色为青蓝色和植物的青绿色，风格可以定位为小清新。主色调基本为冷色，人物为暖色，分析出关键颜色，就可以动手调整了。打开“基本”面板，先定“黑白场”，提高“阴影”，降低“高光”，“对比度”降低，还原一点细节，增加一点“曝光度”，“色温”控制在 4000，“色调”偏青，把控好影调。增加“清晰度”和“去朦胧”，提高“鲜艳度”，降低“饱和度”，前期的影调和色调铺垫很重要，如图 B6-14 所示。

打开“色调曲线”面板，选择“蓝色通道”，“高光”和“暗部”全部添加“蓝色”，如图 B6-15 所示。

基本
处理方式：彩色 黑白
配置文件：Adobe 颜色
白平衡：自定
色温 4000
色调 - 48
色调 自动
曝光度 + 0.41
对比度 - 27
高光 - 100
阴影 + 100
白色色阶 - 39
黑色色阶 - 20
偏好
纹理 0
清晰度 + 7
去朦胧 + 8
鲜艳度 + 20
饱和度 - 16

◎ 图 B6-14

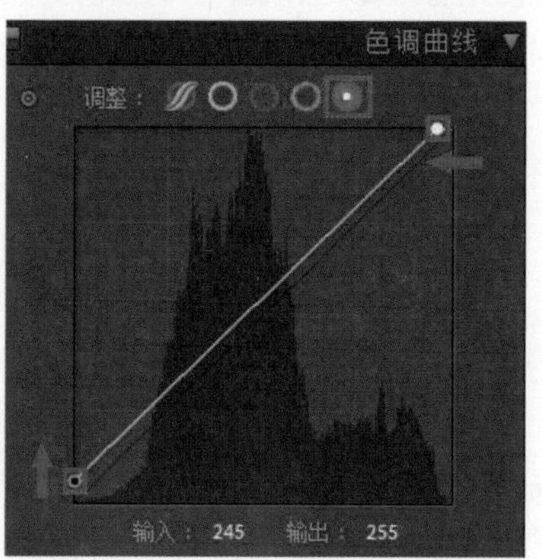

◎ 图 B6-15

打开“校准”面板，先给照片定下基调和控制人物的肤色。“绿原色”的“色相”偏洋红色，把“饱和度”增加到 +100。“蓝原色”直接增加“饱和度”，如图 B6-16 所示。

打开“细节”面板，给图像增加锐化和去除噪点，如图 B6-17 所示。

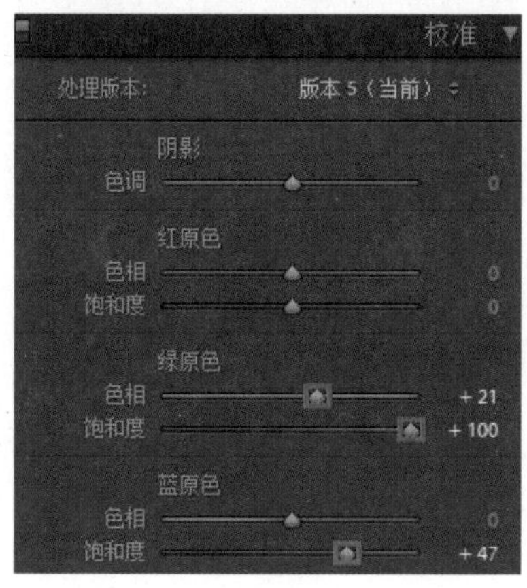

◎ 图 B6-16

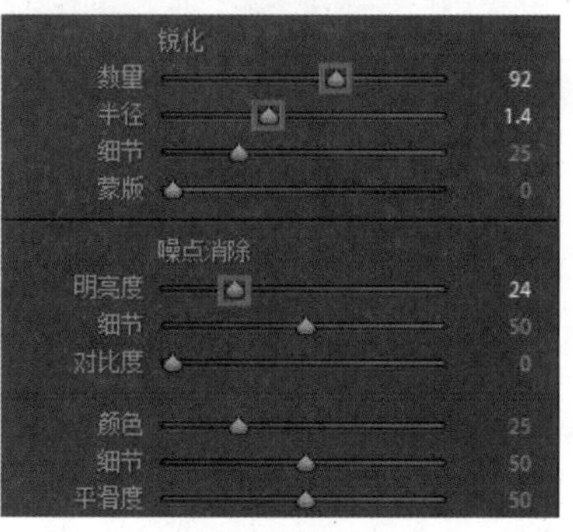

◎ 图 B6-17

打开“分离色调”面板，“高光”的“色相”调整为蓝色，增加“饱和度”。“阴影”的“色相”调整为蓝色，增加“饱和度”，调整“平衡”，让高光和阴影的色彩过渡自然，如图 B6-18 所示。

打开 HSL 面板，调整“色相”。“红色”的“色相”为 -100，“橙色”的“色相”为 +100，“黄色”的“色相”偏绿色，“绿色”的“色相”偏黄色，调整的目的是减除多余的杂色，让色彩干净通透，如图 B6-19 所示。

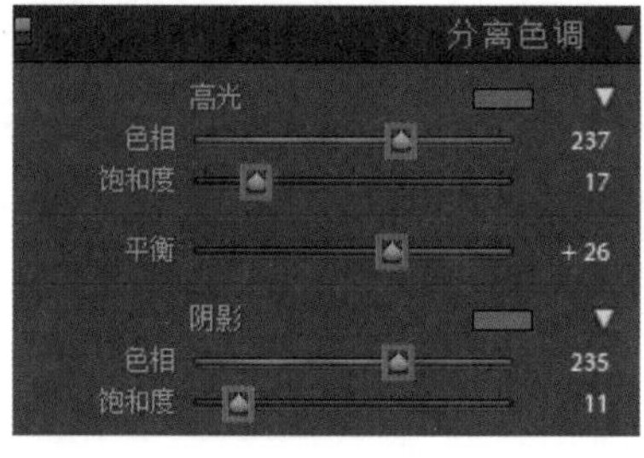

◎ 图 B6-18

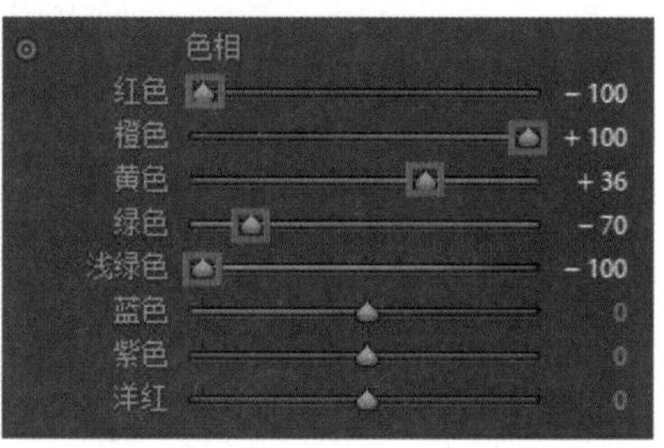

◎ 图 B6-19

接下来调整“饱和度”。增加“橙色”的“饱和度”，控制图像上围栏的颜色。增加“绿色”的“饱和度”，控制后面的黄色树林的颜色。“浅绿色”的“饱和度”降低，减少青色的色彩。“蓝色”的“饱和度”适当地增加一点，让蓝色的色彩干净通透，如图 B6-20 所示。

调整“明亮度”，增加“黄色”“绿色”“浅绿色（青色）”“蓝色”的“明亮度”，让色彩通透明亮，如图 B6-21 所示。

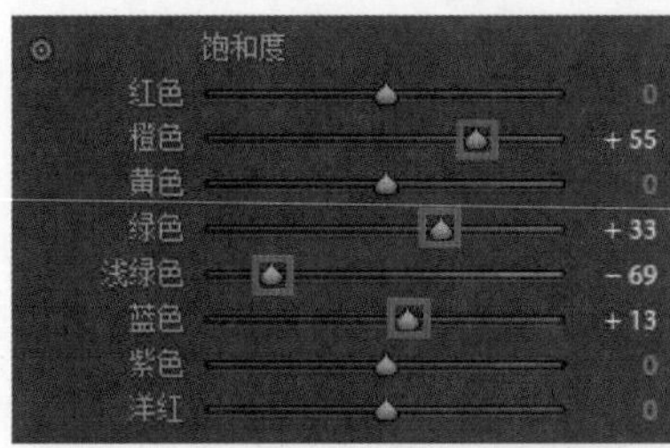

◎ 图 B6-20

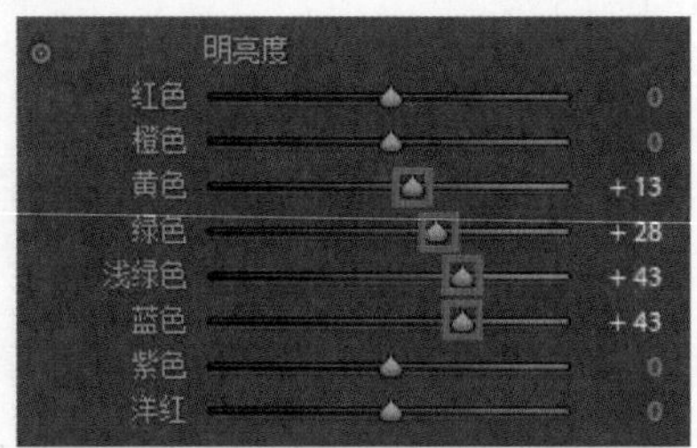

◎ 图 B6-21

调色完成，模仿调色很简单，多加练习就可以掌握了。我们看一下最终的效果，如图 B6-22 所示。

◎ 图 B6-22

B6.3 仿网红电影色思路解析

本节课学习模仿网红电影色，先找好需要模仿的图片和准备调色的图片，一起导入 Lightroom Classic 中，如图 B6-23 所示。

◎ 图 B6-23

打开“基本”面板，先定“黑白场”，提高“阴影”，降低“高光”，“对比度”拉低，以柔化图像，“色温”控制在 5700 左右，“色调”偏青，增加“纹理”，降低“去朦胧”，提高“鲜艳度”，降低“饱和度”，如图 B6-24 所示。

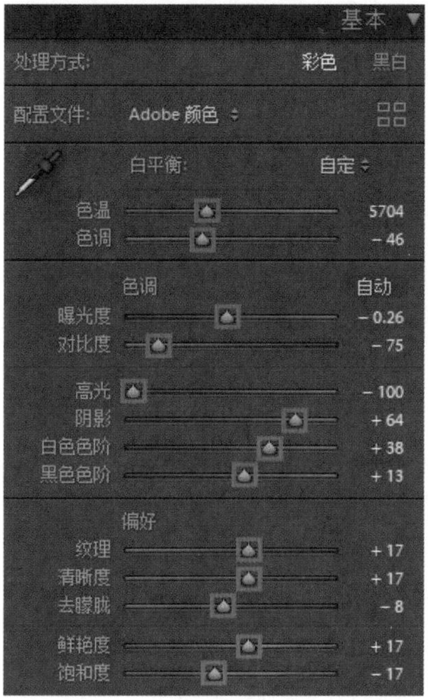

基本
处理方式: 彩色 黑白
配置文件: Adobe 颜色
白平衡: 自定
色温 5704
色调 −46
色调 自动
曝光度 −0.26
对比度 −75
高光 −100
阴影 +64
白色色阶 +38
黑色色阶 +13
偏好
纹理 +17
清晰度 +17
去朦胧 −8
鲜艳度 +17
饱和度 −17

◎ 图 B6-24

基本功能可以让我们很好地控制影调和色调，这是调色的关键。模仿色调必须要有想法和思路，千万不要蛮干，把一张图像研究透彻了再调色。很多时候我们使用的图像之间差异太大，色彩的模仿能够达到 70% ~ 80% 相似度的效果就可以了。

打开“色调曲线”面板，选择“红色通道”，“高光”加青，如图 B6-25 所示。

选择“蓝色通道”，“高光”加黄色，如图 B6-26 所示。

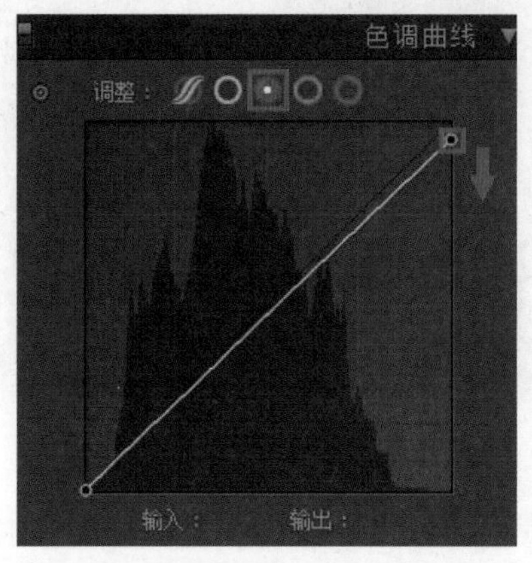

◎ 图 B6-25

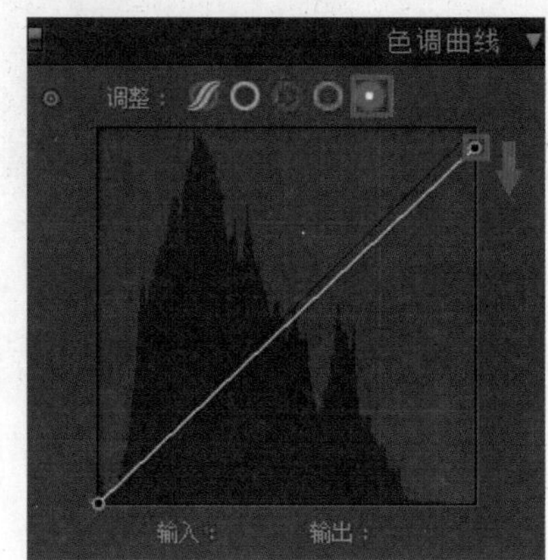

◎ 图 B6-26

打开 HSL 面板，调整“饱和度”。图像的主色调“红色”“黄色”“浅绿色（青色）”增加“饱和度”，“橙色”和“绿色”的“饱和度”减淡，如图 B6-27 所示。

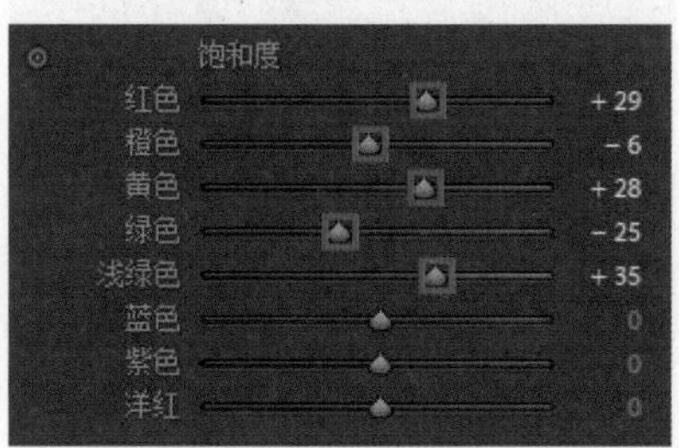

◎ 图 B6-27

调整“明亮度”，增加“橙色”“黄色”“绿色”的“明亮度”，增加图像色彩的明暗层次和光感，如图 B6-28 所示。

打开“分离色调”面板，“高光”的“色相”加暖色，增加“饱和度”。“阴影”的“色相”加暖色，提高“饱和度”，给图像增加暖色氛围，如图 B6-29 所示。

打开“细节”面板，锐化图像，降低噪点，如图 B6-30 所示。

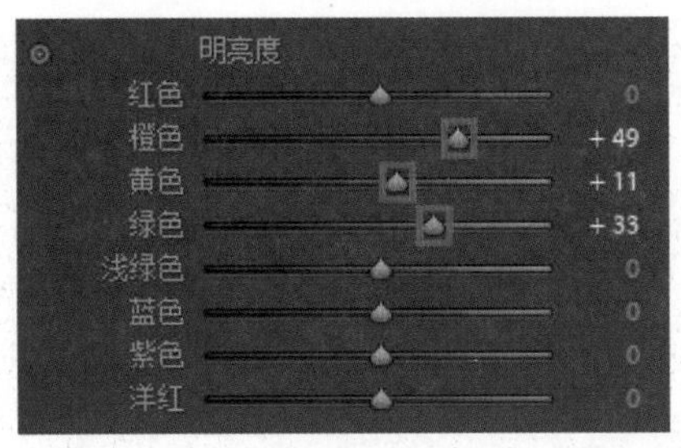

◎ 图 B6-28

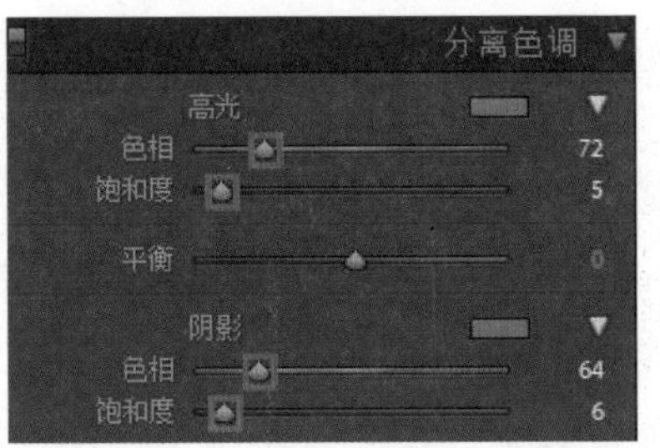

◎ 图 B6-29

打开“效果”面板，给图像添加暗角和颗粒效果，如图 B6-31 所示。

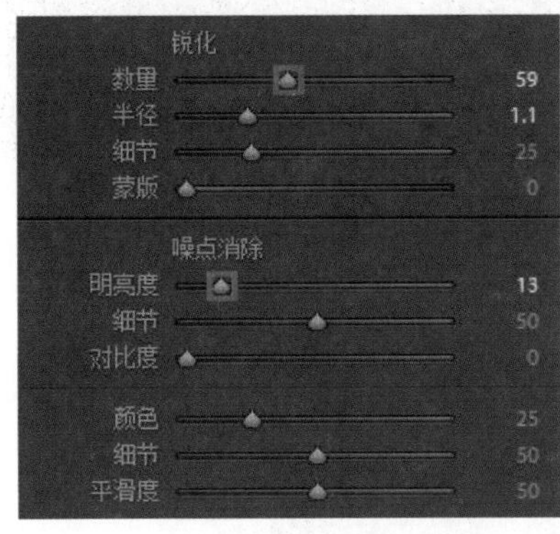

◎ 图 B6-30

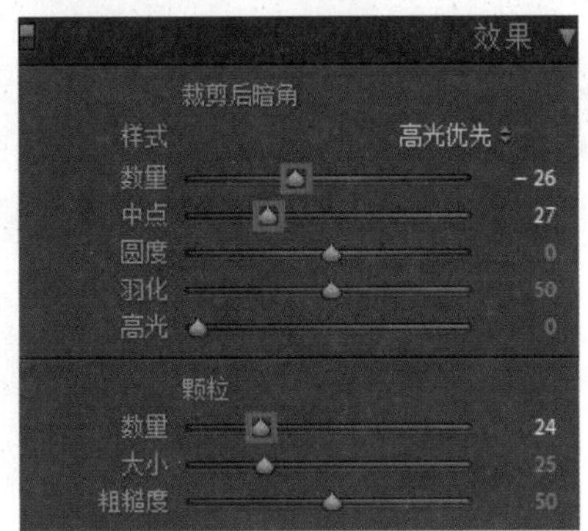

◎ 图 B6-31

打开“校准”面板，“红原色”增加“饱和度”，“绿原色”的“色相”偏洋红色，增加“饱和度”，“蓝原色”直接增加“饱和度”，如图 B6-32 所示。

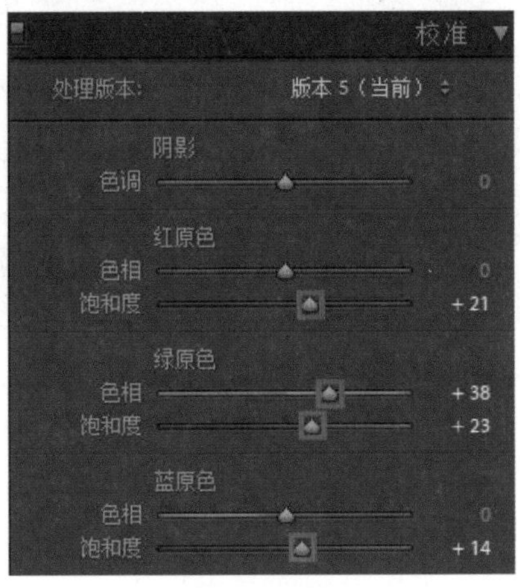

◎ 图 B6-32

色调模仿完成，看一下最终效果，如图 B6-33 所示。

◎ 图 B6-33

B6.4 仿小清新色调思路解析

这节课学习仿小清新色调，先看一下我们需要模仿的参考图和准备调色的图，如图 B6-34 所示。

◎ 图 B6-34

准备调色的图和参考图之间的差异有点大，我们尽最大的努力争取做到最好。小清新的色调干净通透，它的主色调基本上为浅青色，高光的颜色为淡淡的黄橙色。需要调整的原图比较暗，离小清新的效果相差甚远，在影调和色调的把控上需要下一番功夫。反差比较大的图，在模仿调整上是有难度的，我们要打破这个界限，发挥自己的想法和思路，调出让人喜欢的色调来。对于调色，要敢于挑战不可能，在此给大家分享模仿小清新调色的思路和技法，希望大家多加练习。

打开“基本”面板，先定“黑白场”，提高“阴影”，降低“高光”，降低图像的“对比度”，增加“曝光度”，“色温”控制在 4500 左右，“色调”偏青色。给图像增加“纹理”和“清晰度”，增加“去朦胧”去除图像的灰度，提高“鲜艳度”，降低“饱和度”，如图 B6-35 所示。

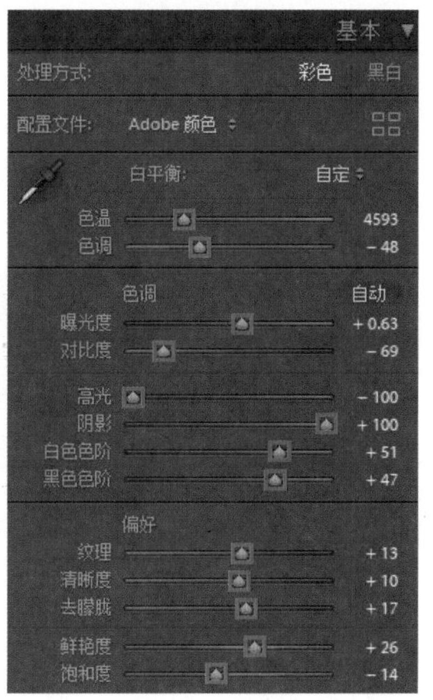

◎ 图 B6-35

打开“色调曲线”面板，选择“蓝色通道”，“高光”加“蓝色”，目的是屏蔽高光区域太多的暖色，因为暖色太多，图像会很脏，添加一些冷色会达到使图像干净的效果，如图 B6-36 所示。

打开 HSL 面板，调整“色相”，“橙色”的“色相”偏黄色，“黄色”的“色相”偏绿色，“绿色”的“色相”偏青色，“浅绿色（青色）”的“色相”偏蓝色，如图 B6-37 所示。

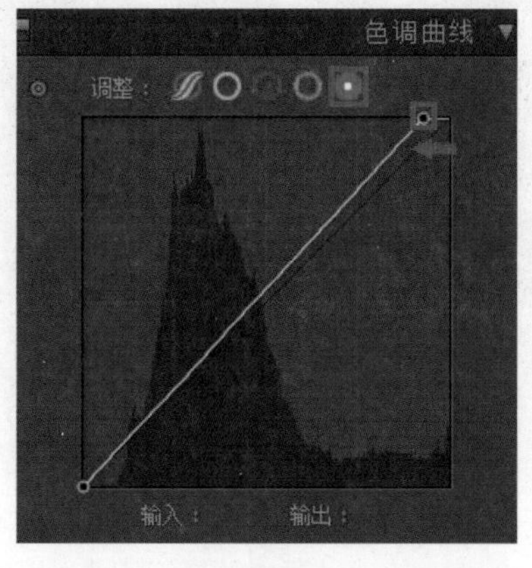

◎ 图 B6-36

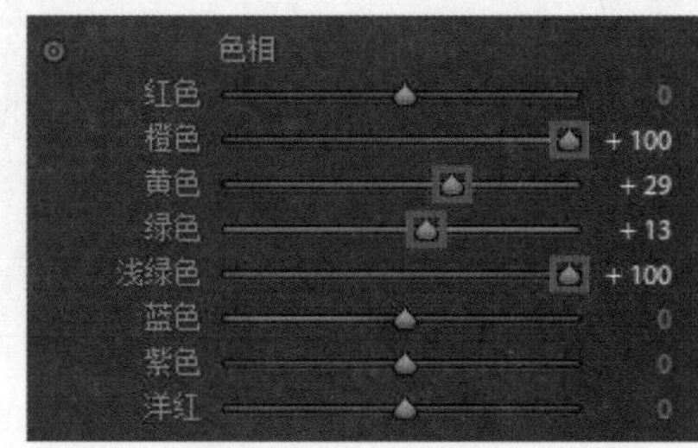

◎ 图 B6-37

调整“饱和度”，增加“橙色”和“绿色”的“饱和度”，少许地控制一下人物的肤色。也许你会问，为什么“绿色”也是人物肤色？因为人物离植物太近，难免会有环境色影响到了人物的皮肤颜色，所以要少许地增加一点绿色和橙色，如图 B6-38 所示。

调整“明亮度”，提亮“黄色”“绿色”“浅绿色（青色）”的“明亮度”，增强色彩的层次，如图 B6-39 所示。

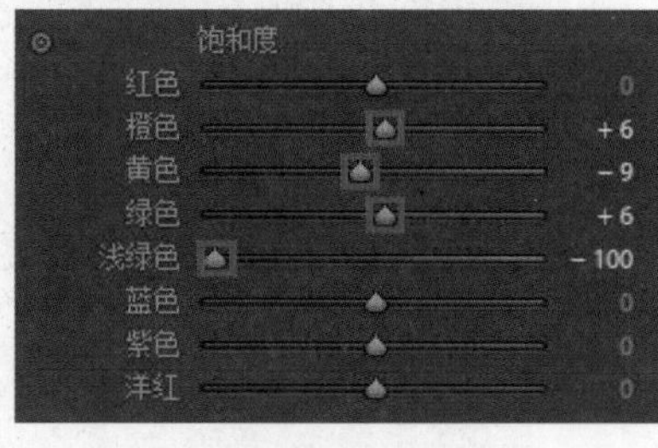

◎ 图 B6-38

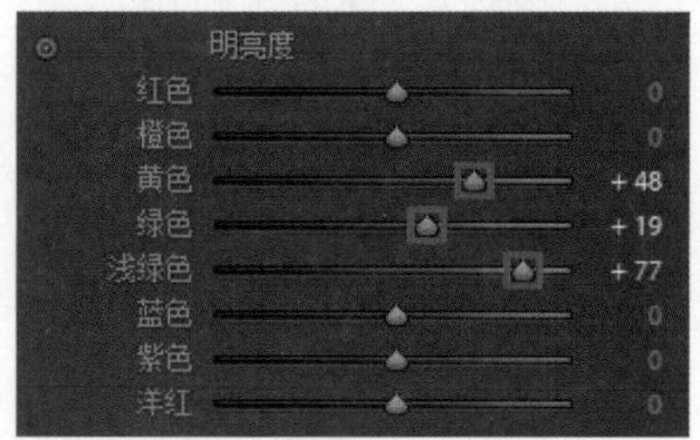

◎ 图 B6-39

打开“细节”面板，去除图像噪点，如图 B6-40 所示。

打开“校准”面板，“红原色”增加“饱和度”，“绿原色”的“色相”偏洋红色，“蓝原色”增加“饱和度”，控制整体图像的通透性，如图 B6-41 所示。

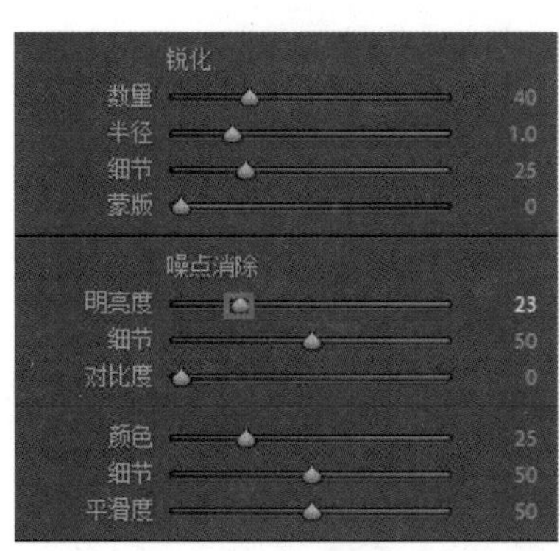

◎ 图 B6-40

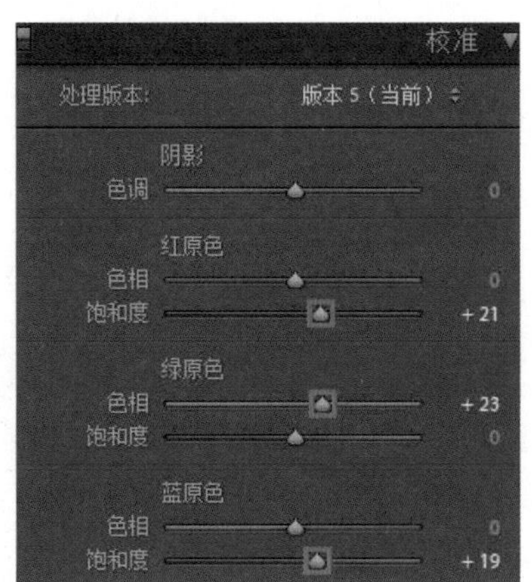

◎ 图 B6-41

调色完成，看一下最终的效果对比，如图 B6-42 所示。

◎ 图 B6-42

高手篇

综合案例
创意欣赏

C1 课

实战海滨调色

海滨调色好控制，因为色彩比较单一，把控好人物肤色、大海以及天空的颜色即可。先看下一原图，如图 C1-1 所示。

◎ 图 C1-1

打开“基本”面板，先定“黑白场”，提高“阴影”，降低“高光”，降低“对比度”，还原更多细节。增加“去朦胧”，去除图像的灰度。增加“鲜艳度”，降低“饱和度”，柔和色彩，如图 C1-2 所示。

打开 HSL 面板，调整“色相”，这里只改变人物肤色的“色相”，“橙色”的“色相”偏黄色，如图 C1-3 所示。

调整“饱和度”，主要控制人物肤色、海和天空的颜色。降低“橙色”的“饱和度”，让人物的肤色不至于有杂色。增加“黄色”的“饱和度”，控制人物的肤色。增加“浅绿色（青色）”和“蓝色”的“饱和度”，控制大海和天空的颜色，让色彩浓郁起来，如图 C1-4 所示。

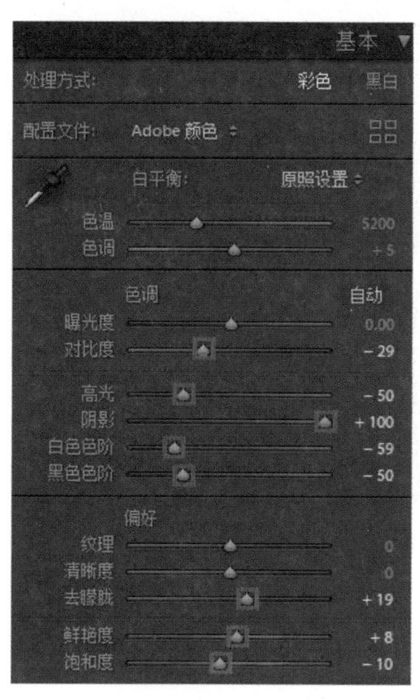

◎ 图 C1-2

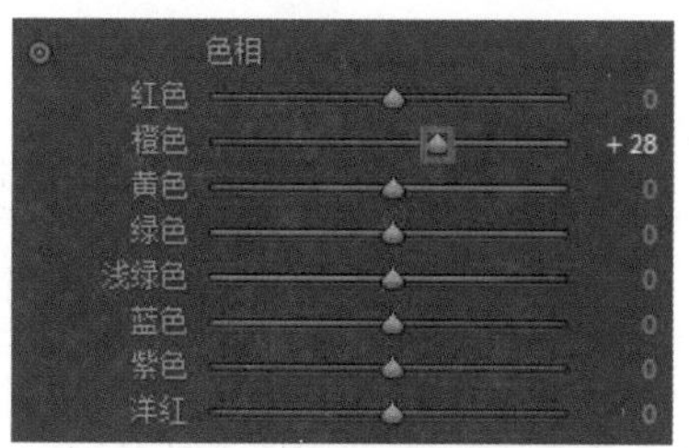

◎ 图 C1-3

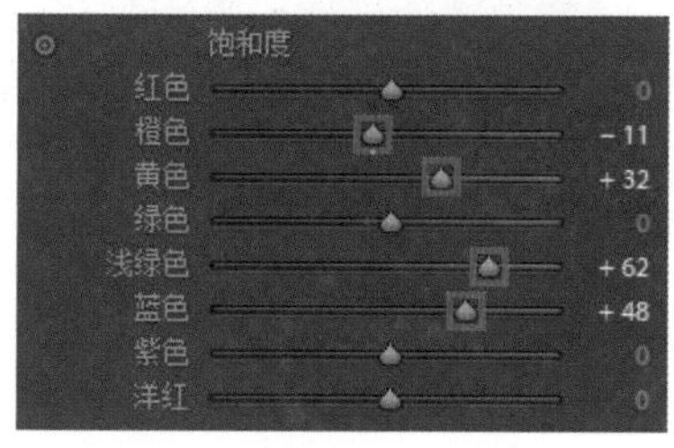

◎ 图 C1-4

调整“明亮度”，增加“橙色”和“黄色”的“明亮度”，让人物的肤色干净通透。降低“蓝色”的“明亮度”，强化“蓝色”的色彩层次，如图 C1-5 所示。

打开“细节”面板，给图像锐化和去除噪点，如图 C1-6 所示。

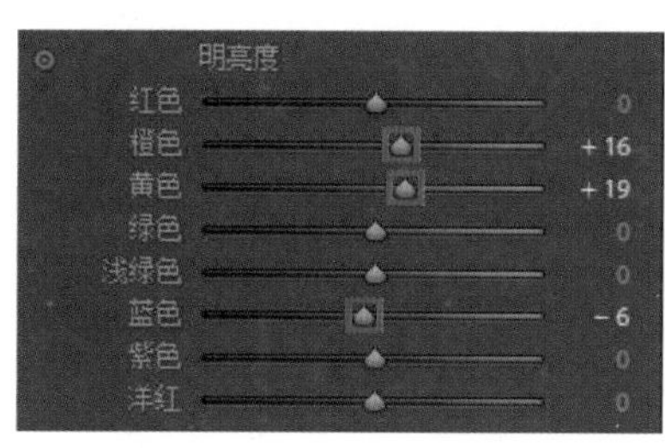

◎ 图 C1-5

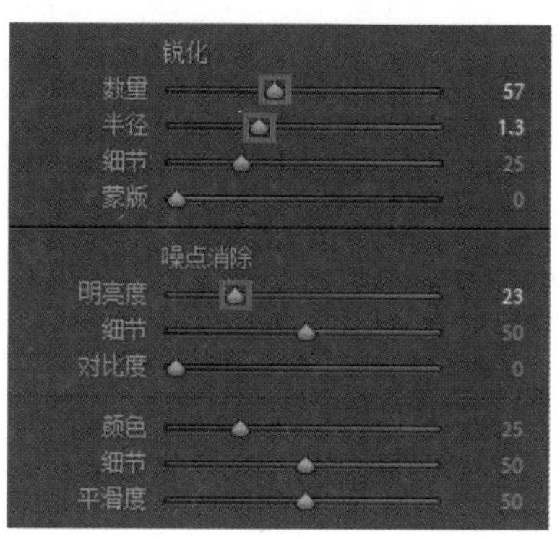

◎ 图 C1-6

打开“效果”面板，给图像增加暗角，突出人物主体，如图 C1-7 所示。

打开“校准”面板，“红原色”降低“饱和度”，“蓝原色”增加“饱和度”，控制人物整体的肤色通透性。“绿原色”偏黄色，进一步地控制人物肤色和整体的色彩过度，如图 C1-8 所示。

调色完成，看一下前后对比图的效果，如图 C1-9 所示。

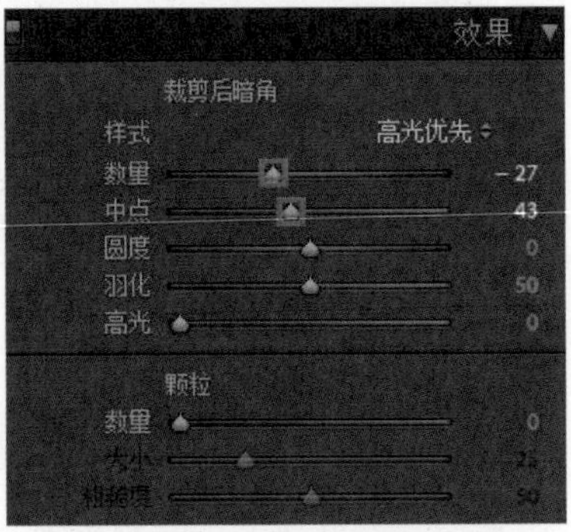

效果

裁剪后暗角

样式 高光优先

数量 -27

中点 43

圆度 0

羽化 50

高光 0

颗粒

数量 0

大小 25

粗糙度 50

◎ 图 C1-7

校准

处理版本: 版本 5（当前）

阴影

色调 0

红原色

色相 0

饱和度 -5

绿原色

色相 -51

饱和度 0

蓝原色

色相 0

饱和度 +32

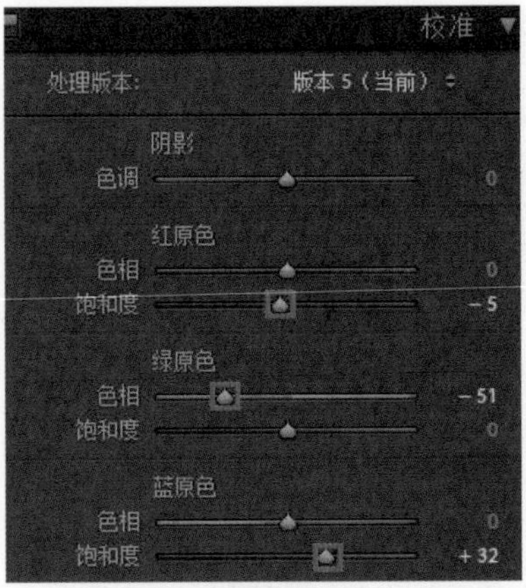

◎ 图 C1-8

◎ 图 C1-9

C2 课
实战森系调色

森系调色根据不同的拍摄风格，调色时基本控制黄色和绿色，有花的场景除外。这节课我们一起学习森系调色方法，先看一下原图，如图 C2-1 所示。

◎ 图 C2-1

森系基本上以黄色和绿色的色彩居多，拍摄用光不到位，人物的肤色和服装也很容易被环境色影响，所以前期的用光和后期的调整很重要。

打开“基本”面板，先定“黑白场”，提高“阴影”，降低“高光”，拉低“对比度”，让人物肤色上浮一层灰色，减淡人物皮肤和服装上的环境色。增加一点“纹理”和“鲜艳度”，给图像添加质感和颜色，如图 C2-2 所示。

打开“色调曲线”面板，选择“蓝色通道”，暗部加蓝色，如图 C2-3 所示。

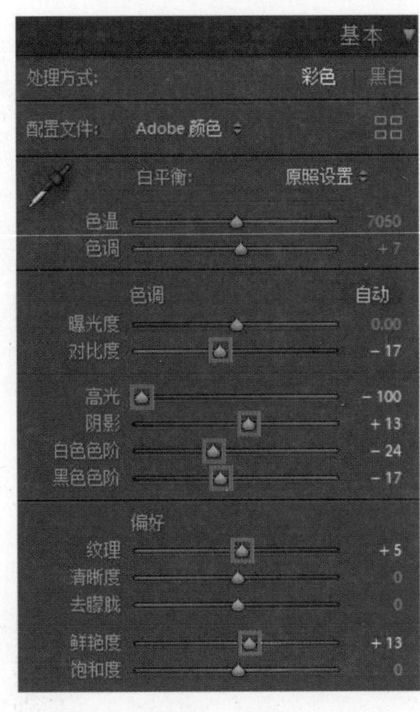

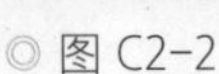
◎ 图 C2-2

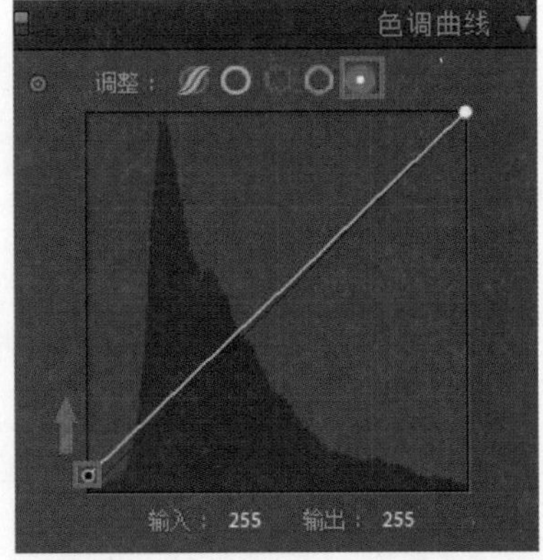

◎ 图 C2-3

打开 HSL 面板，调整“饱和度”。降低“橙色”的“饱和度”，控制人物皮肤的颜色。增加“黄色”和“绿色”的“饱和度”，让整体画面的背景颜色更鲜艳，如图 C2-4 所示。

调整“明亮度”，提高“橙色”的“明亮度”，给人物的皮肤添加光影层次，让肤色更通透。降低“绿色”的“明亮度”，让背景和人物拉开距离，增强前后层次和冷暖对比，如图 C2-5 所示。

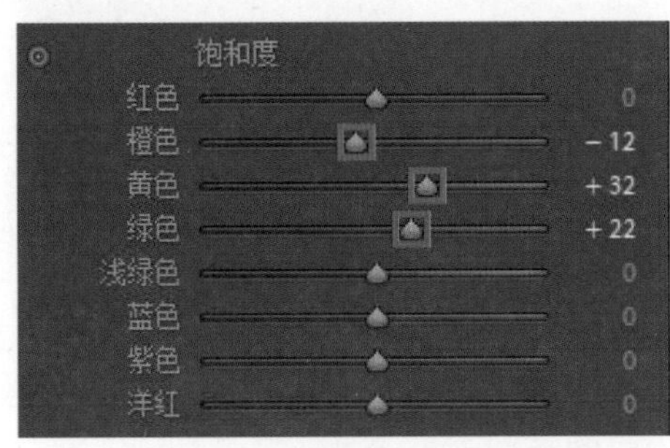

◎ 图 C2-4

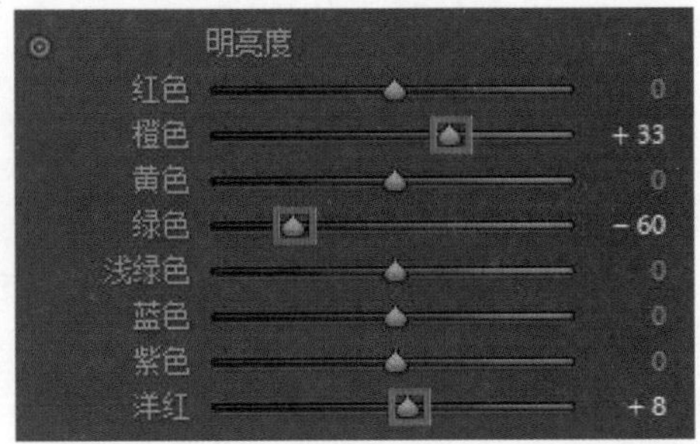

◎ 图 C2-5

打开“校准”面板，降低一点“红原色”的“饱和度”，控制一下人物的裙子，还原一下颜色的层次，颜色太艳会糊。改变“绿原色”的“色相”偏青色，增加“饱和度”，“蓝原色”直接增加“饱和度”，增强整个图像的通透性，如图 C2-6

所示。

校准
处理版本: 版本 5（当前）
阴影
色调 0
红原色
色相 0
饱和度 −5
绿原色
色相 +44
饱和度 +16
蓝原色
色相 0
饱和度 +23

◎ 图 C2-6

我们发现图像的“高光”区域增加一些“黄色”来强化背景的层次和颜色的明暗对比，会更好看。按 K 键，打开“画笔”工具，涂抹图像上的“高光”区域，添加色彩和高光，如图 C2-7 所示。

◎ 图 C2-7

调色完毕，看一下前后对比图的效果，如图 C2-8 所示。

◎ 图 C2-8

C3 课
实战儿童照调色

儿童照调色比较简单，很多人都在纠结怎么调色，其实只要把宝宝的皮肤调通透就可以了，这节课就给大家分享儿童照调色方法。打开原图，如图 C3-1 所示。

◎ 图 C3-1

打开“基本”面板，先定“黑白场”，提高“阴影”，降低“高光”，降低“对

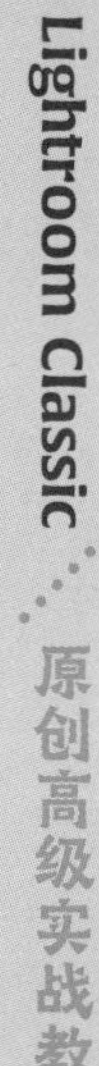

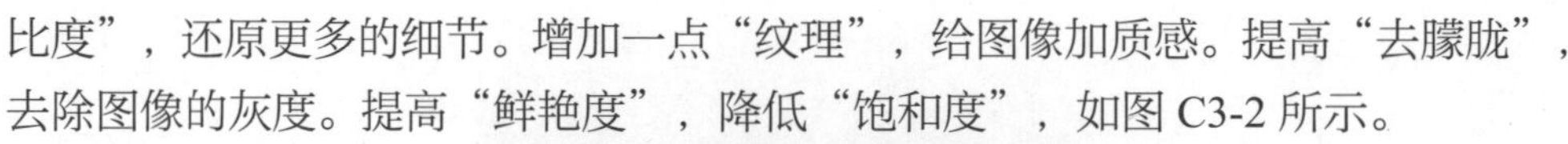
比度”，还原更多的细节。增加一点“纹理”，给图像加质感。提高“去朦胧”，去除图像的灰度。提高“鲜艳度”，降低“饱和度”，如图 C3-2 所示。

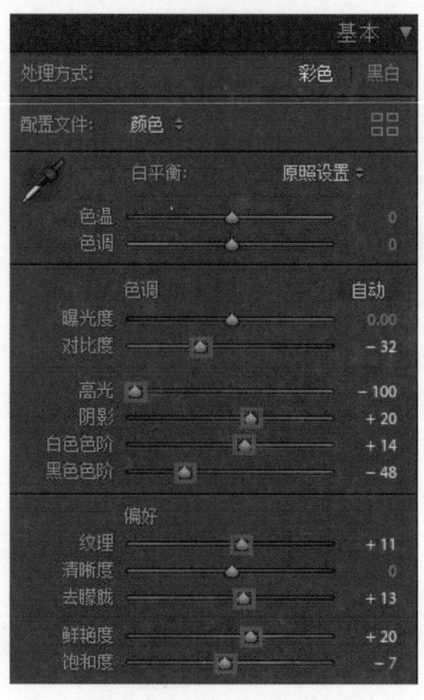

◎ 图 C3-2

打开 HSL 面板，调整“饱和度”，提高“红色”的“饱和度”，控制宝宝的嘴唇颜色。降低“橙色”的“饱和度”，控制皮肤的肤色。减掉“黄色”的“饱和度”为 -100，因为“黄色”会让肤色很脏，所以选择彻底减除。“紫色”和“洋红”在色相轮上离“红色”比较近，我们不想肤色有太多的杂色，所以选择减掉。增加“绿色”和“浅绿色（青色）”的“饱和度”，控制背景上绿植的颜色，提高“蓝色”的“饱和度”，控制宝宝的服装颜色，如图 C3-3 所示。

调整“明亮度”，提高“橙色”的“明亮度”，控制宝宝肤色的通透性，如图 C3-4 所示。

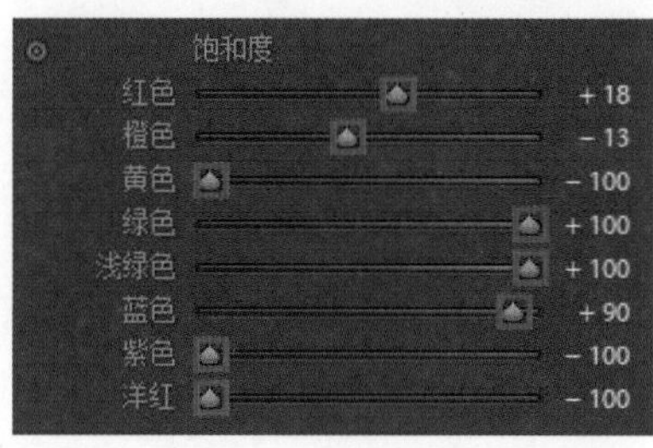

◎ 图 C3-3

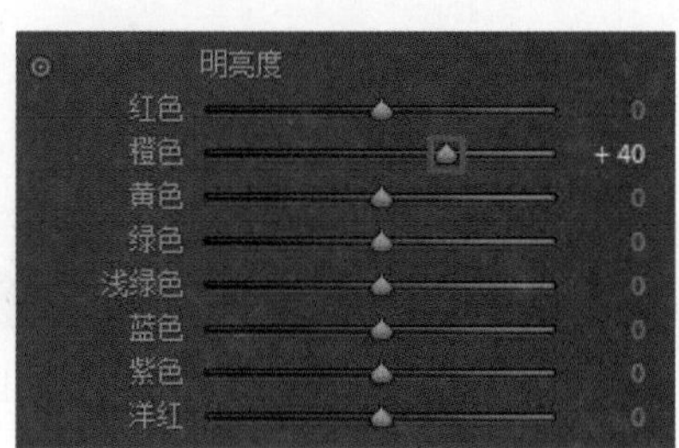

◎ 图 C3-4

打开“校准”面板，“红原色”降低“饱和度”，控制多余的杂色。“绿原色”改变“色相”，偏洋红，降低“饱和度”，控制宝宝的肤色偏暖色。“蓝原色”增加“饱和度”，通透整个图像，如图 C3-5 所示。

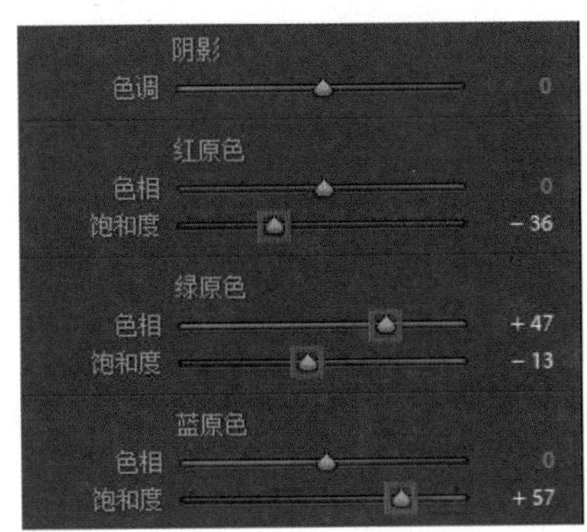

◎ 图 C3-5

调色完毕，看一下前后对比图的效果，如图 C3-6 所示。

◎ 图 C3-6

C4 课 实战写真调色

写真拍摄有多种风格，在此就不一一进行讲解了，这节课给大家分享写真特写的调色方法，其通用于私房照和单色背景写真，调色抓住图像上现有的色彩就可以了，调色方法比较简单，好掌握。先看一下原图，如图 C4-1 所示。

◎ 图 C4-1

打开“基本”面板，先定“黑白场”，提高“阴影”，降低“高光”，增加“对比度”，降低“曝光度”，控制图像的影调。增加一点“纹理”，给图像增加一点质感，如图 C4-2 所示。

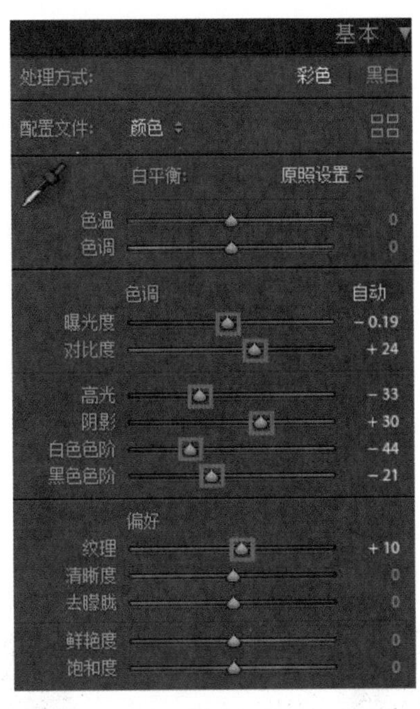

◎ 图 C4-2

打开 HSL 面板，调整“饱和度”。增加“红色”的“饱和度”，控制人物的嘴唇颜色。降低“橙色”的“饱和度”。控制人物的肤色，彻底减掉“黄色”的“饱和度”，让人物的肤色更干净。增加“浅绿色”“蓝色”“紫色”“洋红”的“饱和度”为 +100，控制人物的服装颜色，如图 C4-3 所示。

调整“明亮度”，提高“红色”的“明亮度”，给人物的嘴唇和皮肤添加高光，提高“橙色”的“明亮度”，控制肤色。提高“蓝色”“紫色”“洋红”的“明亮度”，控制服装颜色的明暗层次，如图 C4-4 所示。

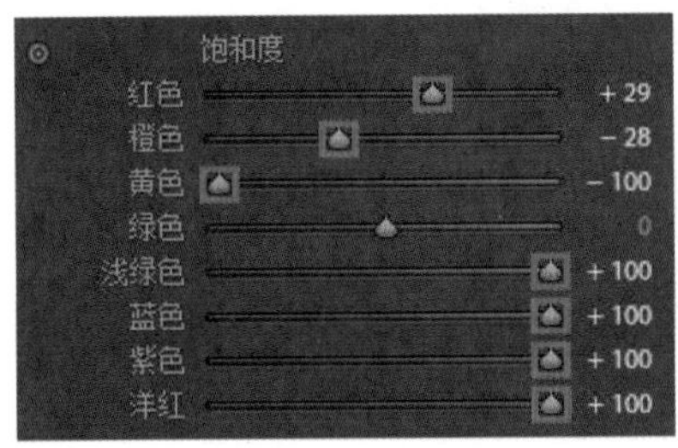

◎ 图 C4-3

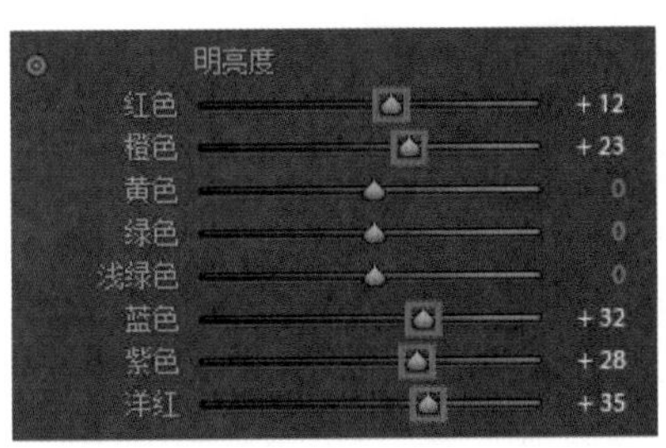

◎ 图 C4-4

打开“校准”面板，“红原色”降低“饱和度”，去除溢出的色彩。“绿原色”的“色相”偏洋红色，增加“饱和度”，控制人物的肤色。“蓝原色”增加“饱和度”，让人物的肤色更加健康通透，如图 C4-5 所示。

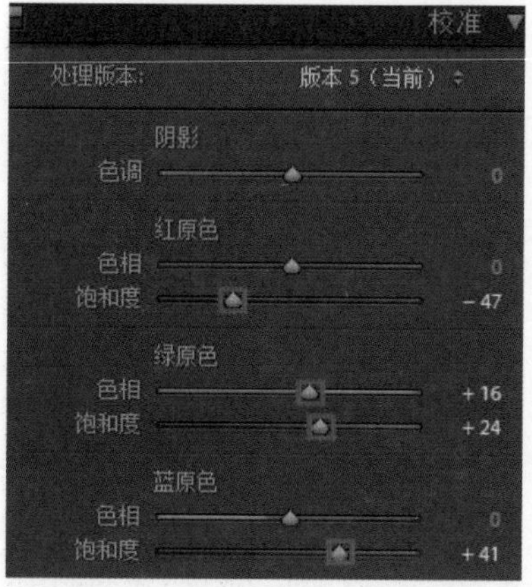

◎ 图 C4-5

调整完毕，看一下前后对比图的效果，如图 C4-6 所示。

◎ 图 C4-6

C5 课

实战商业人像调色

商业人像的调色，前期建议大家不要在 Lightroom Classic 中做过多调整，只纠正一些影调即可，因为商业图需要叠层修饰，修图的概念就是修得越细，图像越干净。

不管是商业人像的杂志风，还是妆容，都是一样的操作手法，控制影调，找回细节即可，其他的修饰和调整，交给 Photoshop 软件完成即可。这里调整一张图像做个示范，打开原图，导入 Lightroom Classic 中，如图 C5-1 所示。

◎ 图 C5-1

明显看得出这张图高光细节损失严重，需要找回丢失的质感和层次，打开“基本”面板，定“黑白场”，压低“高光”，降低“对比度”，这里不能增加对比，图像已经很亮了，如果再加对比，丢失的质感更多，图像更生硬。增加一点“曝

光度”，增加一点“纹理”，给图像添加质感，如图 C5-2 所示。

◎ 图 C5-2

调整完毕，是不是很简单？商业人像图不能调得太多，否则会给后续的修图增加难度。也许你会问，商业人像应该怎么修饰？请你关注笔者的商业人像修饰分册，那里会有详细的讲解，我们看一下最终的效果对比，如图 C5-3 所示。

◎ 图 C5-3

至此，本书全部内容讲解完毕，希望对你有所帮助，感谢你学习本教程。关于图像后期处理，还有其他 3 本教程可供大家参考学习，即《高端商业人像精修全能技法》《Photoshop 精通到高级全能技法》《Capture One Pro 21 高级实战教程》。